高职高专"十二五"规划教材

ARM 体系结构与编程基础

主　编　胡德清
技术主编　杨　睿

北京航空航天大学出版社

内 容 简 介

本书内容分为两部分,第一部分是嵌入式系统开发的基础知识,由第 1 章、第 2 章、第 3 章、第 4 章和第 5 章构成,详细介绍了嵌入式系统开发的基本流程和嵌入式系统软硬件协同设计的方法,并以 SAMSUNG 公司的 S3C44B0X 为例讲述了 ARM 的体系结构及主要的技术特征、ARM 微处理器的指令系统和汇编程序设计及汇编和 C 语言的混合编程方法;第二部分主要介绍了 Embest IDE 集成开发环境的搭建及使用方法,并结合深圳英蓓特信息技术有限公司的 Edukit -Ⅲ实验教学系统,详细讲述了 ARM 微处理器内部组件的应用开发方法。

本书主要面向高职高专院校的学生,因此在内容的编写上强调了实践性,弱化了理论的讲授,理论部分的知识以"适用、够用"为编写原则,重点强调了对 ARM 微处理器的内部芯片进行二次开发的能力,重在培养学生的实践动手能力和团队协作精神。

图书在版编目(CIP)数据

　　ARM 体系结构与编程基础 / 胡德清主编. -- 北京：
北京航空航天大学出版社,2011.11
　　ISBN 978 - 7 - 5124 - 0475 - 5

　　Ⅰ. ①A… Ⅱ. ①胡… Ⅲ. ①微处理器,
ARM－计算机体系结构－高等职业教育－教材②微处理器,
ARM－程序设计－高等职业教育－教材 Ⅳ. ①TP332

　　中国版本图书馆 CIP 数据核字(2011)第 161292 号

版权所有,侵权必究。

ARM 体系结构与编程基础
主　编　胡德清
技术主编　杨　睿
责任编辑　张少扬　孟　博
＊
北京航空航天大学出版社出版发行

北京市海淀区学院路 37 号(邮编 100191)　http://www.buaapress.com.cn
发行部电话:(010)82317024　传真:(010)82328026
读者信箱: bhpress@263.net　邮购电话:(010)82316936
北京市松源印刷有限公司印装　各地书店经销
＊
开本:787×1 092　1/16　印张:15.5　字数:397 千字
2011 年 11 月第 1 版　2011 年 11 月第 1 次印刷　印数:3 000 册
ISBN 978 - 7 - 5124 - 0475 - 5　定价:28.00 元

若本书有倒页、脱页、缺页等印装质量问题,请与本社发行部联系调换。联系电话:(010)82317024

编 委 会

主　　编　胡德清（四川信息职业技术学院）
技术主编　杨睿（成都睿尔科技有限公司）
副 主 编　黄建新（四川信息职业技术学院）　邹茂（四川信息职业技术学院）
参　　编　肖斌（四川信息职业技术学院）　车念（四川信息职业技术学院）　黄欣彬（宜宾职业技术学院）　向文欣（四川信息职业技术学院）

前　言

进入后 PC 时代，嵌入式系统在我们的生活中无处不在，我们每天都会接触很多的嵌入式产品，嵌入式产品方便了人们的生活，同时也给厂家带来了巨大的利润。

嵌入式开发是当今计算机应用最热门的领域之一，广泛应用于汽车电子、无线通信、智能手机、便携式产品、数码相机、数字电视、数字机顶盒等领域，当前嵌入式开发人才非常紧缺。

嵌入式技术是一门综合性很强的技术，需要硬件和软件知识，因此对于初学者来说入门比较困难。本书从嵌入式开发的基础知识入手，循序渐进，便于自学。

本书以嵌入式系统的开发技术为主线，以 ARM 微处理器核及国内广泛应用的 SAMSUNG 公司的 S3C44B0X 为硬件平台，系统讲述了嵌入式系统开发的基本知识、基本流程和基本方法及以 ARM 微处理器为核心的嵌入式系统开发过程。

为了提升目前的嵌入式技术的教学水平而又不脱离教学实际，在本书的编写过程中，我们既强调嵌入式技术的基础教育，打好嵌入式系统开发与应用的基础，又面向实际的工程应用，提升嵌入式系统教学的实用性、实践性和工程性。因此，在教材的开发过程中，我们聘请了成都睿尔科技有限公司的杨睿工程师担任了本书的技术主编，进行校企合作开发本教材，因而书中的实践教学内容具有实践性、工程性的特色。

本书内容分为两部分，第一部分是嵌入式系统开发的基础知识，由第 1 章、第 2 章、第 3 章、第 4 章和第 5 章构成，详细介绍了嵌入式系统开发的基本流程和嵌入式系统软硬件协同设计的方法，并以 SAMSUNG 公司的 S3C44B0X 为例讲述了 ARM 的体系结构及主要的技术特征，ARM 微处理器的指令系统和汇编程序设计及汇编和 C 语言的混合编程方法；第二部分主要介绍了 Embest IDE 集成开发环境的搭建及使用方法，并结合深圳英蓓特信息技术有限公司的 Edukit-III 实验教学系统，详细讲述了 ARM 微处理器内部组件的应用开发方法。

本书主要面向高职高专院校的学生，因此在内容的编写上强调了实践性，弱化了理论的讲授，理论部分的知识以"适用、够用"为编写原则，重点强调了对 ARM 微处理器的内部芯片进行二次开发的能力，重在培养学生的实践动手能力和团队协作精神。

本书由四川信息职业技术学院的胡德清担任主编，黄建新和邹茂担任副主编，成都睿尔科技有限公司的杨睿工程师担任技术主编。第 1、2 章由宜宾职业技术学院的黄欣彬编写，第 3、4 章由四川信息职业技术学院的胡德清编写，第 5 章由四川信息职业技术学院的邹茂、谢宇编写，第 6 章由四川信息职业技术学院的黄建新、李焕玲编写，第 7 章由四川信息职业技术学院的张俊晖、向文欣编写。

由于 ARM 嵌入式系统的教学才起步，而嵌入式应用开发又涉及软件和硬件，因此要建立起嵌入式系统的知识体系结构需要一个过程。由于作者水平有限，加之时间仓促，出现各种疏漏在所难免，敬请广大读者和专家提出批评指导意见。

胡德清
2010 年 7 月

目　　录

第1章　认识嵌入式计算机系统 ··· 1
1.1　嵌入式计算机系统的概述 ··· 1
1.1.1　嵌入式计算机系统的定义 ·· 1
1.1.2　嵌入式计算机系统的特点 ·· 4
1.1.3　嵌入式计算机系统的应用 ·· 6
1.2　嵌入式计算机系统的组成 ··· 7
1.2.1　嵌入式硬件系统 ·· 7
1.2.2　嵌入式软件系统 ··· 14
1.2.3　嵌入式操作系统 ··· 18
1.3　嵌入式处理器的选型 ··· 23
1.3.1　嵌入式处理器的种类 ··· 23
1.3.2　嵌入式微处理器的特点 ·· 24
1.3.3　主流的嵌入式处理器及典型的嵌入式处理器 ·························· 28
1.4　嵌入式计算机系统的发展趋势 ·· 33

第2章　认识ARM ·· 36
2.1　ARM基础 ·· 36
2.1.1　ARM体系结构的发展 ··· 36
2.1.2　ARM芯片的特点和选型 ·· 41
2.1.3　ARM体系结构的技术特征 ··· 44
2.1.4　ARM体系结构的命名规则 ··· 46
2.2　ARM流水线技术 ·· 47
2.2.1　流水线的概念、原理及特征 ·· 47
2.2.2　流水线的分类 ·· 50
2.2.3　影响流水线性能的相关因素 ·· 51
2.3　ARM处理器的内核结构 ·· 52
2.3.1　ARM7TDMI处理器内核及其引脚信号 ································ 52
2.3.2　MMU部件 ·· 58

第3章　ARM微处理器编程模型 ·· 62
3.1　ARM工作模式 ·· 62
3.1.1　ARM的数据类型及存储格式 ·· 62
3.1.2　ARM的工作状态及工作模式 ·· 63

3.2 ARM 寄存器 …………………………………………………………………… 64
3.3 ARM 异常 ……………………………………………………………………… 70
　3.3.1 ARM 异常类型、异常向量及优先级 …………………………………… 70
　3.3.2 ARM 处理器对异常响应的处理过程 …………………………………… 71
　3.3.3 从异常返回 ………………………………………………………………… 72
　3.3.4 各类异常的具体描述 ……………………………………………………… 73
3.4 基于 ARM 的嵌入式开发环境的搭建 ………………………………………… 75
　3.4.1 ARM SDT …………………………………………………………………… 75
　3.4.2 ARM ADS …………………………………………………………………… 77
　3.4.3 Multi 2000 …………………………………………………………………… 79
　3.4.4 Embest IDE for ARM ……………………………………………………… 83
　3.4.5 OPENice32 – A900 仿真器 ……………………………………………… 84
　3.4.6 Multi – ICE 仿真器 ………………………………………………………… 85

第 4 章　ARM 指令系统 ……………………………………………………………… 86
4.1 ARM 寻址方式 ………………………………………………………………… 86
　4.1.1 立即数寻址 ………………………………………………………………… 86
　4.1.2 寄存器寻址 ………………………………………………………………… 86
　4.1.3 寄存器间接寻址 …………………………………………………………… 87
　4.1.4 基址加变址寻址 …………………………………………………………… 87
　4.1.5 堆栈寻址 …………………………………………………………………… 88
　4.1.6 块拷贝寻址 ………………………………………………………………… 88
　4.1.7 相对寻址 …………………………………………………………………… 88
4.2 ARM 指令概述 ………………………………………………………………… 89
4.3 ARM 指令集的详细介绍 ……………………………………………………… 90
　4.3.1 数据处理指令 ……………………………………………………………… 90
　4.3.2 Load/Store 指令 …………………………………………………………… 93
　4.3.3 程序状态寄存器与通用寄存器之间的传送指令 ……………………… 95
　4.3.4 转移指令 …………………………………………………………………… 96
　4.3.5 异常中断的产生指令 ……………………………………………………… 97
4.4 Thumb 指令集 ………………………………………………………………… 97
　4.4.1 Thumb 指令集概述及特点 ……………………………………………… 97
　4.4.2 Thumb 状态与 ARM 状态的切换 ……………………………………… 98
　4.4.3 Thumb 指令集的详细介绍 ……………………………………………… 98

第 5 章　ARM 程序设计 …………………………………………………………… 101
5.1 ARM 汇编语言的伪操作 ……………………………………………………… 101
　5.1.1 ARMASM 汇编器所支持的伪操作 ……………………………………… 101
　5.1.2 GNU AS 汇编器所支持的伪指令 ………………………………………… 108

5.1.3　汇编语言的语句格式 ……………………………………………………… 109
　　5.1.4　汇编程序中的表达式和运算符 …………………………………………… 111
　　5.1.5　汇编语言预定义的寄存器和协处理器 …………………………………… 112
　　5.1.6　汇编语言的内置变量 ……………………………………………………… 112
5.2　ARM 汇编程序设计举例 ……………………………………………………………… 113
　　5.2.1　源程序结构 …………………………………………………………………… 113
　　5.2.2　常用程序设计举例 …………………………………………………………… 114
5.3　嵌入式 C 语言与汇编语言的混合编程 ………………………………………………… 117
　　5.3.1　ATPCS 规则介绍 …………………………………………………………… 117
　　5.3.2　C 语言和汇编语言混合编程实例 …………………………………………… 121

第 6 章　ARM 微处理器内部组件的应用 …………………………………………………… 125
6.1　存储控制实验 ……………………………………………………………………………… 125
　　6.1.1　实验原理 ……………………………………………………………………… 125
　　6.1.2　实验设计 ……………………………………………………………………… 128
　　6.1.3　实验操作步骤 ………………………………………………………………… 130
6.2　I/O 控制实验 ……………………………………………………………………………… 135
　　6.2.1　实验原理 ……………………………………………………………………… 135
　　6.2.2　电路设计 ……………………………………………………………………… 137
　　6.2.3　实验操作步骤 ………………………………………………………………… 138
6.3　中断实验 …………………………………………………………………………………… 141
　　6.3.1　实验原理 ……………………………………………………………………… 141
　　6.3.2　实验设计 ……………………………………………………………………… 146
　　6.3.3　实验操作步骤 ………………………………………………………………… 147
6.4　串口通信实验 ……………………………………………………………………………… 153
　　6.4.1　实验原理 ……………………………………………………………………… 153
　　6.4.2　RS232 接口电路 ……………………………………………………………… 154
　　6.4.3　实验参考程序 ………………………………………………………………… 155
　　6.4.4　实验操作步骤 ………………………………………………………………… 156
6.5　实时时钟实验 ……………………………………………………………………………… 157
　　6.5.1　实验原理 ……………………………………………………………………… 157
　　6.5.2　实验设计 ……………………………………………………………………… 159
　　6.5.3　实验参考程序 ………………………………………………………………… 160
　　6.5.4　实验操作步骤 ………………………………………………………………… 163
6.6　看门狗控制实验 …………………………………………………………………………… 164
　　6.6.1　实验原理 ……………………………………………………………………… 164
　　6.6.2　实验设计 ……………………………………………………………………… 166
　　6.6.3　实验参考程序 ………………………………………………………………… 167
　　6.6.4　实验操作步骤 ………………………………………………………………… 168

6.7 A/D转换实验 …………………………………………………………… 169
　　6.7.1 实验原理 …………………………………………………………… 169
　　6.7.2 实验设计 …………………………………………………………… 173
　　6.7.3 实验参考程序 ……………………………………………………… 174
　　6.7.4 实验操作步骤 ……………………………………………………… 174
6.8 数码管显示实验 ………………………………………………………… 175
　　6.8.1 实验原理 …………………………………………………………… 175
　　6.8.2 实验电路 …………………………………………………………… 176
　　6.8.3 实验参考程序 ……………………………………………………… 177
　　6.8.4 实验操作步骤 ……………………………………………………… 178

第7章 ARM微处理器的高级接口实验 …………………………………… 179
7.1 液晶显示实验 …………………………………………………………… 179
　　7.1.1 实验原理 …………………………………………………………… 179
　　7.1.2 实验设计 …………………………………………………………… 185
　　7.1.3 实验参考程序 ……………………………………………………… 187
　　7.1.4 实验操作步骤 ……………………………………………………… 188
7.2 5×4键盘控制实验 ……………………………………………………… 189
　　7.2.1 实验原理 …………………………………………………………… 189
　　7.2.2 实验设计 …………………………………………………………… 189
　　7.2.3 实验参考程序 ……………………………………………………… 190
　　7.2.4 实验操作步骤 ……………………………………………………… 191
7.3 触摸屏控制实验 ………………………………………………………… 192
　　7.3.1 实验原理 …………………………………………………………… 192
　　7.3.2 实验设计 …………………………………………………………… 197
　　7.3.3 实验操作步骤 ……………………………………………………… 200
7.4 串行通信实验 …………………………………………………………… 201
　　7.4.1 实验原理 …………………………………………………………… 201
　　7.4.2 实验设计 …………………………………………………………… 205
　　7.4.3 实验参考程序 ……………………………………………………… 206
　　7.4.4 实验操作步骤 ……………………………………………………… 208
7.5 以太网通信实验 ………………………………………………………… 208
　　7.5.1 实验原理 …………………………………………………………… 208
　　7.5.2 实验参考程序 ……………………………………………………… 217
　　7.5.3 实验操作步骤 ……………………………………………………… 219
7.6 音频接口IIS …………………………………………………………… 220
　　7.6.1 实验原理 …………………………………………………………… 220
　　7.6.2 电路连接 …………………………………………………………… 223
　　7.6.3 实验参考程序 ……………………………………………………… 224

7.6.4 实验操作步骤 …………………………………………………… 227
7.7 USB 接口实验 ……………………………………………………… 228
7.7.1 实验原理 …………………………………………………… 228
7.7.2 电路设计原理 ……………………………………………… 230
7.7.3 实验参考程序 ……………………………………………… 232

参考文献 …………………………………………………………………… 236

第 1 章

认识嵌入式计算机系统

本章教学重点

1. 着重讲解嵌入式计算机系统的定义、相对于通用计算机的特殊性及其应用领域。
2. 重点掌握嵌入式计算机系统的组成、嵌入式操作系统的组成及功能。
3. 初步掌握嵌入式处理器的种类和特点,并了解主流的嵌入式处理器及典型的嵌入式处理器以及了解嵌入式计算机系统的发展趋势。

1.1 嵌入式计算机系统的概述

1.1.1 嵌入式计算机系统的定义

计算机是 20 世纪人类社会最伟大的发明之一,21 世纪却是嵌入式计算机系统时代,人们日常生活和工作中所接触的仪器与设备中,都将嵌入具有强大计算能力的微处理器。据统计,目前每年只有 10%~20% 的微处理器芯片用于台式计算机或者便携计算机,80% 左右的微处理器芯片是为嵌入式计算机系统设计和制造的。目前,嵌入式计算机系统已广泛地应用到工业控制系统、汽车控制、通信设备(路由器、交换机)、医疗仪器、军事设备等众多领域中。特别是最近几年,嵌入式计算机系统不断进入到新的应用领域,如智能电话、数字家电、手持设备等。

根据摩尔定律,微处理器飞速发展的结果是使嵌入式计算机技术成为一门学科。那么,什么是嵌入式计算机系统呢?要了解嵌入式计算机系统就得从计算机开始认识。从 1946 年第一台计算机 ENIAC 在美国宾夕法尼亚大学的诞生到现在,计算机的发展经历了三个阶段:

① 大型机阶段。始于 20 世纪 50 年代,IBM、Burroughs 和 Honeywell 等公司率先研制出大型机,主要用于科研、军事等核心领域。

② 个人计算机阶段。开始于 20 世纪 70 年代,使计算机逐渐普及到家庭。

③ 进入 21 世纪,计算机技术进入充满机遇的阶段,即"后 PC 时代"或"无处不在的计算机"阶段。

嵌入式计算机系统从出现到走向繁荣、走向纵深,经历了一个漫长的过程。

第一阶段 嵌入式计算机系统的出现和兴起(1960—1970 年)

20 世纪 60 年代以晶体管、磁芯存储为基础的计算机开始用于航空等军用领域。第一台机载专用数字计算机是奥托内蒂克斯公司为美国海军舰载轰炸机"民团团员"号研制的多功能数字分析器(Verdan)。同时嵌入式计算机开始应用于工业控制,1962 年一个美国乙烯厂实现了工业装置中的第一个直接数字控制(DDC)。第一次使用机载数字计算机控制的是 1965 年发射的 Gemini3 号。在军用领域中，为了可靠和满足体积、质量的严格要求，还需为各个武器系统设计五花八门的专用嵌入式计算机系统。

第二阶段　嵌入式计算机系统走向繁荣（1971—1989 年）

嵌入式计算机系统大发展是在微处理器问世之后，1973—1977 年间各厂家推出了许多 8 位的微处理器，包括 Intel 公司的 8080/8085、Motorola 公司的 6800/6802、Zilog 公司的 Z80 和 Rockwell 公司的 6502。微处理器不单用来组成微型计算机，而且用来制造仪器仪表、医疗设备、机器人、家用电器等嵌入式计算机系统，微处理器的广泛应用形成了一个广阔的嵌入式应用市场，开始大量地以插件方式向用户提供 OEM 产品，再由用户根据自己的需要构成专用的工业控制微型计算机，嵌入到自己的系统设备中。

随着微电子工艺水平的提高，集成电路设计制造商开始把嵌入式应用所需要的微处理器、I/O 接口、A/D 转换、D/A 转换、串行接口以及 RAM、ROM 通通集成到一个 VLSI 中，制造出面向 I/O 设计的微控制器，比如俗称的单片机及专门用于高速实时信号处理的数字信号处理器 DSP。

第三阶段　嵌入式计算机系统应用走向纵深（1990 年至今）

进入 20 世纪 90 年代，在分布控制、柔性制造、数字化通信和数字化家电、工业控制等领域巨大需求的牵引下，嵌入式计算机系统的硬件、软件技术进一步加速发展，应用领域进一步扩大。随着微处理器性能的提高，嵌入式软件的规模也发生了指数型增长，为此，嵌入式计算机系统已大量采用嵌入式操作系统。嵌入式操作系统功能不断扩大和丰富，由 20 世纪 80 年代只有内核，发展为包括内核、网络、文件、图形接口、嵌入式 JAVA、嵌入式 CORBA 及分布式处理等丰富功能的集合。此外，嵌入式开发工具更加丰富，其集成度和易用性不断提高，目前不同厂商已开发出不同类型的嵌入式开发工具，可以覆盖嵌入式软件开发过程各个阶段，提高嵌入式软件开发效率。

目前全世界的计算机科学家正在形成一种共识：计算机不会成为科幻电影中的那种贪婪的怪物，而是将变得小巧玲珑、无处不在。它们既藏身在任何地方，又消失在所有地方，功能强大，却又无影无踪，将这种思想命名为"无处不在的计算机"。

通用计算机是具有通用计算机平台和标准部件的"看得见"的计算机，如目前的 PC、服务器、大中型计算机等，其硬件一般包括主机、存储设备及标准的计算机外部设备（例如各类型的显示器、输入设备和联网设备等）。通用计算机既可作为开发平台，又可作为运行平台，且应用程序可按用户需要随时改变，即可重新编制。

"无处不在的计算机"是指计算机彼此互联（如图 1-1 所示），而且计算机与使用者的比例达到 100∶1 的阶段。"无处不在的计算机"包括通用计算机和嵌入式计算机系统，且 95% 以上都是嵌入式计算机系统，并非通用计算机。可见嵌入式计算机系统在应用数量上远远超过了各种通用计算机。一台通用计算机的外部设备中就包含了 5~10 个嵌入式微处理器，例如硬盘、鼠标、键盘、显示卡、显示器、Modem、网卡、声卡、打印机和扫描仪等。

嵌入式计算机系统即"看不见"的计算机，一般只是运行平台，不能独立作为开发平台，它们不能被用户编程。有一些专用的 I/O 设备，对用户的接口是专用的。比如 PC 可以用于搭建嵌入式计算机系统，但 PC 不能称为嵌入式计算机系统，通常将嵌入式计算机系统简称为嵌入式系统。通用计算机系统与嵌入式计算机系统的对比见表 1-1。

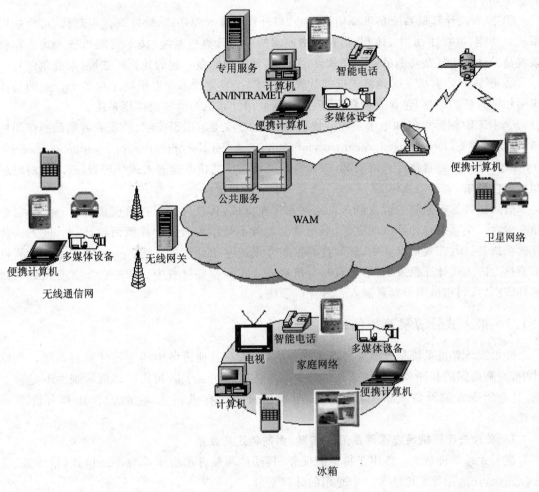

图 1-1　无处不在的计算机

表 1-1　通用计算机系统与嵌入式计算机系统对比

特　征	通用计算机系统	嵌入式计算机系统
形式和类型	看得见的计算机； 按其体系结构、运算速度和结构规模等因素分为大、中、小型机和微机	看不见的计算机； 形式多样,应用领域广泛,按应用来分类
组成	通用处理器、标准总线和外设； 软件和硬件相对独立	面向应用的嵌入式微处理器,总线和外部接口多集成在处理器内部； 软件与硬件是紧密集成在一起的
开发方式	开发平台和运行平台都是通用计算机	采用交叉开发方式,开发平台一般是通用计算机,运行平台是嵌入式计算机系统
二次开发性	应用程序可重新编制	一般不能再编程

虽然目前对嵌入式计算机系统没有一个统一和标准的定义,但通过表 1-1 的对比,常用

的定义如下：

① 嵌入式计算机系统是以应用为中心，以计算机技术为基础，软件硬件可裁剪，适应应用系统对功能、可靠性、成本、体积、功耗严格要求的专用计算机系统（技术角度）；嵌入式计算机系统是设计完成复杂功能的硬件和软件，并使其紧密耦合在一起的计算机系统（系统角度）。

② 嵌入式计算机系统是将先进的计算机技术、半导体技术和电子技术与各个行业的具体应用相结合后的产物，包含有计算机，但又不是通用计算机的计算机应用系统。

③ IEEE（国际电气和电子工程师协会）给出的定义是：用于控制、监视或者辅助操作的机器、设备或装置（Device used to control, monitor, or assist the operation of equipment, machinery or plants）。通常执行特定功能，嵌入式计算机系统的核心是嵌入式处理器，有严格的时序和稳定性要求，能自动操作。

嵌入式计算机系统一般由嵌入式硬件和软件组成，且软件与硬件紧密集成在一起。它是任意包含一个可编程计算机的设备，但是这个设备不是作为通用计算机而设计的。嵌入式计算机系统是嵌入在其他设备中，起到智能控制作用的专用计算机系统。一台通用个人计算机不能称为嵌入式计算机系统，尽管有时会把它嵌入式到某些设备中。而一台包含有微处理器的打印机、数码相机则可以算嵌入式计算机系统。

1.1.2 嵌入式计算机系统的特点

嵌入式计算机系统是以微处理器为核心的、嵌入在其他设备中的专用计算机系统。在设计中，面临的问题有许多是设计计算系统中的共性问题。由于嵌入式计算机系统并不是独立的，它与所嵌入的设备紧密关联，因此，与通用台式计算机相比，它的设计还具有许多特殊性。

1. 嵌入式计算机系统通常是形式多样、面向特定应用的

嵌入式计算机系统一般用于特定的任务，其硬件和软件都必须高效率地设计，量体裁衣、去除冗余，而通用计算机则是一个通用的计算平台。

嵌入式硬件大多专用于某种或几种特定的应用，工作在为特定用户群设计的系统中。它通常都具有低功耗、体积小、集成度高等特点，能够把通用微处理器中许多由板卡完成的任务集成在芯片内部，从而有利于嵌入式计算机系统设计趋于小型化，移动能力大大增强，与网络的耦合性也越来越紧密。

嵌入式软件是应用程序和操作系统两种软件的一体化程序。对于通用计算机系统，操作系统与系统软件及应用软件之间界限分明。换句话说，在统一配置的操作系统环境下，应用程序是独立的运行软件，可以分别装入执行。但是，在嵌入式计算机系统中，这一界限并不明显。这是因为应用系统要求采用不同配置的操作系统和应用程序，链接装配成统一运行的软件系统，也就是说，设计者应在系统总体设计目标指导下将它们综合加以考虑来设计实现。

2. 嵌入式计算机系统得到多种类型的处理器和处理器体系结构的支持

通用计算机采用少数的处理器类型和体系结构，而且主要掌握在少数大公司手里。而嵌入式计算机系统可采用多种类型的处理器和处理器体系结构。

在嵌入式微处理器产业链上，IP设计、面向应用的特定嵌入式微处理器的设计、芯片的制造已形成巨大的产业。大家分工协作，形成多赢模式。现在有上千种的嵌入式微处理器和几十种嵌入式微处理器体系结构可以选择。

3. 嵌入式计算机系统通常极其关注成本

嵌入式计算机系统通常需要注意的成本是系统成本,特别是量大的消费类数字化产品,其成本是产品竞争的关键因素之一。

嵌入式的系统成本包括:
- 一次性的开发成本 NRE(Non-Recurring Engineering);
- 产品成本:硬件 BOM、外壳包装和软件版税等;
- 批量产品的总体成本=NRE+每个产品成本×产品总量;
- 每个产品的最后成本=总体成本/产品总量=NRE/产品总量+每个产品成本。

4. 嵌入式计算机系统有实时性和可靠性的要求

嵌入式计算机系统具有实时性和可靠性的要求:一方面大多数实时系统都是嵌入式计算机系统;另一方面嵌入式计算机系统多数有实时性的要求,且软件一般是固化运行或直接加载到内存中运行,具有快速启动的功能。对实时的强度要求各不一样,可分为硬实时和软实时。

嵌入式计算机系统一般要求具有出错处理和自动复位功能,特别是对于一些在极端环境下运行的嵌入式计算机系统而言,其可靠性设计尤其重要。在大多数嵌入式计算机系统的软件中一般都包括一些软硬件机制,比如硬件的看门狗定时器、软件的可靠性机制(包括内存保护和重启动机制)等。

5. 嵌入式计算机系统使用的操作系统的特点

一般是适应多种处理器,可剪裁、轻量型、实时可靠、可固化的嵌入式操作系统。

由于嵌入式计算机系统应用的特点,像嵌入式微处理器一样,嵌入式操作系统也是多姿多彩的,大多数商业嵌入式操作系统可同时支持不同种类的嵌入式微处理器,可根据应用的情况进行剪裁、配置。与通用计算机操作系统相比,其规模小,所需的资源有限(如内核规模在几十KB),能与应用软件一样固化运行。

嵌入式计算机系统包括一个实时内核,其调度算法一般采用基于优先级的可抢占的调度算法。有时要求是高可靠嵌入式操作系统,在时间、空间、数据隔离方面有一定特定要求。

6. 嵌入式计算机系统开发需要专门工具和特殊方法

多数嵌入式计算机系统开发意味着软件与硬件的并行设计和开发,其开发过程一般分为几个阶段:产品定义、软件与硬件设计与实现、软件与硬件集成、产品测试与发布、维护与升级。

由于嵌入式计算机系统资源有限,一般不具备自主开发能力,产品发布后用户通常也不能对其中的软件进行修改,必须有一套专门的开发环境。该开发环境包括专门的开发工具(包括设计、编译、调试、测试等工具),采用交叉开发的方式进行,交叉开发环境如图 1-2 所示。

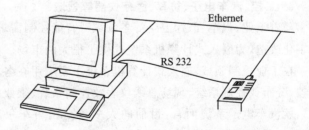

图 1-2 嵌入式计算机系统的交叉开发环境

开发环境由宿主机和目标机组成。宿主机一般采用通用计算机系统,它是主要的开发环境,开发工具的大部分工作由它完成;目标机就是嵌入式计算机系统,是所开发应用程序的执行环境,并配合宿主机的开发工作。

1.1.3 嵌入式计算机系统的应用

嵌入式计算机系统广泛应用于消费电子、通信、汽车、国防、航空航天、工业控制、仪表、办公自动化等领域。据欧盟的统计:2005年全球大概有100亿片嵌入式微处理器,到2010年,会达到160亿片,地球上每人平均拥有3个嵌入式微处理器。

在航空电子中,嵌入式软件的开发成本占整个飞机研制成本的50%;对于汽车工业,汽车电子在整车价值中的比例逐年提高,从1997年的20%提升到2010年的33%～40%。

消费电子数量越来越大,仅数字家庭在美国的销售额就将达到2 000亿欧元。嵌入式计算机系统的主要应用领域如下:

1. 消费电子领域

随着技术的发展,消费电子产品正向数字化和网络化方向发展。嵌入式计算机技术与各种电子技术紧密结合,渗入到各种消费电子产品中,涌现出各种新型的消费电子产品,提高了消费电子产品的性能和功能,使其简单易用,价格低廉,维护方便。

高清晰度数字电视将代替传统的模拟电视,数码相机将代替传统的胶片相机,固定电话今后会被IP电话所替代,各种家用电器(电视机、冰箱、微波炉、电话等)将通过家庭通信、控制中心与Internet连接,实现远程控制、信息交互、网上娱乐、远程医疗和远程教育等。

从手机的发展看,随着移动通信技术的发展,移动通信系统将逐渐由提供话音为主的服务发展为以提供数据为主的服务,同时随着通信网络传输速率的提高,包括多媒体、彩色动画和移动商务等在内的新的无线应用也将逐渐涌现出来,使得以提供话音为主的传统手机逐渐发展成为融合了PDA、电子商务和娱乐等特性的智能手机。

2. 通信领域

通信领域大量应用嵌入式计算机系统,主要包括程控交换机、路由器、IP交换机、传输设备等。

根据预测,由于互联的需要,特别是宽带网络的发展,将会出现各种网络设备,如:ADSL Modem/Router等,其数量将远远高于传统的网络设备。它们基于32位的嵌入式计算机系统,价格低廉,将为企业、家庭提供更为廉价的、方便的、多样的网络方案。就宽带上网的网络设备ADSL Router而言,国外现在每月需要600 KB。

3. 工控、汽车电子、仿真、医疗仪器等领域

随着工业、汽车、医疗卫生等各领域对智能控制需求的不断增长,需要对设备进行智能化、数字化改造,为嵌入式计算机系统提供了很大的市场。

在工业控制领域,嵌入式计算机系统主要应用在各种智能测量仪表、数控装置、可编程控制器、分布式控制系统、现场总线仪表及控制系统、工业机器人、机电一体化设备等系统中。

就汽车电子系统而言,目前的大多数高档轿车每辆拥有约50个嵌入式微处理器。如BMW 7系列轿车,则平均安装有63个嵌入式微处理器。

据预测,21世纪初美国接入Internet的汽车有一亿辆。据IC Insights报道,2004年车载计算机系统的市场规模是46亿美元,而2006年达到60亿美元,这些系统已成为所有新型轿车的标准设备。

4. 国防、航空航天领域

嵌入式计算机系统最早应用于军事和航空航天领域,目前主要应用在各种武器控制系统,如雷达、电子对抗装备、坦克、战舰、航天器(火箭、卫星、航天飞机等)、飞机(民用和军用飞机)等。

1.2 嵌入式计算机系统的组成

嵌入式计算机系统是计算机系统的一种,具有计算机系统的一般特性,同时还具有特殊性。嵌入式计算机系统以计算机技术为基础,是面向特定应用的,并且软硬件可裁剪,适用于对功能、可靠性、成本、体积、功耗有严格要求的应用系统。嵌入式计算机系统一般指非PC系统,它们都是由嵌入式计算机系统的硬件和软件两部分组成的,用于实现对其他设备的控制、监视或管理等功能。

硬件部分包括处理器、存储器、总线和I/O接口及设备等。处理器一般指嵌入式微处理器、嵌入式微控制器、嵌入式数字信号处理器、嵌入式片上系统;存储器包括用以保存固件的ROM(非挥发性只读存储器),用以保存程序代码或数据的RAM(挥发性的随机访问存储器);总线是指进行互连和传输信息(指令、数据和地址)的信号线,ARM系列的嵌入式微处理器内部都采用AMBA总线;I/O接口指连接微控制器和开关、按钮、传感器、A/D转换器、控制器、LED(发光二极管)和显示器的I/O接口。

软件部分包括嵌入式操作系统OS(要求实时和多任务操作)和应用程序编程,有时设计人员把这两种软件组合在一起。应用程序主要控制着系统的运作和行为;而操作系统控制着应用程序编程与硬件的交互作用。

1.2.1 嵌入式硬件系统

嵌入式计算机系统的硬件是以嵌入式微处理器为核心,主要由嵌入式微处理器、总线、存储器以及I/O接口(总线)和设备组成。

1. 嵌入式微处理器

任何一个嵌入式计算机系统至少包含一个嵌入式微处理器,而嵌入式微处理器体系结构可采用冯·诺依曼(Von Neumann)结构(如图1-3所示)或采用哈佛(Harvard)结构(如图1-4所示)。而其中指令系统则可以采用精简指令集系统RISC(Reduced Instruction Set Computer)或复杂指令集系统CISC(Complex Instruction Set Computer),详细内容在第2章讲解。

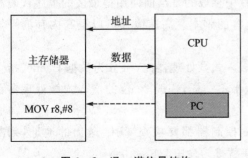

图1-3 冯·诺依曼结构

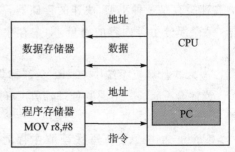

图1-4 哈佛结构

传统微处理器采用的冯·诺依曼结构将指令和数据存放在同一存储空间中,统一编址,指令和数据通过同一总线访问。

哈佛结构不同于冯·诺依曼结构,它是一种并行体系结构,其主要特点是程序和数据存储在不同的存储空间中,即程序存储器和数据存储器是两个相互独立的存储器,每个存储器独立编址、独立访问。与之相对应的是系统中设置的两条总线(程序总线和数据总线),从而使数据的吞吐率提高一倍。

嵌入式微处理器有许多不同的体系,即使在同一体系中也可能具有不同的时钟速度和总线数据宽度,集成不同的外部接口和设备。据不完全统计,目前全世界嵌入式微处理器的品种总量已经超过千种,有几十种嵌入式微处理器体系,主流的体系有 ARM、MIPS、PowerPC、SH、x86 等。

2. 存储器

大多数嵌入式计算机系统的代码和数据都存储在处理器可直接访问的存储空间即主存中,这样系统上电后在主存中的代码可以直接运行。主存储器的特点是速度快,一般采用 ROM、EPROM、Nor Flash、SRAM、DRAM 等存储器件。

嵌入式计算机系统的存储器包括主存和外存(又称为辅存)。目前有些嵌入式计算机系统除了主存外,还有外存。外存是处理器不能直接访问的存储器,用来存放各种信息,相对主存而言具有价格低、容量大的特点。在嵌入式计算机系统中一般不采用硬盘而采用电子盘做外存,电子盘的主要种类有 Nand Flash、SD(Secure Digital)卡、Compact Flash、Smart Media、Memory Stick、Multi Media Card、DOC(Disk On Chip)等。现在较为复杂的嵌入式计算机系统的存储结构如图 1-5 所示。

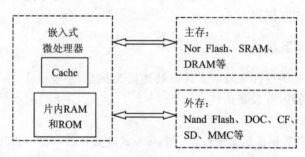

图 1-5 嵌入式计算机系统的存储结构

(1) 高速缓存 Cache

高速缓存是一种小型、快速的存储器,高速缓存中存放的是当前使用得最多的程序代码和数据,保存部分主存内容的拷贝,即主存中部分内容的副本。高速缓存可以提高内存的平均性能。

在嵌入式计算机系统中 Cache 全部都集成在嵌入式微处理器内,可分为数据 Cache、指令 Cache 或混合 Cache。不同的处理器其 Cache 的大小不一样,一般 32 位的嵌入式微处理器都内置 Cache。

➤ Cache 命中:CPU 每次读取主存时,Cache 控制器都要检查 CPU 送出的地址,判断 CPU 要读取的数据是否在 Cache 中,如果在就称为命中。

➤ Cache 未命中:读取的数据不在 Cache 中,则对主存储器进行操作,并将有关内容置入

Cache。

Cache 写入方法分为通写(Write Through)和回写(Write Back)。通写指写 Cache 时，Cache 与对应内存内容同步更新。回写(Write Back)是指写 Cache 时，只有写入 Cache 内容移出时才更新对应内存的内容，如图1-6所示。

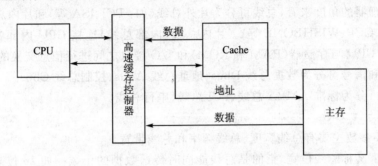

图1-6　CPU 读取数据

(2) 主　　存

主存是处理器能直接访问的存储器，用来存放系统和用户的程序和数据。嵌入式计算机系统的主存可位于 SoC 内和 SoC 外，片内存储器存储容量小、速度快，片外存储器容量大。可以做主存的存储器有

➤ ROM 类：Nor Flash、EPROM、E^2 PROM、PROM 等。
➤ RAM 类：SRAM、DRAM、SDRAM 等。

(3) 外　　存

外存是处理器不能直接访问的存储器，用来存放用户的各种信息，容量大，存取速度相对主存而言要慢得多，但它可用来长期保存用户信息。在嵌入式计算机系统中普遍采用各种电子盘作为外存，而非硬盘作为外存，电子盘采用半导体芯片来存储数据，具有体积小、功耗低和极强的抗振性等特点。

在嵌入式计算机系统中常用的外存或电子盘有：Nand Flash、MMC(Multi Media Card)、CF(Compact Flash)、SD(Secure Digital)、DOC(Disk On Chip)等。

目前在 Flash Memory 技术上主要发展了两种非易失性内存，一种叫 Nor(逻辑或)，是 Intel 公司于 1988 年发明的；另一种叫 Nand(逻辑与)是 Toshiba 公司于 1999 年创造的，Nand Flash 可独立成为外存，也可组成其他各种类型的电子盘如 USB 盘、CF、SD 和 MMC 存储卡等。

Nand Flash 强调降低每比特的成本，且具有更高性能，并且像磁盘一样可通过接口轻松升级，Nand Flash 具有容量大、回写速度快、芯片面积小等特点，主要用于外存。

Nor Flash 具有随机存储速度快、电压低、功耗低、稳定性高等特点，程序可以在芯片内执行，主要用于主存，缺点是可擦写次数少。

3. 总　　线

微处理器需要与一定数量的部件和外围设备连接；嵌入式计算机系统的总线一般集成在嵌入式微处理器中，选择总线和选择嵌入式微处理器密切相关，总线的种类随不同微处理器的结构而不同。

总线是指一组互联和传输信息(指令、数据和地址)的信号线，是连接系统各个部件间的桥

梁；总线是 CPU 与存储器和设备通信的机制，是计算机各部件之间传送数据、地址和控制信息的公共通道。采用总线结构便于部件和设备的扩充，尤其是制定了统一的总线标准后更容易使不同设备间实现互联。

(1) 总线分类

① 从微处理器的角度来看，总线可分为片外总线（如：PCI、ISA 等）和片内总线（如：AMBA、AVALON、OCP、WISHBONE 等）。片内总线（内部总线）连接 CPU 内部各主要功能部件，片外总线是 CPU 与存储器（RAM 和 ROM）和 I/O 接口之间进行信息交换的通道。

② 按功能和信号可分为数据总线 Dbus、地址总线 Abus、控制总线 Cbus。

③ 按规模可分为标准 AMBA 总线、PCI 总线、串行总线。

(2) 总线的主要参数

总线的主要参数主要有总线宽度、总线频率和总线带宽。

① 总线宽度又称总线位宽，指的是总线能同时传送数据的位数。如 16 位总线就是具有 16 位数据传送能力。

② 总线频率即前端总线频率，是总线工作速度的一个重要参数，工作频率越高，速度越快，通常用 MHz 表示。

③ 总线带宽又称总线的数据传送率（单位：MB/s），是指在一定时间内总线上可传送的数据总量，用每秒最大传送数据量来衡量。总线带宽越宽，传输率越高。

前端总线（FSB）频率直接影响 CPU 与内存数据交换的速度。目前 PC 前端总线频率常见的有 266 MHz、333 MHz、400 MHz、533 MHz、800 MHz 等几种，前端总线频率越高，代表着 CPU 与内存之间的数据传输量越大，更能充分发挥出 CPU 的功能。

外频与前端总线频率的区别与联系：前端总线频率描述的是数据传输的实际速度，外频则描述 CPU 与主板之间同步运行的速度。大多数时候前端总线频率都大于 CPU 外频，且成倍数关系。

三者关系是：

$$总线带宽 = (总线宽度/8) \times 总线频率$$

例如：总线宽度 32 位，频率 133 MHz，则

$$总线带宽 = (32/8) \times 133 \text{ MHz} = 532 \text{ MHz}$$

为了嵌入式计算机系统低功耗的要求，总线频率、宽度不能太高，若 CPU 采用内置 Flash 的方式，也可大大降低系统功耗。

(3) 标准 AMBA 总线

一个微处理器系统可能含有多条总线，高速总线通常提供较宽的数据连接，但高速总线成本通常采用更昂贵的电路和连接器；而低速总线成本较低，适用于更多低速外设。桥允许总线独立操作，这样在 I/O 操作中可提供某些并行性，如图 1-7 所示。

标准 AMBA 总线是 ARM 公司研发的一种总线规范，目前为 3.0 版本，定义了 3 种总线：
- AHB（Advanced High-performance Bus）总线用于高性能系统模块的连接，支持突发模式数据传输和事务分割；可以有效地连接处理器、片上和片外存储器，支持流水线操作。
- ASB（Advanced System Bus）总线也用于高性能系统模块的连接，由 AHB 总线替代。
- APB（Advanced Peripheral Bus）总线用于较低性能外设的简单连接，一般是接在 AHB 或 ASB 系统总线上的第二级总线。

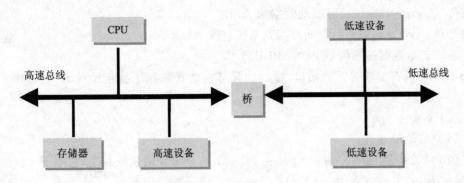

图 1-7　多总线系统

1) AHB 总线的组成及工作过程

AHB 总线主要由 AHB 主单元、AHB 从单元、AHB 仲裁器、AHB 译码器组成。

a. AHB 主单元

总线的主单元可以初始化读或写,只有主单元可在任何时刻使用总线。AHB 可以有一个或多个主单元,主单元可以是 DSP、RISC 处理器、协处理器以及 DMA 控制器,以启动和控制总线操作。

b. AHB 从单元

可以响应(并非启动)读或写总线操作。总线的从单元可以在给定的地址范围内对读/写操作进行相应的响应。从单元向主单元发出成功、失败或等待各种反馈信号。从单元通常是其复杂程度不足以成为主单元的固定功能块(例如外存接口、总线桥接口以及任何内存),系统的其他外设也包含在 AHB 的从单元中。

c. AHB 仲裁器

AHB 仲裁器用来确定控制总线是哪个主单元,以保证在任何时候只有一个主单元可以启动数据传输。一般来说仲裁协议都是固定好的,例如最高优先级方法或平等方法,可根据实际的情况选择适当的仲裁协议。

d. AHB 译码器

总线译码器用于传输译码工作,提供传输过程中从单元的片选信号。

一个典型的 AHB 总线工作过程包括以下两个阶段:

- 地址传送阶段(address phase):它将只持续一个时钟周期。在 HCLK 的上升沿数据有效。所有的从单元都在这个上升沿采样地址信息。
- 数据传送阶段(data phase):它需要一个或几个时钟周期。可以通过 HREADY 信号来延长数据传输时间,当 HREADY 信号为低电平时,就在数据传输中加入等待周期,直到 HREADY 信号为高电平才表示这次传输阶段结束。

2) APB 总线

APB 总线主要由两部分组成:APB 桥和 APB 从单元(Slave)。

APB 桥是 APB 中唯一的主单元,是 AHB/ASB 的从单元。APB 桥将系统总线 AHB/ASB 和 APB 连接起来,并执行下列功能:

- 锁存地址并保持其有效,直到数据传送完成。
- 译码地址并产生一个外部片选信号,在每次传送时只有一个片选信号(PSELx)有效。

> 写传送(write transfer)时驱动数据到 APB。
> 读传送(read transfer)时驱动数据到系统总线 AHB/ASB。
> 传送时产生定时触发信号 PENABLE。

APB 从单元具有简单灵活的接口,接口的具体实现是依赖于特定设计的,有许多不同的情况。

(4) PCI 总线

1) PCI 总线的概述

最早的 PC 总线是 IBM 公司 1981 年在 PC/XT 电脑采用的系统总线,它基于 8 位的 8088 处理器,被称为 PC 总线或者 PC/XT 总线。

在 1984 年,IBM 公司推出基于 16-bit Intel 80286 处理器的 PC/AT 电脑,系统总线也相应地扩展为 16 位,并被称呼为 PC/AT 总线。

而为了开发与 IBM PC 兼容的外围设备,行业内便逐渐确立了以 IBM PC 总线规范为基础的工业标准架构 ISA(Industry Standard Architecture)总线。

ISA 是 8/16 位的系统总线,最大传输速率仅为 8MB/s,但允许多个 CPU 共享系统资源。由于兼容性好,它在 20 世纪 80 年代是最广泛采用的系统总线,不过它的弱点也是显而易见的,比如传输速率过低、CPU 占用率高、占用硬件中断资源等。

在 1988 年,Compaq、HP 等 9 个厂商协同把 ISA 扩展到 32 位,这就是著名的 EISA(Extended ISA,扩展 ISA)总线。EISA 总线的工作频率仍旧仅有 8 MHz,并且与 8/16 位的 ISA 总线完全兼容,由于是 32 位总线的缘故,带宽提高了一倍,达到了 32 MB/s。可惜的是,EISA 仍旧由于速度有限,并且成本过高,在 20 世纪 90 年代初还没成为标准总线之前,就被 PCI 总线给取代了。

嵌入式计算机系统已开始逐步采用微机系统普遍采用的 PCI 总线,以便于系统的扩展。

1991 年 Intel 公司联合 IBM、Compaq、AST、HP、DEC 等 100 多家公司成立了 PCISIG (Peripheral Component Interconnect Special Interest Group)协会,致力于促进 PCI(Peripheral Component Interconnect)总线工业标准的发展。

1992 年 Intel 公司在发布 486 处理器的时候,也同时提出了 32 位的 PCI 总线。PCI 总线规范先后经历了 1.0 版、2.0 版和 1995 年的 2.1 版。

2) PCI 总线的特点

PCI 总线是地址、数据多路复用的高性能 32 位和 64 位总线。在 2.1 版本中定义了 64 位总线扩展和 66 MHz 总线时钟的技术规范。

从数据宽度上看,PCI 总线有 32 位、64 位之分;从总线速度上分,有 33 MHz、66 MHz 两种。PCI 总线的地址总线与数据总线是分时复用的,支持即插即用(Plug and Play)、中断共享等功能。

采用分时复用一方面可以节省接插件的引脚数,另一方面便于实现突发数据传输。

数据传输时,由一个 PCI 设备做发起者(主控、Initiator 或 Master),而另一个 PCI 设备做目标(从设备、Target 或 Slave)。

总线上所有时序的产生与控制都由 Master 来发起。PCI 总线在同一时刻只能供一对设备完成传输,这就要求有一个仲裁机构,来决定谁有权拿到总线的主控权。

3) 32 位 PCI 系统的引脚功能
① 系统控制
➢ CLK：PCI 时钟，上升沿有效；
➢ RST：Reset 信号。
② 传输控制
➢ FRAME：标志传输开始与结束；
➢ IRDY：Master 可以传输数据的标志；
➢ DEVSEL：当 Slave 发现自己被寻址时设置低电平应答；
➢ TRDY：Slave 可以传输数据的标志；
➢ STOP：Slave 主动结束传输数据；
➢ IDSEL：在即插即用系统启动时用于选中板卡的信号。
③ 地址与数据总线
➢ AD[31:0]：地址/数据分时复用总线；
➢ C/BE[3:0]：命令/字节使能信号；
➢ PAR：奇偶校验信号。
④ 仲裁信号
➢ REQ：Master 用来请求总线使用权；
➢ GNT：仲裁机构允许 Master 得到总线使用权。
⑤ 错误报告
➢ PERR：数据奇偶校验错；
➢ SERR：系统奇偶校验错。
4) PCI 总线进行操作时
➢ 发起者先置 REQ，当得到仲裁器的许可时(GNT)，将 FRAME 置低电平，并在 AD 总线上放置 Slave 地址，同时 C/BE 放置命令信号，说明接下来的传输类型。
➢ PCI 总线上的所有设备都需对此地址译码，被选中的设备置 DEVSEL 以声明自己被选中。然后当 IRDY 与 TRDY 都置低时，传输数据。
➢ Master 在数据传输结束前，将 FRAME 置高以标明只剩最后一组数据要传输，并在传完数据后放开 IRDY 以释放总线控制权。

(5) 串行总线

串行总线是指按位传输数据的通路，其连接线少，接口简单，成本低，传输距离远，被广泛用于嵌入式计算机系统与外设的连接和计算机网络。常用的串行总线有 UART、USB、I^2C、SPI 及 IEEE-1394 等。

1) UART

通用异步收发器 UART(Universal Asynchronous Receiver/Transmitter)是嵌入式计算机系统上很常用的一种串行接口，用于异步通信，为双向通信，可以实现全双工传输和接收。

2) I^2C

I^2C(Inter-Integrated Circuit)总线是一种由 Philips 公司开发的两线式串行总线，用于连接微控制器及其外围设备。其最主要的优点是简单有效。

3) SPI

串行外设接口 SPI(Serial Peripheral Interface)总线系统是一种同步串行外设接口，它可以使 MCU 与各种外围设备以串行方式进行通信以交换信息。SPI 总线系统可直接与各个厂家生产的多种标准外围器件直接接口。

4) USB

USB(Universal Serial Bus)是指通用串行总线,是重要的串行接口之一,其目的在于将众多的接口(串行接口、并行接口、PS2 接口等),改为通用的标准接口。它仅仅使用一个 4 针插头作为标准插头,并通过这个标准插头连接各种外设(如鼠标、键盘、游戏手柄、打印机、数码相机等)。USB 接口特点是支持热插拔,支持单接口上接多个设备等。

USB 主要有两个版本(USB1.1 和 USB2.0),两者最主要的差别在于传输速度不同,前者最大传输速率 12 Mb/s,后者最大传输速率 480 Mb/s,USB2.0 的推出大大促进了 USB 设备的发展。

1.2.2 嵌入式软件系统

1. 概　述

软件(software)是计算机系统中与硬件(hardware)相互依存的另一部分,它包括程序(program)、相关数据(data)及其说明文档(document)。其中:程序是按照事先设计的功能和性能要求执行的指令序列;数据是程序能正常操纵信息的数据结构;文档是与程序开发维护和使用有关的各种图文资料。软件的主要特点如下:

- 软件是一种逻辑实体,具有抽象性。其特点使它与其他工程对象有着明显的差异。人们可以把它记录在纸、内存、磁盘或光盘上,但却无法看到软件本身的形态,必须通过观察、分析、思考、判断,才能了解它的功能、性能等特性。
- 软件没有明显的制造过程。一旦研制开发成功,就可以大量拷贝同一内容的副本。所以对软件的质量控制,必须着重在软件开发方面下工夫。
- 软件在使用过程中,没有磨损、老化的问题。软件在生存周期后期不会因为磨损而老化,但会为了适应硬件、环境以及需求的变化而进行修改,而这些修改有不可避免的引入错误,导致软件失效率升高,从而使软件退化。当修改的成本变得难以接受时,软件就被抛弃。
- 软件对硬件和环境有着不同程度的依赖性,这导致了软件移植的问题。
- 软件的开发至今尚未完全摆脱手工作坊式的开发方式,生产效率低。
- 软件是复杂的,而且以后会更加复杂。软件是人类有史以来生产的复杂度最高的工业产品。软件涉及人类社会的各行各业、方方面面,软件开发常常涉及其他领域的专门知识,这对软件工程师提出了很高的要求。
- 软件的成本相当昂贵。软件开发需要投入大量高强度的脑力劳动,成本非常高,风险也大。现在软件的开销已大大超过了硬件的开销。
- 软件工作牵涉到很多社会因素。许多软件的开发和运行涉及机构、体制和管理方式等问题,还会涉及人们的观念和心理。这些人的因素,常常成为软件开发的困难所在,直接影响到项目的成败。

2. 嵌入式软件系统的特点

(1) 规模小,开发难度大

嵌入式软件的规模一般比较小,多数在几 MB 以内;开发难度大,需要开发的软件可能包括板级初始化程序、驱动程序、应用程序和测试程序等,一般都要涉及到低层软件的开发,应用软件的开发也是直接基于操作系统的。

(2) 快速启动,直接运行嵌入

一般嵌入式软件需快速启动,上电后在几十秒内就会进入正常工作状态,为此,多数嵌入式软件事先已被固化在 Nor Flash 或调入内存等快速启动的主存中,上电后可直接启动运行。

(3) 实时性和可靠性要求高

大多数嵌入式计算机系统都是实时系统,有实时性及可靠性的要求。除了与嵌入式计算机系统的硬件有关外,还与嵌入式计算机系统的软件密切相关。

嵌入式实时软件对外部事件作出反应的时间必须要快,在某些情况下还需要是确定的、可重复实现的,不管当时系统内部状态如何,都是可预测的(predictable)。

需要有出错处理和自动复位功能,采用特殊的容错、出错处理措施,在运行出错或死机时能自动恢复先前的运行状态。

(4) 程序一体化

嵌入式软件是应用程序和操作系统两种软件的一体化程序。

(5) 两个平台

嵌入式软件的开发平台和运行平台各不相同,如图 1-8 所示。

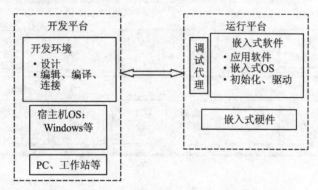

图 1-8 嵌入式软件的开发平台和运行平台

3. 嵌入式软件系统的分类

按通常的软件分类,软件部分包括嵌入式计算机系统软件(要求实时和多任务操作)、支撑软件、应用软件三大类。应用程序控制着系统的运作和行为;而操作系统控制着应用程序编程与硬件的交互作用。

- 系统软件:控制、管理计算机系统的资源,能够把硬件虚拟化,使得开发人员从繁忙的驱动程序移植和维护中解脱出来;能够提供库函数、驱动程序、工具集以及应用程序。如嵌入式操作系统、嵌入式中间件(CORBA、Java)等。嵌入式操作系统主要包括嵌入式实时操作系统(如 VxWorks、QNX、Nuclues、OSE、DeltaOS 和各种 ItronOS 等,具有强实时特点)和嵌入式非实时操作系统(如 Win CE、版本众多的嵌入式 Linux 和 PalmOS 等,一般具有弱实时特点)。
- 支撑软件:辅助软件开发的工具,一般用于开发主机,包括语言编译器、连接定位器、调试器等,这些工具一起构成了嵌入式计算机系统的开发系统和开发工具。如系统分析设计工具、仿真开发工具、交叉开发工具、测试工具、配置管理工具、维护工具等。

- 应用软件：是面向特定应用领域的软件，如手机软件、路由器软件、交换机软件、飞控软件等，除操作系统之上的应用外，还包括低层的软件，如板级初始化程序、驱动程序等。如C++、Java、脚本语言(Script Language)、HOPEN、JINI及面向应用的程序。

从运行平台来分，嵌入式软件可以分为：
- 运行在开发平台上的软件：设计、开发、测试工具等。
- 运行在嵌入式计算机系统上的软件：嵌入式操作系统、应用程序、驱动程序及部分开发工具。

4. 嵌入式软件的体系结构

目前嵌入式软件的体系结构如图 1-9 所示，主要包括四层。

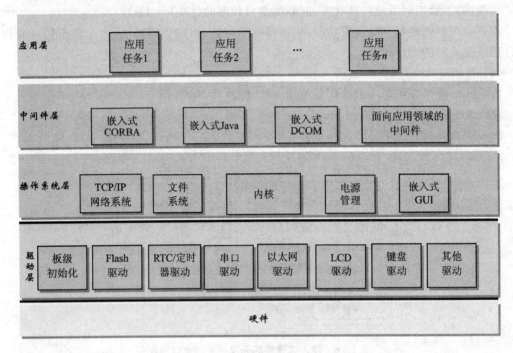

图 1-9 嵌入式软件的体系结构

（1）驱动层

驱动层是直接与硬件打交道的一层，它对操作系统和应用提供所需的驱动的支持。该层主要包括三种类型的程序。
- 板级初始化程序：这些程序在嵌入式计算机系统上电后初始化系统的硬件环境，包括嵌入式微处理器、存储器、中断控制器、DMA、定时器等的初始化。
- 与系统软件相关的驱动：这类驱动是操作系统和中间件等系统软件所需的驱动程序，它们的开发要按照系统软件的要求进行。目前操作系统内核所需的硬件支持一般都已集成在嵌入式微处理器中了，因此操作系统厂商提供的内核驱动一般不用修改。
- 与应用软件相关的驱动：与应用软件相关的驱动不一定需要与操作系统连接，这些驱动的设计和开发由应用决定。

（2）操作系统层

操作系统层包括嵌入式内核、嵌入式 TCP/IP 网络系统、嵌入式文件系统、嵌入式 GUI 系统和电源管理等部分。

其中嵌入式内核是基础和必备的部分,其他部分要根据嵌入式计算机系统的需要来确定。

(3) 中间件层

目前在一些复杂的嵌入式计算机系统中也开始采用中间件技术,主要包括嵌入式 CORBA、嵌入式 Java、嵌入式 DCOM 和面向应用领域的中间件软件,如基于嵌入式 CORBA 的应用于无线电台的中间件软件 SCA(Software Core Architecture)等。

(4) 应用层

应用层软件主要由多个相对独立的应用任务组成,每个应用任务完成特定的工作,如 I/O 任务、计算的任务、通信任务等,由操作系统调度各个任务的运行。

5. 嵌入式软件运行流程

现在基于多任务操作系统的嵌入式软件执行的主要流程如图 1-10 所示。

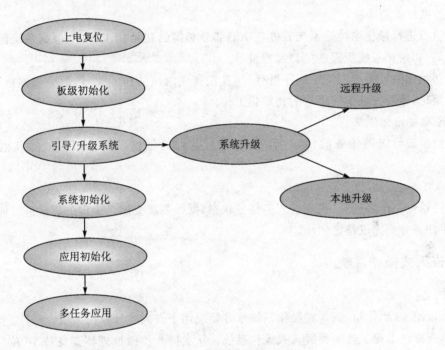

图 1-10 嵌入式软件执行的主要流程

(1) 上电复位、板级初始化阶段

嵌入式计算机系统上电复位后完成板级初始化工作。板级初始化程序具有完全的硬件特性,一般采用汇编语言实现。不同的嵌入式计算机系统,板级初始化时要完成的工作具有一定的特殊性,但以下工作一般是必须完成的:

➢ CPU 中堆栈指针寄存器的初始化。

➢ 未被初始化的数据 BSS 段(Block Storage Space)的初始化。

➢ CPU 芯片级的初始化(中断控制器、内存等的初始化)。

(2) 系统引导/升级阶段

软件可通过测试通信端口数据或判断特定开关的方式分别进入系统软件引导阶段或系统升级阶段。

1）系统引导阶段

系统引导有几种情况：

> 将系统软件从 Nor Flash 中读取出来加载到 RAM 中运行。这种方式可以解决成本及 Flash 速度比 RAM 慢的问题，软件可压缩存储在 Flash 中。

> 不需将软件引导到 RAM 中，而是让其直接在 Nor Flash 上运行，进入系统初始化阶段。

> 将软件从外存（如 Nand Flash、CF 卡、MMC 等）中读出加载到 RAM 中运行。这种方式的成本更低。

2）系统升级阶段

进入系统升级阶段后，系统可通过网络进行远程升级或通过串口进行本地升级。

远程升级一般支持 TFTP、FTP、HTTP 等方式。本地升级可通过 Console 口使用超级终端或特定的升级软件进行。

（3）系统初始化阶段

在该阶段进行操作系统等系统软件各功能部分必需的初始化工作，如根据系统配置初始化数据空间、初始化系统所需的接口和外设等。

系统初始化阶段需要按特定顺序进行，如首先完成内核的初始化，然后完成网络、文件系统等的初始化，最后完成中间件等的初始化工作。

（4）应用初始化阶段

在该阶段进行应用任务的创建，信号量、消息队列的创建和与应用相关的其他初始化工作。

（5）多任务应用运行阶段

各种初始化工作完成后，系统进入多任务状态，操作系统按照已确定的算法进行任务的调度，各应用任务分别完成特定的功能。

1.2.3 嵌入式操作系统

1. 概　述

在 20 世纪 80 年代初，嵌入式操作系统就开始应用于嵌入式计算机系统，经过二十多年的发展，目前全球已出现了数十种嵌入式操作系统。从支持 8 位微处理器到支持 16 位、32 位甚至 64 位微处理器；从支持单一品种的微处理器芯片到支持多品种的微处理器芯片；从只有内核到除了内核外还提供其他功能模块（如文件系统、TCP/IP 网络系统、窗口图形系统等）。随着嵌入式计算机系统应用领域的扩展，目前嵌入式操作系统的市场在不断细分，出现了针对不同领域的产品，这些产品按领域的要求和标准提供特定的功能。

嵌入式操作系统可以统称为应用在嵌入式计算机系统的操作系统，它具有一般操作系统的功能，同时具有嵌入式软件的特点。它的主要性能有：

> 可固化；

> 可配置、可剪裁；

> 独立的板级支持包，可修改；

> 不同的 CPU 有不同的版本；

> 应用开发需要有集成的交叉开发工具。

2. 嵌入式操作系统的演变

在嵌入式计算机系统的发展过程中,从操作系统的角度来看,大致经历了 4 个阶段。

(1) 无操作系统阶段

嵌入式计算机系统最初的应用大多以可编程控制器的形式出现,具有监测、伺服、设备指示等功能,通常应用于各类工业控制和飞机、导弹等武器装备中,一般没有操作系统的支持,只能通过汇编语言对系统进行直接控制,运行结束后再清除内存。

这一阶段嵌入式计算机系统的主要特点是:系统结构和功能相对单一,处理效率较低,存储容量较小,几乎没有用户接口。由于这种嵌入式计算机系统使用简便、价格低廉,因而曾经在工业控制领域中得到了非常广泛的应用,但却无法满足现今对执行效率、存储容量都有较高要求的信息家电等场合的需要。

(2) 简单操作系统阶段

20 世纪 80 年代,随着微电子工艺水平的提高,人们已制造出面向 I/O 设计的微控制器。与此同时,嵌入式计算机系统的程序员也开始基于一些简单的"操作系统"开发嵌入式应用软件,大大缩短了开发周期、提高了开发效率。

这一阶段嵌入式计算机系统的主要特点是:出现了大量高可靠、低功耗的嵌入式 CPU (如 Power PC),各种简单的嵌入式操作系统开始出现并得到迅速发展。此时的嵌入式操作系统虽然还比较简单,但已经初步具有了一定的兼容性和扩展性,内核精巧且效率高,主要用来控制系统负载以及监控应用程序的运行。

(3) 实时操作系统阶段

20 世纪 90 年代,嵌入式计算机系统进一步飞速发展,而面向实时信号处理算法的 DSP 产品则向着高速度、高精度、低功耗的方向发展。随着硬件实时性要求的提高,嵌入式计算机系统的软件规模也不断扩大,逐渐形成了实时多任务操作系统(RTOS),并开始成为嵌入式计算机系统的主流。

这一阶段嵌入式计算机系统的主要特点是:操作系统的实时性得到了很大改善,已经能够运行在各种不同类型的微处理器上,具有高度的模块化和扩展性。此时的嵌入式操作系统已经具备了文件和目录管理、设备管理、多任务、网络、图形用户界面(GUI)等功能,并提供了大量的应用程序接口(API),从而使得应用软件的开发变得更加简单。

(4) 面向 Internet 的阶段

21 世纪无疑将是一个网络的时代,将嵌入式计算机系统应用到各种网络环境中去的呼声自然也越来越高。虽然目前大多数嵌入式计算机系统还孤立于 Internet 之外,但随着 Internet 的进一步发展和普及,以及 Internet 技术与信息家电、工业控制技术等的结合日益紧密,嵌入式设备与 Internet 的结合才是嵌入式技术的真正未来。

信息时代和数字时代的到来,为嵌入式计算机系统的发展带来了巨大的机遇,同时也对嵌入式计算机系统厂商提出了新的挑战。

目前,嵌入式技术与 Internet 技术的结合正在推动着嵌入式技术的飞速发展,嵌入式计算机系统的研究和应用产生了显著的新变化。

- 新的微处理器层出不穷,嵌入式操作系统自身结构的设计更加便于移植,能够在短时间内支持更多的微处理器。
- 嵌入式计算机系统的开发成了一项系统工程,开发厂商不仅要提供嵌入式操作系统本身,同时还要提供强大的软件开发支持包。
- 通用计算机上使用的新技术、新观念开始逐步移植到嵌入式计算机系统中,如嵌入式数据库、移动代理、实时 CORBA、Java 等,嵌入式软件平台得到进一步完善。
- 各类嵌入式 Linux 操作系统迅速发展,由于它具有源代码开放、系统内核小、执行效率高、网络结构完整等特点,很适合信息家电等嵌入式计算机系统的需要,目前已经形成了能与 Windows CE、Symbian 等嵌入式操作系统进行有力竞争的局面。
- 网络化、信息化的要求日益突出,以往功能单一的设备如电话、手机、冰箱、微波炉等功能不再单一,结构变得更加复杂,网络互联成为必然趋势。
- 精简系统内核,优化关键算法,降低功耗和软硬件成本。
- 提供更加友好的多媒体人机交互界面。

3. 嵌入式操作系统分类

(1) 从应用领域来分
- 面向信息家电的嵌入式操作系统。
- 面向智能手机的嵌入式操作系统(如 Symbian OS、MS Mobile OS、PalmOS、Embedded Linux 等)。
- 面向汽车电子的嵌入式操作系统。
- 面向工业控制的嵌入式操作系统。

(2) 从实时性的角度来分
- 嵌入式实时操作系统:具有强实时的特点,如 VxWorks、QNX、Nuclear、OSE、DeltaOS、各种 ITRON OS 等。
- 非实时嵌入式操作系统:一般只具有弱实时特点,如 Win CE、版本众多的嵌入式 Linux、Palm OS 等。

(3) 从嵌入式计算机系统的商业模式来分类
- 商用型:功能稳定、可靠,有完善的技术支持和售后服务,开发费用+版税。
- 开源型:开放源码,只收服务费,没有版税(如 Embedded Linux、RTEMS、eCOS)。

4. 嵌入式操作系统的体系结构

嵌入式操作系统体系结构是操作系统的基础,它定义了硬件与软件的界限、内核与操作系统其他组件(文件、网络、GUI 等)的组织关系、系统与应用的接口。

体系结构是确保系统的性能、可靠性、灵活性、可移植性、可扩展性的关键,就好比房子的梁架,只有梁架搭牢固了才承受得住房顶的质量,再做一些锦上添花的工作才有意义。

目前操作系统的体系结构可分为:单块结构、层次结构和客户/服务器(微内核)结构。

目前嵌入式操作系统主要采用分层和模块化相结合的结构或微内核结构。

采用分层和模块化相结合的结构具有以下优点:
- 分层和模块化结合的结构将操作系统分为硬件无关层、硬件抽象层和硬件相关层,每层再划分功能模块。
- 移植工作集中在硬件相关层,与其余两层无关,功能的伸缩则集中在模块上,从而确保其具有良好的可移植性和可伸缩性。

而采用微内核结构,则可利用其可伸缩的特点适应硬件的发展,便于扩展。

嵌入式操作系统采用微内核结构的优点有:

- 提供一致的接口。
- 可扩展性：扩展对新的软件/硬件支持。
- 灵活性：可伸缩。
- 可移植性。
- 分布式系统支持。
- 适用于面向对象操作系统环境。
- 通过微内核构造和发送信息、接受应答并解码所花费的时间比进行一次系统调用的时间多。

5．嵌入式操作系统的组成及功能

嵌入式操作系统的组成如图 1－11 所示，主要包括嵌入式内核、嵌入式 TCP/IP 网络系统、嵌入式文件系统。其中内核是嵌入式操作系统的基础，也是必备的部分。还提供特定的应用内核编程接口，但目前没有统一的标准。内核的核心部分，具有任务调度、创建任务、删除任务、挂起任务、解挂任务、设置任务优先级等功能。

通用计算机的操作系统追求的是最大的吞吐率，为了达到最佳整体性能，其调度原则是公平，采用 Round-Robin 或可变优先级调度算法，调度时机主要以时间片为主驱动。而嵌入式操作系统多采用基于静态优先级的可抢占的调度，任务优先级是在运行前通过某种策略静态分配好的，一旦有优先级更高的任务就绪，就马上进行调度。

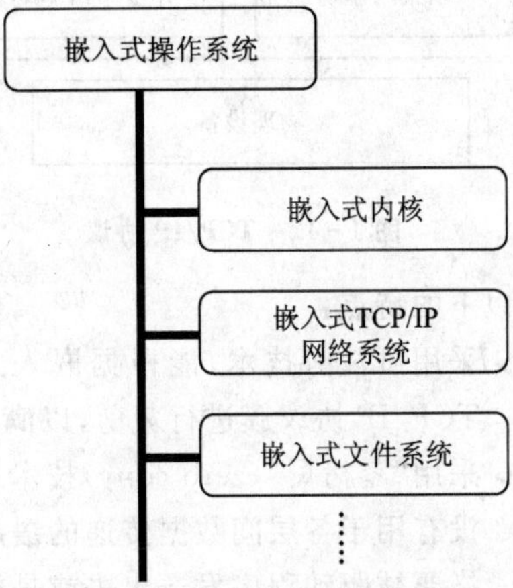

（1）嵌入式内核

主要完成内存管理、任务管理、进程管理、中断管理、时间管理、任务扩展。

1）内存管理

嵌入式操作系统的内存管理比较简单。通常不采用虚拟存储管理，而采用静态内存分配和动态内存分配（固定大小内存分配和可变大小内存分配）相结合的管理方式。有些内核利用 MMU 机制提供内存保护功能。通用操作系统广泛使用了虚拟内存的技术，为用户提供一个功能强大的虚存管理机制。

图 1－11 嵌入式操作系统的组成

2）任务管理

通信、同步和互斥机制提供任务间、任务与中断处理程序间的通信、同步和互斥功能。一般包括信号量、消息、事件、管道、异步信号和共享内存等功能。

3）进程管理

与通用操作系统不同的是，嵌入式操作系统需要解决在这些机制的使用中出现的优先级反转问题。

4）中断管理

安装中断服务程序，并在中断发生时，对中断现场进行保存，并且转到相应的服务程序上执行；中断退出前，对中断现场进行恢复，中断栈切换；中断退出时的任务调度。

5）时间管理

提供高精度、应用可设置的系统时钟，该时钟是嵌入式计算机系统的时基，可设置为

10 ms以下。

提供日历时间,负责与时间相关的任务管理工作如任务对资源有限等待的计时、时间片轮转调度等,提供软定时器的管理功能等。

通用操作系统的系统时钟的精度由操作系统确定,应用不可调,且一般是几十 ms。

6) 任务扩展

任务扩展功能就是在内核中设置一些 Hook 的调用点,在这些调用点上内核调用应用设置的、应用自己编写的扩展处理程序,以扩展内核的有关功能。

Hook 调用点有任务创建、任务切换、任务删除、出错处理等。

(2) 嵌入式 TCP/IP

TCP/IP 协议已经广泛地应用于嵌入式计算机系统中,嵌入式 TCP/IP 网络系统提供符合 TCP/IP 协议标准的协议栈,提供 Socket 编程接口,如图 1-12 所示。嵌入式 TCP/IP 网络系统

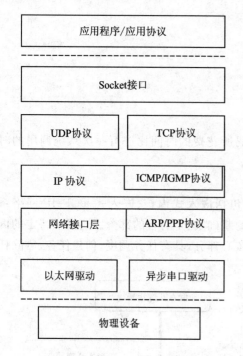

图 1-12 TCP/IP 协议

具有以下的特点:
- 采用可裁剪技术,能根据嵌入式计算机系统功能的要求选择所需的协议,对完整的 TCP/IP 协议簇进行裁剪,以满足用户的需要。
- 采用"零拷贝"(zero copy)技术,提高实时性。所谓"零拷贝"技术,是指 TCP/IP 协议栈没有用于各层间数据传递的缓冲区,协议栈各层间传递的都是数据指针,只有当数据最终要被驱动程序发送出去或是被应用程序取走时,才进行真正的数据搬移。
- 采用静态分配技术,在网络初始化时就静态分配通信缓冲区,设置了专门的发送和接收缓冲(其大小一般小于或等于物理网络上的 MTU 值),从而确保了每次发送或接收时处理的数据不会超过 MTU 值,也就避免了数据处理任务的阻塞等待。

(3) 嵌入式文件系统

通用操作系统的文件系统具有以下功能:
- 提供用户对文件操作的命令。
- 提供用户共享文件的机制。
- 管理文件的存储介质。
- 提供对文件的加密和解密功能。
- 提供文件及文件系统的备份和恢复功能。
- 提供文件的存取控制,保障文件及文件系统的安全性。

嵌入式文件系统相比之下较为简单,主要具有文件的存储、检索、更新等功能,一般不提供保护和加密等安全机制。

它以系统调用和命令方式提供对文件的各种操作,主要有:
- 设置和修改对文件和目录的存取权限。

- 提供建立、修改、改变、删除目录等服务。
- 提供创建、打开、读、写、关闭、撤消文件等服务。

1.3 嵌入式处理器的选型

嵌入式处理器在经过近二十年的发展,嵌入式微处理器的集成度、主频、位数都得到了提高,见表1-2。

表1-2 嵌入式微处理器的发展

项 目	20世纪80年代中后期	20世纪90年代初期	20世纪90年代中后期	21世纪初期
制作工艺	1~0.8 μm	0.8~0.5 μm	0.5~0.35 μm	0.25~0.13 μm
主频	<33 MHz	<100 MHz	<200 MHz	600 MHz左右
晶体管个数	>500K	>2M	>5M	>22M
位数	8/16 bit	8/16/32 bit	8/16/32 bit	8/16/32/64 bit

1.3.1 嵌入式处理器的种类

目前,嵌入式微处理器种类繁多,根据不同要求进行不同的分类,按位数可分为:4位、8位、16位、32位和64位,通常将16位以下的嵌入式微处理器称为微控制器(MCU),32位以上的称为处理器。

根据用途,嵌入式计算机系统可分成下面几类:

1) 嵌入式微处理器 EMPU(Embedded MicroProcessor Unit)

嵌入式微处理器采用"增强型"通用微处理器。由于嵌入式计算机系统通常应用于条件比较恶劣的环境中,因而嵌入式微处理器在工作温度、电磁兼容性以及可靠性方面的要求较通用的标准微处理器高。但是,嵌入式微处理器在功能方面与标准的微处理器基本上是一样的。根据实际嵌入式应用要求,将嵌入式微处理器装配在专门设计的主板上,只保留和嵌入式应用有关的主板功能,这样可以大幅度减小系统的体积和功耗。和工业控制计算机相比,嵌入式微处理器组成的系统具有体积小、重量轻、成本低、可靠性高的优点,但在其电路板上必须包括ROM、RAM、总线接口、各种外设等器件,从而降低了系统的可靠性,技术保密性也较差。由嵌入式微处理器及其存储器、总线、外设等安装在一块电路主板上构成一个通常所说的单板机系统。嵌入式处理器目前主要有 AM186/188、386EX、SC-400、Power PC、68000、MIPS、ARM 系列等。

2) 嵌入式微控制器 MCU(MicroController Unit)

嵌入式微控制器又称单片机,它将整个计算机系统集成到一块芯片中。嵌入式片上系统一般以某种微处理器内核为核心,根据某些典型的应用,在芯片内部集成了 ROM/EPROM、RAM、总线、总线逻辑、定时/计数器、看门狗、I/O、串行口、脉宽调制输出、A/D、D/A、Flash RAM、E^2PROM 等各种必要功能部件和外设。为适应不同的应用需求,对功能的设置和外设的配置进行必要的修改和裁剪定制,使得一个系列的单片机具有多种衍生产品,每种衍生产品的处理器内核都相同,不同的是存储器和外设的配置及功能的设置。这样可以使单片机最大限度地和应用需求相匹配,从而减少整个系统的功耗和成本。和嵌入式微处理器相比,微控制器的单片化使应用系统的体积大大减小,从而使功耗和成本大幅度下降,可靠性提高。由于嵌入式微控制器目前在产品的品种和数量上是所有种类嵌入式处理器中最多的,而且上述诸多优点决定了微控制器是嵌入式计算机系统应用的主流。微控制器的片上外设资源一般比较丰富,适合于控制,因此称为微控制器。

通常,嵌入式微处理器可分为通用和半通用两类,比较有代表性的通用系列包括 8051、P51XA、MCS－251、MCS－96/196/296、C166/167、68300 等。而比较有代表性的半通用系列,如支持 USB 接口的 MCU 有 8XC930/931、C540、C541;支持 I^2C、CAN 总线、LCD 等的众多专用 MCU 和兼容系列。目前 MCU 约占嵌入式计算机系统市场份额的 70%。

3) 嵌入式 DSP 处理器(Embedded Digital Signal Processor)

专用于数字信号处理,采用哈佛结构,程序和数据分开存储,采用一系列措施保证数字信号的处理速度,如对 FFT(快速傅里叶变换)的专门优化。在数字信号处理应用中,各种数字信号处理算法相当复杂,一般结构的处理器无法实时地完成这些运算。由于 DSP 处理器对系统结构和指令进行了特殊设计,故使其适合于实时进行数字信号处理。TMS320C2000/C5000 等属于此范畴;在通用单片机或 SoC 中增加 DSP 协处理器作为协处理器集成。

4) 嵌入式片上系统 SoC (System on Chip)

随着 EDI 的推广和 VLSI 设计的普及化,以及半导体工艺的迅速发展,嵌入式开发可以在一块硅片上实现一个更为复杂的系统,这就产生了 SoC 技术。各种通用处理器内核将作为 SoC 设计公司的标准库,和其他许多嵌入式计算机系统外设一样,成为 VLSI 设计中一种标准的器件,用标准的 VHDL、Verilog 等硬件语言描述,存储在器件库中。用户只需定义出其整个应用系统,仿真通过后就可以将设计图交给半导体工厂制作样品。这样除某些无法集成的器件以外,整个嵌入式计算机系统大部分均可集成到一块或几块芯片中去,应用系统电路板将变得很简单,对于减小整个应用系统体积和功耗、提高可靠性非常有利。SoC 可分为通用和专用两类,通用 SoC 如 Infineon(Siemens)公司的 Tricore、Motorola 公司的 M－Core,以及某些 ARM 系列器件,如 Echelon 公司和 Motorola 公司联合研制的 Neuron 芯片等;专用 SoC 一般专用于某个或某类系统中,如 Philips 公司的 Smart XA,它将 XA 单片机内核和支持超过 2 048 位复杂 RSA 算法的 CCU 单元制作在一块硅片上,形成一个可加载 Java 或 C 语言的专用 SoC,可用于互联网安全方面。

1.3.2 嵌入式微处理器的特点

嵌入式微处理器的基础也是通用微处理器,它与通用微处理器相比,具有集成度高、成本低、体积小、重量轻、功耗低、可靠性高、指令可进行裁剪和扩充、性能适应范围广、工作温度范围宽、抗电磁干扰强等诸多特点。

1. 集成度高

嵌入式处理器适用于服务器和桌面的芯片内部主要只包括 CPU 核心、Cache、MMU、总线接口等部分,其他附加的功能如外部接口、系统总线、外部总线和外部设备独立在其他芯片和电路内。

嵌入式微处理器除了集成 CPU 核心、Cache、MMU、总线等部分外,还集成了各种外部接口和设备,如中断控制器、DMA、定时器、UART 等。符合了嵌入式计算机系统低成本和低功耗的需求,一块单一的集成了大多数需要功能块的芯片价格更低,功耗更少。

嵌入式微处理器是面向应用的处理器,其片内所包含的组件的数目和种类是由它的市场定位决定的。在最普通的情况下,嵌入式微处理器包括:
- 片内存储器(部分嵌入式微处理器)。
- 外部存储器的控制器,外设接口(串口、并口)。
- LCD 控制器(面向终端类应用的嵌入式微处理器)。
- 中断控制器、DMA 控制器、协处理器。
- 定时器,A/D、D/A 转换器。
- 多媒体加速器(当高级图形功能需要时)。
- 总线。
- 其他标准接口或外设。

目前,集成外围逻辑芯片有两种方式:

① 单芯片方式(single chip):图 1-13 为主要用于终端类应用的华邦公司 W90P710 芯片的内部结构。

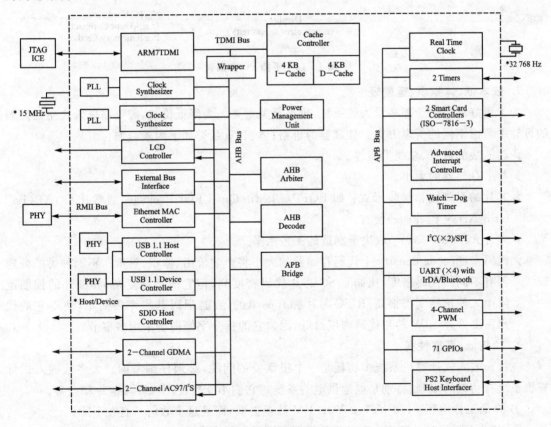

图 1-13 华邦公司 W90P710 芯片的内部结构

② 芯片组方式(chip set):由微处理器主芯片和一些从芯片组成。图 1-14 是两芯片组的手持 PC 方案,主芯片提供计算和基本外围设备的控制功能,从芯片加入了新的接口(LCD 控制器、红外线接口和触摸屏功能块等)。

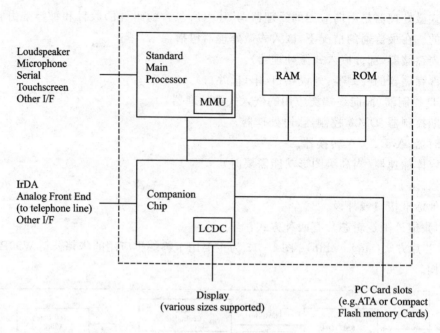

图 1-14 手持 PC 方案

2. 成本低、体积小、重量轻

为了更好地适用于那些量大的系统，价格至关重要。为降低价格，需要在嵌入式微处理器的设计中考虑不同的折衷方案。处理器的价格、体积、重量受如下因素影响：

- 功能块的数目、总线类型等。
- 片上存储器的大小。
- 芯片的引脚数和封装形式：如 PQFP(Plastic Quad Flat Package)通常比 BGAP(Ball Grid Array Package)便宜。
- 芯片大小(die size)：取决于制造的工艺水平。
- 代码密度(code density)：代码存储器的大小将影响价格、体积、重量。不同种类的处理器有不同的代码密度，比如 CISC 芯片代码密度高，但它的结构复杂，其额外的控制逻辑单元使价格变得很高；RISC 芯片拥有简单的结构，但因其指令集简单，使得它的代码密度低；VLIW 芯片代码密度最低，因为它的指令字倾向于采用多字节。

3. 功耗低、可靠性高

在目前嵌入式计算机系统中功耗是一个很重要的问题，必须仔细考虑。大多数嵌入式计算机系统有功耗的限制(特别是电池供电的系统)，它们不支持使用风扇其他冷却设备。

① 降低工作电压：1.8 V、1.2 V、1.1 V 甚至更低，而且这个数值一直在下降。

② 提供不同的时钟频率：通过软件设置不同的时钟分频。

③ 关闭暂时不使用的功能块：如果某功能块在一个周期内不使用，就可以被完全关闭，以节约能量。

④ 提供功耗管理机制

- 运行模式(running mode)：处理器处于全速运行状态下。
- 休息模式(rest mode)：处理器不执行指令，所有存储的信息是可用的，处理器能在几个周期内返回运行模式。I/O、显示器、键盘等设备运行正常。
- 休眠模式(sleep mode)：当计算机执行一段时间 Idle 任务后可能进入此模式。当有外部事件产生时就恢复到运行模式。此模式下将暂停处理器及所有外设的工作，仅给 RAM 和电源管理电路供电。
- 时钟关闭模式(shutdown mode)：完全关闭所有用户请求，能够最大限度地节约电源能量。仅给一点电供 RAM 使用。要退出这个模式，系统需要重新启动。

⑤ 总线和存储器：影响功耗的因素还有总线(特别是总线转换器，可以采用特殊的技术使它的功耗最小)和存储器的大小(如果使用 DRAM，则需要不断地刷新)。为了使功耗最低，总线和存储器要保持在应用系统可接受的最小规模。

操作系统在功耗管理方面应起着宏观调控和管理的作用，把电源当作一项资源来管理。今后无线网络协议必然是嵌入式计算机系统功耗研究不可忽视的重要内容。目前采用总体上降低供电电压、降低时钟频率、关闭暂时不使用的功能块、提供功耗管理机制、减少硬件电路设计制作时的分布电容等方式来降低动态功耗和增强可靠性，还可通过减少 CMOS 电路的静态泄漏电流来降低静态功耗，使得整个嵌入式计算机系统的功耗更低，增强可靠性。

4. 指令可进行裁剪和扩充

为更好满足应用领域的需要，嵌入式微处理器的指令集(instruction set)一般要针对特定领域的应用进行裁剪和扩充。

目前很多应用系统需要类似于 DSP 的数字处理功能，故许多嵌入式微处理器扩展了特定领域的指令，这些指令主要有：

① 定点运算：由于成本低和功耗低的限制，大多数的嵌入式微处理器使用定点运算(fixed-point arithmetic)，若嵌入式计算机系统中需要使用浮点运算，则可采用软件模拟的方式实现浮点运算，只不过这样要占用更多的处理器时间。

② SIMD 类操作：允许使用一条指令进行多个并行数据流的计算。

③ 乘加(MAC)操作：在一个周期中执行了一次乘法运算和一次加法运算。这种顺序的运算在 DSP 算法中很常见，比如点积、积分和相关性。为了能在一个周期内执行这些操作，处理器需集成一个 MAC 单元或添加一个推进路径，使乘法器返回的结果能用于加法器。

④ 零开销的循环指令：采用硬件方式减少循环的开销，仅使用两条指令实现一个循环，一条是循环的开始并提供循环次数；另一条是循环体。

⑤ 多媒体加指令：像素处理、多边形和 3D 操作等指令。

5. 性能适应范围广

为了适应不同的应用系统，嵌入式微处理器的性能可分为 3 类。

(1) 低端(低价、低性能)

通常情况下低端嵌入式微处理器的性能最多达到 50 MIPS，应用在对性能要求不高但对价格和功耗有严格要求的应用系统中。

(2) 中档(低功耗)

中档的嵌入式微处理器可达到较好的性能(如 150 MIPS 以上)，采用增加时钟频率、加深流水深度、增加 Cache 及一些额外的功能块来提高性能，并保持低功耗。

(3) 高　端

高端嵌入式微处理器用于高强度计算，使用不同的方法来达到更高的并行度。

① 单指令执行乘法操作：通过加入额外的功能单元和扩展指令集，使许多操作能在一个单一的周期内并行执行。

② 每个周期执行多条指令：桌面和服务器的超标量处理器都支持单周期多条指令执行。在嵌入式领域通常使用 VLIW(Very Large Instruction Word)来实现，这样只需较少的硬件，总体价格更低些。例如 TI 公司的 TMS320C6201 芯片，通过使用 VLIW 方法，能在每个周期同时执行 8 条独立的 32 位指令。

③ 使用多处理器：采用多处理器的方式满足应用系统的更高要求。一定数目的嵌入式微处理器采用特殊的硬件支持多处理器，如 TI 公司的 OMAP730 包括了 3 个处理器核 ARM9、ARM7、DSP。

1.3.3 主流的嵌入式处理器及典型的嵌入式处理器

嵌入式微处理器发展迅速，目前主流的嵌入式微处理器系列主要有 ARM 系列、MIPS 系列、PowerPC 系列、Super H 系列和 X86 系列等，属于这些系列的嵌入式微处理器产品有上千种之多。

1. x86 系列

主要由 AMD、Intel、NS、ST 等公司提供，如：AM186/188、Elan520、嵌入式 K6、386EX、STPC 等。主要应用在工业控制、通信等领域。

国内由于对 x86 体系比较熟悉，以产品低功耗、高整合度和完整的解决方案优势赢得不少客户的青睐，得到广泛应用，特别是嵌入式 PC 的应用非常广泛。

2. Super H 系列

本系列是一种性价比高、体积小、功耗低的 32 位、64 位 RISC 嵌入式微处理器核，可以广泛应用到消费电子、汽车电子、通信设备等领域。Super H 产品包括 SH-1、SH-2、SH-3、SH-DSP、SH-4、SH-5 以及 SH-6。其是中 SH-5、SH-6 是 64 位的。

(1) Super H 体系的特点

1) 指令的流水线执行

由于采用 RISC 结构和简单指令流水线执行(pipeline execution of instruction)，使得多数指令能高速执行(1 clock)。

2) 基于 16 位固定长度的指令集

所有指令是 16 位固定长度的，这样可有效节约 ROM 空间和取指时间，如果连接的是 32 位的内存，则可以同时取两个 16 位的指令。

3) 延迟分支指令

采用延迟分支指令能马上执行，减小流水线的破坏。

4) 通用寄存器配置

Super H 有 16 个通用寄存器。在典型的控制程序中，16 个寄存器可以覆盖 97% 的功能，相比 32 个通用寄存器而言，任务切换的速度更快。

(2) SH-1/SH-2 特点

二者是带片上 Flash 的高性能 CPU，SH-2 带有 32 位乘法器，能高速执行 DSP 功能。

(3) SH-2A 特点

SH-2A 具有如下特点：

- 改进了代码效率：通过增加新指令减少程序代码空间。
- 改进了指令执行周期的性能：5 级流水线能使两个指令同时执行。
- 改进了运行频率：在 160～200 MHz 下，可以实现 360 MIPS 的性能。
- 改进了实时性能：通过增加除法指令、位操作和其他指令改进了运行性能。
- 减少了中断响应时间：通过使用中断特定的寄存器组，减少了中断响应时间。

（4）SH-3/SH3-DSP3

SH-3 指令与 SH-1 和 SH-2 向上兼容，SH-3 DSP 有 DSP 的扩展指令。

- SH-3/SH3-DSP 具有片上 MMU，并能支持更多种类的操作系统。
- SH-3/SH3-DSP 具有大容量的指令/数据 Cache，能存储低速外部内存的数据，为 CPU 实现有效处理。

（5）SH-4 特点

SH-4 特点如下：

- 双 CPU 结构：可提供 1.5 DMIPS/MHz 的性能。
- 可选的 128 位矢量浮点单元 Vector FPU(Floating Point Unit)。
- 16 bit 指令集可降低代码容量：SH-4 的指令集是基于通用的 SHcompact RISC 指令集的，继承了 32 位 CPU 技术，同时提供 16 位的编码。
- 有效的 Cache 体系：SH-4 系列具有 2-way 联想分离 Cache 结构。
- 可选的内存管理单元（MMU）：可支持虚拟寻址、可变的页，这样既可支持 RTOS 页，又可支持复杂的操作系统，比如 Linux 和 Windows CE.NET 等。
- SH-4 向上兼容 Super H 家族并可获得广泛的第三方产品的支持。
- 有效的能耗管理：SH-4 具有 Sleep Standby Power Down 模式，基于 SH-4 的 SoC 能设计成支持多种电压和主频的方式，以减少功耗。

（6）SH-5 核

该系列是 Super H 的第一个 64 位产品。它提供高性能的 2/4/8-way SIMD 操作，实现 32 位寻址，以降低嵌入式计算机系统的成本，后续的产品将提供 64 位的寻址能力。

指令集包括 16 位的 SHcompact 和 32 位的 SHmedia 指令，SHmedia 指令包括 SIMD 指令。其主要特点如下：

- 64 位 RISC CPU，具有 1.5 DMIPS/MHz。
- 可选的 128 位 Vector FPU，同时有有效的能耗核。
- 具有 SHcompact 的 RISC 16 位指令集，提供高密度代码。
- 32 位的 SIMD 指令集 SHmedia，可操作 2/4/8-way 的 SIMD 指令，提供有效的多媒体性能 Delivers。
- 有效的 Cache 体系。SH-4 系列具有 2-way 联想分离 Cache 结构。
- SH-5 集成了 MMU 能提供虚拟存储和可变页，这样既可支持 RTOS 页，又可支持复杂的操作系统，如 Linux 和 Windows CE.NET 等。

3. Power PC 系列

在 20 世纪 90 年代，IBM、Motorola 公司基于 IBM 公司的 Power 体系联合开发成功了 Power PC 芯片，并制造出基于 Power PC 的多处理器计算机。

Power PC 架构的特点是可伸缩性好、方便灵活，其体系结构是为满足不同解决方案的需求设计的。主要应用在通信、消费电子及工业控制、军用装备等领域。

在嵌入式领域,Power PC 处理器具有极具吸引力的性价比、扩大的运行温度范围、多处理功能、高集成度,它的指令在整个产品线中兼容,并提供最广泛的开发工具选择。

2004 年成立了 Power.org 团体,是一个开放的标准化组织,该组织旨在开发、推广 Power 体系技术和规范,验证实现、驱动 Power 体系技术的应用,促进完整的设计和生产体系,以解决硬件开发和创新时所面临的许多技术和商务问题。

Power.org 代表了国际化的半导体和电子组织,包括 SoC 公司、工具提供商、工厂、OS 供应商和服务提供商,同时包括个人开发者、教育科研机构和政府组织。

IBM Power PC 推出具有集成 10/100 Mb/s 以太网控制器、串行和并行端口、内存控制器以及其他外设的高性能嵌入式处理器,如 Power PC 405、Power PC 440。

Motorola MPC 推出具有高度综合的 SoC 设备,它结合了 PPC 微处理器核心的功能、通信处理器和单硅成分内的显示控制器。这个设备可以在大量的电子应用中使用,特别是在低能源、便携式、图像捕捉和个人通信设备(如 MPC8XX)中。

Freescale 公司的 Power PC 体系是广泛用于消费电子、网络、汽车和工业控制领域的处理器产品线,覆盖了从基于 e600 核高端、通用计算应用,到基于 e200 高精度用于汽车的微控制器。其特点是将相关的加速器、I/O 和内存等与 CPU 核集成起来。其中 Power QUICC 通信处理器就是将高速互联接口如以太网、Rapid I/O 技术和数据通路加速器集成起来,成为面向应用领域的 SoC。

4. MIPS 系列

MIPS 是世界上很流行的一种 RISC 处理器。MIPS 的意思是"无互锁流水级的微处理器"(Microprocessor without Interlocked Piped Stages),其机制是尽量利用软件办法避免流水线中的数据相关问题。

MIPS 这个名字其实也是 MIPS 科技公司的名字。这是一家设计制造高性能、高档次及嵌入式 32 位和 64 位处理器的厂商,在 RISC 处理器领域占有重要地位。MIPS 处理器是由斯坦福(Stanford)大学 John Hennery 教授领导的研究小组研制出来的。1984 年 MIPS 计算机公司成立。1986 年推出 R2000 处理器。1988 年推出 R3000 处理器。1989 年成立了 MIPS 计算机系统公司,专注于 Workstations,1991 年推出第一款 64 位商用微处理器 R4000。1992 年,SGI 收购了 MIPS 计算机公司之后,该公司又陆续推出 R8000(1994 年)、R10000(1996 年)和 R12000(1997 年)等型号的处理器。1998 年,MIPS 脱离 SGI 成立 MIPS 技术有限公司,其战略发生变化,把重点放在了嵌入式计算机系统上。1999 年,MIPS 公司发布 MIPS 32 和 MIPS 64 架构标准,为未来 MIPS 处理器的开发奠定了基础。新的架构集成了所有原来的 MIPS 指令集,并且增加了许多更强大的功能。

同 ARM 公司一样,MIPS 公司本身并不从事芯片的生产活动,而只进行芯片设计,其他公司如果要生产它的芯片,则必须得到 MIPS 公司的许可。

(1) MIPS 体系的组成

1) MIPS 指令集体系 ISA

早期的 MIPS Ⅰ ISA (MIPS Instruction Set Architecture)开始,发展到 MIPS VISA,再到现在的 MIPS 32 和 MIPS 64 结构,其所有版本都是与前一个版本兼容的。在 MIPS Ⅲ 的 ISA 中,增加了 64 位整数和 64 位地址。在 MIPS Ⅳ 和 MIPS Ⅴ 的 ISA 中增加了浮点数的操

作等。MIPS Ⅰ、MIPS Ⅴ、MIPS 32 和 MIPS 64 结构,其所有版本都是与前一个版本兼容的。

MIPS 32 和 MIPS 64 体系是为满足高性能、成本敏感的需求而设计的。MIPS 32 体系是基于 MIPS Ⅱ 的,并从 MIPS Ⅲ、MIPS Ⅳ 和 MIPS Ⅴ 中选择一些指令以增强数据和代码的有效操作。MIPS 64 体系是基于 MIPS Ⅴ 并与 MIPS 32 体系兼容的。

2) MIPS 特权资源体系 PRA

MIPS 32 和 MIPS 64 体系的 PRA(Privileged Resource Architecture)定义了一组指令,其中大多数指令只能在特权模式下使用。有些指令在非特权模式下也是可见的,如虚拟内存布局。PRA 提供了管理处理器资源所必需的机制,如虚拟内存、Cache、异常和用户的上下文等。

3) MIPS 特定应用扩展 ASE

MIPS 32 和 MIPS 64 体系支持可选的特定应用的扩展 ASE(Application Specific Extensions)。ASE 是对基本体系的扩展,不承担体系中指令的实现,是在 ISA 和 PRA 基础上满足特定领域应用的需要。

4) MIPS 用户定义指令集 UDI

除了支持 ASE 外,MIPS 32 和 MIPS 64 体系还提供专门的指令,即用户定义指令集 UDI(User Defined Instructions)。这些指令的功能是在具体实现时定义的。

(2) 数 据 类 型

MIPS 处理器定义数据格式有:位 bit(b);字节 Byte(8 位,B);半字 Halfword(16 位,H);字 Word(32 位,W);双字 Doubleword(64 位,D)。

浮点处理器定义数据格式有:32 位的单精度浮点数(.fmt type S);32 位的单精度浮点单对数(.fmt type PS);64 位的双精度浮点数(.fmt type D);32 位字固定数(.fmt type W);64 位字固定数(.fmt type W)。

(3) 协处理器

MIPS 体系定义了 4 个协处理器 CP0、CP1、CP2 和 CP3。

- CP0 是在 CPU 芯片内的,支持虚存、管理异常和处理核心态与用户态的切换,控制 Cache 系统,提供诊断控制和错误恢复机制,通常被称为系统控制协处理器 SCC(System Control Coprocessor);
- CP1 保留给 FPU;
- CP2 可用于专门的实现;
- CP3 保留给 MIPS 64 版本和所有体系版本 2 的 FPU。

(4) CPU 寄存器

MIPS 32 体系定义了下列 CPU 寄存器。

- 32 个 32 位通用寄存器 GPRs(General Purpose Registers):r0~r31;
- 一对专门的寄存器 HI 和 LO,用于存放整数乘、除和乘加运算的结果;
- 程序计数器 PC。

5. ARM 系列

ARM(Advanced RISC Machine)公司是一家专门从事芯片 IP 设计与授权业务的英国公司,其产品有 ARM 内核以及各类外围接口。

ARM 内核是一种 32 位 RISC 微处理器,具有功耗低、性价比高、代码密度高三大特色。

目前,90%的移动电话、大量的游戏机、手持 PC 和机顶盒等都已采用了 ARM 处理器,许多一流的芯片厂商都是 ARM 公司的授权用户(licensee)(如 Intel、Samsung、TI、Motorola、ST 等公司),ARM 处理器已成为业界公认的嵌入式微处理器标准。

(1) ARM 处理器的分类

1) 结构体系版本(Architecture) Processor Family

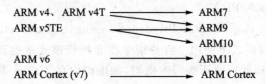

2) 按应用特征分类

应用处理器(Application Processor)　　特征:MMU,Cache,最快频率、最高性能、合理功耗
实时控制器(Real-time Controller)　　特征:MPU,Cache,实时响应、合理性能、较低功耗
微控制器(Micro-controller)　　特征:no sub-memory system,一般性能、最低成本、极低功耗

目前 ARM 处理器主要有 7 大系列(见表 1-3):ARM7、ARM9、ARM9 E、ARM 10、ARM11、Cortex 和 SecurCore。其性能不断提高,最高可达到 2 000 MIPS。

表 1-3　ARM 公司各个系列产品信息

系　列	相应产品	性能特点
ARM7 系列	ARM7TDMI、ARM7TDMI-S、ARM720T、ARM7EJ	3 级流水 性能:0.9 MIPS/MHz,可达到 130 MIPs,除了 ARM7TDMI 都支持 MMU
ARM9 系列	ARM920T、ARM922T	5 级流水 性能:1.1 MIPS/MHz,可达 300 MIPS(Dhrystone 2.1),单 32 位 AMBA Bus 接口,支持 MMU
ARM9E 系列	ARM926EJ-S、ARM946E-S、ARM966E-S、ARM968E-S、ARM996HS	5 级流水,支持 DSP 指令 性能:1.1 MIPS/MHz,可达 300 MIPS(Dhrystone 2.1),高性能 AHB,软核(soft IP)
ARM10 系列	ARM1020E、ARM1022E、ARM1026EJ-S	6 级流水,支持分支预测(branch prediction),支持 DSP 指令 性能:1.35 MIPS/MHz,可达 430 MIPS(Dhrystone 2.1),可选支持高性能浮点操作,双 64 位总线接口,内部 64 位数据通路
ARM11 系列	ARM11MPCore、ARM1136J(F)-S、ARM1156T2(F)-S、ARM1176JZ(F)-S	8 级流水线(9 级 ARM 1156T2(F)-S),独立的 Load-Store 和 Arithmetic 流水线,支持分支预测和返回栈(Return Stack)。强大的 ARM v6 指令集,支持 DSP,SIMD(Single Instruction Multiple Data) 扩展,支持 ARM TrustZone、Thumb-2 核心技术。740 Dhrystone 2.1 MIPS,低功耗 0.6 mW/MHz(0.13 μm,1.2 V)

续表 1-3

系 列	相应产品	性能特点
Cortex 系列	Cortex-A8 Cortex-M3 Cortex-R4	Cortex-A 系列：面向用于复杂 OS 和应用的应用处理器（applications processors），支持 ARM、Thumb 和 Thumb-2 指令集 Cortex-R 系列：面向嵌入式实时领域的嵌入式处理器，支持 ARM、Thumb 和 Thumb-2 指令集 Cortex-M 系列：面向深嵌入式价格敏感的嵌入式处理器，只支持 Thumb-2 指令集
SecurCore 系列	SecurCore SC100 SecurCore SC200	用于 Smart Card 和 Secure IC 的 32 位解决方案。支持 ARM 和 Thumb 指令集，软核。具有安全特征和低成本安全存储保护单元

(2) 数据类型

ARM 处理器的数据类型有：

- 字节型数据：数据宽度为 8 位(Byte)。
- 半字型数据：数据宽度为 16 位(Halfword)，存取时必须以 2 字节对齐的方式。
- 字型数据：数据宽度为 32 位(Word)，存取时必须以 4 字节对齐的方式。

(3) 当前的主流 ARM 处理器

ARM7 是世界上最为广泛使用的 CPU 之一，主频小于 100 MHz；ARM9 主频为 100～300 MHz；ARM11 主频为 300～700 MHz，SIMD 指令扩展支持更丰富的多媒体应用，40 家授权芯片公司，一些已开始量产。ARM11 核心的工作频率将轻松达到 1 GHz，对于嵌入式处理器来说，这显然是个相当惊人的数字，平均每 Hz 频率只需消耗 0.6 mW（有缓存时为 0.8 mW），处理器的最高效能可达到 660 MIPS。

目前最快的嵌入式处理器是 ARM Cortex A8 Application Processor，最快的处理器提供超过 2 000 DMIPS 的性能，运行于 1 GHz 频率（90 nm 或 65 nm 制造工艺），但功耗小于 300 mW。

ARM Cortex-M3 微控制器内核，专门针对 MCU 应用领域而设计，突出低成本、低功耗和高效率。

1.4　嵌入式计算机系统的发展趋势

嵌入式软件产业发展迅猛，已成为软件体系的重要组成部分。嵌入式软件作为包含在这些硬件产品中的特殊软件形态，其产业增幅不断加大，而且在整个软件产业的比重日趋提高。2003 年全球嵌入式软件市场规模达到 346 亿美元，2003 年中国市场规模达到 188 亿元人民币，2006 年嵌入式软件市场规模突破 400 亿元人民币，2003—2006 年均复合增长率达到 30%。

以信息家电、移动终端、汽车电子、网络设备等为代表的互联网时代的嵌入式计算机系统，不仅为嵌入式市场展现了美好前景，注入了新的生命，同时也对嵌入式计算机系统技术提出了新的挑战，这主要包括：支持日趋增长的功能密度，灵活的网络联接，轻便的移动应用，多媒体的信息处理，低功耗，人机界面友好互动，支持二次开发和动态升级等。面向这些挑战，其主要发展趋势有 7 个方面。

1. 形成行业的标准——行业性嵌入式软硬件平台

嵌入式计算机系统是以应用为中心的系统,不会像 PC 一样只有一种平台。应吸取 PC 的成功经验,形成不同行业的标准。统一的行业标准具有开放、设计技术共享、软硬件重用、构件兼容、维护方便和合作生产的特点,是增强行业性产品竞争能力的有效手段。(如欧共体汽车产业联盟规定以 OSEK 标准作为开发汽车嵌入式计算机系统的公用平台和应用编程接口)。

2. SoC 将成为应用主流

面向应用领域的、高度集成的、以 32 位嵌入式微处理器为核心的 SoC(System on Chip)将成为应用主流,SoC 的组成如图 1-15 所示。

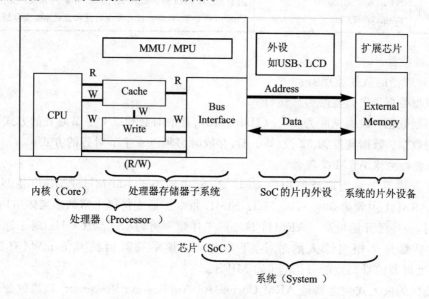

图 1-15 SoC 的组成

SoC 除给系统带来高性能之外还有更多更重要的好处:稳定性高、体积小、散热好、功耗低。

3. 嵌入式应用软件的开发需要强大的开发工具和操作系统的支持

采用实时多任务编程技术和交叉开发工具技术来控制功能复杂性、简化应用程序设计、保障软件质量和缩短开发周期。

嵌入式操作系统将在现有的基础上,不断采用先进的操作系统技术,结合嵌入式计算机系统的需求方向,朝着适应不同的嵌入式硬件平台,具有可移植、可伸缩、功能强大、可配置、良好的实时性、可靠性、高可用等优势的方向发展。

嵌入式开发工具的要求:
- 支持多种硬件平台。
- 覆盖嵌入式软件开发过程各个阶段。
- 向高集成的工具集方向发展。

4. 嵌入式计算机系统联网成为必然趋势,驱动了大量新的应用

针对外部联网要求,嵌入系统必需配有通信接口,需要 TCP/IP 协议簇软件支持。

针对内部联网要求,新一代嵌入式计算机系统还需具备 IEEE 1394、USB、CAN、Bluetooth 或 IrDA 通信接口,同时也需要提供相应的通信组网协议软件和物理层驱动软件。

为了支持网络交互的应用,还需内置 XML 浏览器和 Web Server。

嵌入式设备的互联性可提高对各种服务、内容和信息的访问能力,为动态修改嵌入式软件提供了可能,如:修改系统代码或"固件";增添新的应用软件模块;增强了系统和设备的可管理性。

5. 嵌入式计算机系统向新的嵌入式计算模型方向发展

① 支持自然的人机交互和互动的、图形化的多媒体嵌入式人机界面。操作简便、直观、无需学习。如司机操纵高度自动化的汽车主要还是通过习惯的方向盘、脚踏板和操纵杆。

② 可编程的嵌入式计算机系统。嵌入式计算机系统可支持二次开发,如采用嵌入式 Java 技术,可动态加载和升级软件,增强嵌入式计算机系统功能。

③ 支持分布式计算。与其他嵌入式计算机系统和通用计算机系统互联构成分布式计算环境。

6. 嵌入式开发工具有新的要求

高度集成、编译优化,具有系统设计、可视化建模、仿真和验证功能。

7. 嵌入式软件技术的发展关系

形成行业的标准是行业性嵌入式软件开发平台,根据应用的不同要求,今后不同行业会定义其嵌入式操作系统、嵌入式支撑软件等行业标准。

嵌入式实时操作系统的特殊性是高可用(high available)、高可靠(high safety)、支持多处理器和分布式计算。而软件技术必须要具有 Java 优化技术、多媒体技术、小型 GUI 技术、低功耗技术、宽带和无线通信技术。

第 2 章

认识 ARM

本章教学重点

1. 着重讲解嵌入式计算机系统如何定义,其相对于通用计算机的特殊性及应用领域。
2. 着重掌握嵌入式计算机系统主要由硬件和软件组成,特别强调嵌入式操作系统的组成和功能。
3. 初步掌握嵌入式处理器的种类和特点,并了解主流的嵌入式处理器及典型的嵌入式处理器;以及了解嵌入式计算机系统的发展趋势。

目前,嵌入式硬件系统平台的核心部件是 CPU,在设计嵌入式计算机系统时,可采用的 CPU 类型有多种,这些 CPU 根据其性能的不同,可分为高端、中端、低端。在设计时,用户或开发者根据系统功能的复杂程度,选取不同档次、不同类型的 CPU。而 ARM 公司所设计的各种档次、各种类型 CPU 的性能非常适合大部分用户的要求,在市场的占有率非常高。

2.1 ARM 基础

ARM(Advanced RISC Machines)公司是 1990 年成立的设计公司,它本身不生产芯片,只提供芯片设计技术,将技术授权给世界上其他合作公司生产各具特色不同档次的芯片。该企业设计了大量高性能、廉价、耗能低的 RISC 处理器。ARM 微处理器核具有高性能、小体积、低功耗、紧凑代码密度等特点,特别是它的 RISC 性能在业界领先,已成为移动通信、手持计算和多媒体数字设备等嵌入式计算机系统的 RISC 标准。

ARM 微处理器核本身是 32 位设计,但也配置了 16 位 Thumb 指令集以允许软件编码为更短的 16 位指令。其中 ARM 的 Jazelle 技术提供了 Java 加速核,而功耗降低了 80%,同时 ARM 还提供两个前沿特性:嵌入式 ICE-RT 逻辑和嵌入式跟踪核系列,用以辅助调试。

2.1.1 ARM 体系结构的发展

处理器的体系结构定义了指令集(ISA)和基于这一体系结构下处理器的程序模型。尽管每个处理器性能不同,所面向的应用不同,但每个处理器的实现都要遵循这一体系结构。ARM 体系结构为嵌入式系统发展商提供很高的系统性能,同时保持优异的功耗和面积效率。

ARM 体系结构为满足 ARM 合作者以及设计领域的一般需求正稳步发展。每一次 ARM 体系结构的重大修改,都会添加极为关键的技术。在体系结构作重大修改的期间,会添加新的性能作为体系结构的变体。

1. ARM 处理器的版本

下面的名字表明了系统结构上的提升,后面附加的关键字表明了体系结构的变体。

(1) ARMv3

ARMv3 较以前的版本发生了较大的变化,主要改进部分有:
- 处理器的地址容间扩展到了 32 位,但除了 3G 外的其他版本是向前兼容的,支持 26 位的地址空间。
- 当前程序状态信息从原来的 R15 寄存器移到一个新的寄存器中,新寄存器名为当前程序状态寄存器 CPSR(Current Program Status Register)。
- 增加了备份的程序状态寄存器 SPSR(Saved Program Status Register),用于保存被中断的程序的状态。
- 增加了两种处理器模式,使操作系统代码可以方便地使用数据访问中止异常、指令预取中止异常和未定义指令异常。
- 增加了指令 MRS 和指令 MSR,用于访问 CPSR 寄存器和 SPSR 寄存器。
- 修改了原来的从异常中返回的指令。
- M 长乘法支持($32 \times 32 \rightarrow 64$ 或者 $32 \times 32 + 64 \rightarrow 64$)。这一性质已经变成 V4 结构的标准配置。

(2) ARMv4

ARMv4 是目前支持的最老的架构,是基于 32 位地址空间的 32 位指令集。ARMv4 除了支持 ARMv3 的指令外还扩展了下列功能:
- 支持 Halfword 的存取和写入指令;同时提供 Thumb 和 Normal 状态的转换指令。
- 支持 Byte 和 Halfword 的符号扩展读,即读取(Load)带符号的字节和半字数据的指令。
- 支持 Thumb 指令,可以使处理器状态切换到 Thumb 状态,在该状态下指令集是 16 位的 Thumb 指令集。
- 增加了处理器的特权模式,在该模式下,使用的是用户模式下的寄存器,同时进一步明确了会引起 Undefined 异常的指令。
- 对调试的支持(Debug),嵌入的 ICE(In Circuit Emulation)对以前的 26 位体系结构的 CPU 不再兼容。属于 V4 体系结构的处理器(核)有 ARM7、ARM7100(ARM7 核)和 ARM7500(ARM7 核)。

(3) ARMv4T
- ARMv4T 增加了 16 位 Thumb 指令集,这样使得编译器能产生紧凑代码(相对于 32 位代码,内存能节省 35% 以上)并保持 32 位系统的好处。
- Thumb 在处理器中仍然要扩展为标准的 32 位 ARM 指令来运行。用户采用 16 位 Thumb 指令集最大的好处就是可以获得更高的代码密度和降低功耗。

属于 V4T(支持 Thumb 指令)体系结构的处理器(核)有 ARM7TDMI、ARM7TDMI-S (ARM7TDMI 可综合版本)、ARM710T(ARM7TDMI 核)、ARM720T(ARM7TDMI 核)、ARM740T(ARM7TDMI 核)、ARM9TDMI、ARM910T(ARM9TDMI 核)、ARM920T (ARM9TDMI 核)、ARM940T(ARM9TDMI 核)和 Intel 公司的 StrongARM。

(4) ARMv5TE
- 1999 年推出的 ARMv5TE 增强了 Thumb 体系,增加了一个新的指令,同时改进了 Thumb/ARM 相互作用、编译能力、混合及匹配 ARM 与 Thumb 例程,以更好地平衡代码空间和性能。

➤ 在 ARM ISA 上扩展了增强的 DSP 指令集：增强的 DSP 指令包括支持饱和算术（saturated arithmetic），并且针对 Audio DSP 应用提高了 70% 的性能。E 扩展表示在通用的 CPU 上提供 DSP 能力。

属于 v5TE（支持 Thumb、DSP 指令）体系结构的处理器（核）有 ARM9E、ARM9E-S（ARM9E 可综合版本）、ARM946（ARM9E 核）、ARM966（ARM9E 核）、ARM10E、ARM1020E（ARM10E 核）、ARM1022E（ARM10E 核）和 Intel 公司的 Xscale。

(5) ARMv5TEJ

➤ 2000 年推出 ARMv5TEJ，增加了 Jazelle 扩展以支持 Java 加速技术。
➤ Jazelle 技术比仅仅基于软件的 JVM 性能提高近 8 倍的性能，减少了 80% 的功耗。

属于 v5TEJ（支持 Thumb、DSP 指令、Java 指令）体系结构的处理器（核）有 ARM9EJ、ARM9EJ-S（ARM9EJ 可综合版本）、ARM926EJ（ARM9EJ 核）和 ARM10EJ。

(6) ARMv6

➤ 增加了媒体指令。
➤ ARMv6 是 2001 年发布并推出的，它在许多方面做了改进（如内存系统、异常处理），能较好地支持多处理器。
➤ SIMD 扩展使得广大的软件应用如 Video 和 Audio Codec 的性能提高了 4 倍。
➤ Thumb-2 和 TrustZone 技术也用于 ARMv6 中。ARMv6 第一个实现是 2002 年春推出的 ARM1136J（F）-STM 处理器，2003 年又推出了 ARM1156T2（F）-S 和 ARM1176JZ（F）-S 处理器。

属于 V6 体系结构的处理器核有 ARM11。ARM 体系结构中有 4 种特殊指令集：Thumb 指令（T）、DSP 指令（E）、Java 指令（J）和 Media 指令，V6 体系结构包含全部 4 种特殊指令集。为满足向后兼容，ARMv6 以上版本也包括了 ARMv5 的存储器管理和例外处理。这将使众多的第三方发展商能够利用现有的成果，支持软件和设计的复用。

ARMv6 体系结构发展的市场主要有无线、网络、自动化和消费娱乐市场。ARM 与体系结构的受权者和主要合作者如 Intel、Microsoft、Symbian 和 TI 共同定义了 ARMv6 体系结构的需求。

(7) ARMv7

ARMv7 定义了 3 种不同的处理器配置（processor profiles）：
➤ Profile A 是面向复杂、基于虚拟内存的 OS 和应用的。
➤ Profile R 是针对实时系统的。
➤ Profile M 是针对低成本应用优化的微控制器的。

所有 ARMv7 profiles 实现 Thumb-2 技术，同时还包括了 NEON™ 技术的扩展，提高 DSP 和多媒体处理吞吐量 400%，并提供浮点支持以满足下一代 3D 图形和游戏以及传统嵌入式控制应用的需要。

新的体系结构并不是想取代现存的体系结构，使它们变得多余。新的 CPU 核和衍生产品将建立在这些结构之上，同时不断与制造工艺保持同步。例如基于 V4T 体系结构的 ARM7TDMI 核仍被新产品广泛使用。

下一代体系结构的发展是由不断涌现的新产品和变化的市场来推动的。关键的设计约束是显而易见的，功能、性能、速度、功耗、面积和成本必须与每一种应用的需求相平衡。保证领先的性能/功耗(MPIS/W)在过去是 ARM 成功的基石,在将来的应用中它也是一个重要的衡量标准。随着计算和通信持续覆盖许多消费领域,功能也变得愈来愈复杂,消费者期望有高级的用户界面、多媒体以及增强的产品性能。ARMv6 将更有效地对这些新性质和技术进行支持。

2. ARMv6 以上版本的体系结构的功能

(1) 存储器管理

存储器管理方式严重影响系统设计和性能。存储器结构的提升将大大提高处理器的整体性能——尤其是对于面向平台的应用。ARMv6 体系结构可以提高取指(数据)效能。处理器将花费更少的时间在等待指令和缓存未命中数据重装载上面。存储器管理的提升将使系统性能提升 30%。而且,存储器管理的提升也会提高总线的使用效率。更少的总线活动意味着功耗方面的节省。

(2) 多处理器应用

应用覆盖驱动系统实现向多处理器方向发展。无线平台,尤其是 2.5G 和 3G,都是典型的需要整合多个 ARM 处理器或 ARM 与 DSP 的应用。多处理器通过共享内存来有效地共享数据。新的 ARMv6 在数据共享和同步方面的能力将使它更容易实现多处理器的功能,以及提高它们的性能。新的指令允许复杂的同步策略,更大地提升了系统效能。

(3) 增强多媒体支持

单指令流多数据流(SIMD)能力使得软件更有效地完成高性能的媒体应用(如声音和图像编码器)。ARMv6 指令集合中加入了超过 60 个 SIMD 指令。加入 SIMD 指令将使性能提高 2～4 倍。SIMD 能力使发展商可以实现高端的(如图像编码、语音识别、3D 图像)应用,尤其是与下一代无线应用相关的应用。

(4) 数据处理

数据的大小端问题是指数据以何种方式在存储器中被存储和引用。

随着更多的 SoC 集成,单芯片不仅包含小端的 OS 环境和界面(像 USB、PCI),也包含大端的数据(TCP/IP 包、MPEG 流)。ARMv6 体系结构,支持混合模式,使得数据处理在 ARMv6 体系结构中更为有效。

未对齐数据是指数据未与自然边界对齐。例如,在 DSP 应用中有时需要将字数据半字对齐。处理器更有效处理这种情形需要能够装载字到任何半字边界。

当前版本的体系结构需要大量指令处理未对齐数据。ARMv6 兼容结构处理未对齐数据更有效。对于严重依赖未对齐数据的 DSP 算法,ARMv6 体系结构将有性能的提高以及代码数量的缩减。未对齐数据支持将使 ARM 处理器在仿真其他处理器(如 Motorola 的 68000 系列)方面更有效。

与 ARMv5 的实现(如 ARM10 和 Xscale,ARMv6)基于 32 位处理器。ARMv6 可以实现 64 位或 64 位以上的总线宽度。这使其总线宽度等于甚至超过 64 位处理器,但功耗和面积却比 64 位 CPU 要低。

(5) 例外(exception)与中断

对于实时系统来说,对于中断的效率是要求严格的。像硬盘控制器、引擎管理这些应用中,如果中断没有及时得到响应,那后果将是严重的。更有效地处理中断与意外也能提高系统整体表现。

在 ARMv6 体系结构中,新的指令被加入了指令集合来提升中断与例外的实现。这些将有效提升特权模式下的例外处理。ARM11 是 ARMv6 体系结构的第一个实现,ARM11 微结构的设计目的是为了高性能,而要实现这一目的,流水线是关键。ARM11 微结构的流水线与以前的 ARM 核不同,它包含 8 级流水线,使贯通率比以前的核提高 40%。ARM11 微结构的流水线是标量的(scalar),即每次只发射一条指令(单发射)。有些流水线结构可以同时发射多条指令。

3. ARM9 以上版本的主要性能

(1) 单指令发射

ARM11 微结构的流水线是标量的,即每次只发射一条指令(单发射)。有些流水线结构可以同时发射多条指令,例如,可以同时向 ALU 和 MAC 流水线发射指令。

理论上,多发射微结构会有更高的效能,但实际上,多发射微结构无疑会增加前段指令译码级的复杂程度,因为需要更多的逻辑来处理指令相关(dependency),这将使处理器的面积和功耗变得更大。

(2) 分支预测

分支指令通常是条件指令,它们在跳到新指令前需要进行一些条件的测试。由于条件指令译码需要的条件码要三四个周期后才可能有结果,故分支有可能引起流水线的延迟。

分支预测将会有助于避免这种延迟。ARM11 微结构使用两种技术来预测分支。首先,动态的预测器使用历史记录来判断分支是最频繁发生,还是最不频繁发生。动态预测器是一个具有 64 个分录,4 种状态(stronglytaken, weaklytaken, strongly nottaken, weakly nottaken)的分支目标地址缓存(BTAC)。表格大小足够保持最近的分支情况,分支预测就基于以前的结果。其次,如果动态的分支预测器没有发现记录,就使用静态的分支算法。很简单,静态预测检查分支是向前跳转还是向后跳转。假如是向后跳转,就假定它是一个循环,预测该分支发生,假如是向前跳转,就预测该分支不发生。

通过使用动态和静态的分支预测,ARM11 微结构中分支指令中的 85% 被正确预测。

存储器访问 ARM11 微结构存储器系统的提高之一就是非阻塞(non - blocking)和缺失命中(hit - under - miss)操作。当指令取的数据不在缓存中时,一般处理器的流水线会停止下来,但 ARM11 则进行非阻塞操作,缓存开始读取缺失的数据,而流水线可以继续执行下一指令(non - blocking),并且允许该指令读取缓存中的数据(hit - under - miss)。

(3) 并行流水线

尽管流水线是单发射的,在流水线的后端还是使用了三个并行部件结构,ALU、MAC(乘加)和 LS(存取)。LS 流水线专门用于处理存取操作指令。把数据的存取操作与数据算术操作的耦合性分隔开来可以更有效地处理执行指令。在流水线包含 LS 部件的 ARM11 微结构中,ALU 或者 MAC 指令不会由于 LS 指令的等待而停止下来。这也使得编译工具有更大的自由度通过重新安排代码来提高性能。为使并行流水线获得更大的效能,ARM11 微结构使用了乱序完成(out - of - order completion)。

(4) 64 位数据路径

对于目前的许多应用来说,由于成本与功耗的问题,真 64 位处理器并不十分必要。ARM11 微结构在局部合理使用 64 位结构,通过 32 位的成本来实现 64 位的性能。ARM11 微结构在处理器整数部件与缓存之间,整数部件与协处理器之间使用了 64 位数据总线。

64 位的路径可以在 1 个周期内从缓存中读取 2 条指令,允许每周期传送 2 个 ARM 寄存器的数据。这使得许多数据移动操作与数据加工操作变得更为高性能。

(5) 浮点处理

ARM11 微结构支持浮点处理。ARM11 微结构产品线将浮点处理单元作为一个选项。这可以方便发展商根据需求选用合适的产品。

一个 CPU 的指令集是硬件和软件之间的一个重要的分水岭。根据分层的思想,指令集向上有力地支持编译器,向下要方便硬件的设计实现。ARM 是典型的 RISC 体系,根据 RISC 的设计思想,其指令集的设计应该尽可能简单;和 CISC 体系相比,它可通过一系列简单的指令来实现复杂指令的功能。

ARM ISA 支持 32 位 ARM 和 16 位 Thumb 指令集,同时支持 Java 加速、安全、智能能源管理 IEM、SIMD 和 NEON™ 技术。ARM ISA 具有向下兼容性,以保证软件的投资。

2.1.2 ARM 芯片的特点和选型

1. 不同系列 ARM 处理器的比较

表 2-1 显示了 ARM7、ARM9、ARM10 及 ARM11 内核之间属性的比较(有些属性依赖于生产过程和工艺,具体处理器需参阅其芯片手册)。

表 2-1 ARM7~ARM11 属性比较

项 目	ARM7	ARM9	ARM10	ARM11
流水线深度	3 级	5 级	6 级	8 级
典型频率/MHz	80	150	260	335
功耗/(mW·MHz^{-1})	0.06	0.19(+Cache)	0.5(+Cache)	0.4(+Cache)
速度/(MIPS·MHz^{-1})	0.97	1.1	1.3	1.2
架构	冯·诺伊曼结构	哈佛结构	哈佛结构	哈佛结构
乘法器	8×32 bit	8×32 bit	16×32 bit	16×32 bit

2. ARM 处理器选择的一般原则

从应用角度看,在选择 ARM 芯片时应从以下几个方面考虑:

1) ARM 处理器的内核

若希望使用 Windows CE 或 Linux 等操作系统以减少软件开发时间,就需要选择 ARM720T 以上带有 MMU(Memory Management Unit)功能的 ARM 芯片,ARM720T、StrongARM、ARM920T、ARM922T、ARM946T 都带有 MMU 功能。而 ARM7TDMI 没有 MMU,不支持 Windows CE 和大部分的 Linux;但目前有 uCLinux 等少数几种 Linux 不需要 MMU 的支持。

2) 系统时钟控制器

系统时钟决定了 ARM 芯片的处理速度。ARM7 的处理速度为 0.97 MIPS/MHz,常见的 ARM7 芯片系统主时钟为 20~133 MHz;ARM9 的处理速度为 1.1 MIPS/MHz,常见的 ARM9 的系统主时钟为 100~233 MHz,ARM10 最高可以达到 700 MHz;不同芯片对时钟的处理不同,有的芯片只有一个主时钟频率,这样的芯片可能无法同时顾及 UART 和音频时钟的准确性,如 Cirrus Loigc 公司的 EP7312 等;有的芯片内部时钟控制器可以分别为 CPU 核和 USB、UART、DSP、音频等功能部件提供同频率的时钟,如 Philips 公司 SAA7750 等芯片。

3) 内部存储器容量

在不需大容量存储时,可以考虑选用有内置存储器的 ARM 芯片。表 2-2 列出了内置存储器的 ARM 芯片。

表 2-2　ARM 芯片存储器容量比较

芯片型号	供应商	Flash 容量	ROM 容量/KB	SDAM 容量/KB
AT91F40162	ATMEL	2 MB		4
AT91FR4081	ATMEL	1 MB		128
SAA7750	Philips	384 KB	256	64
PUC3030A	Micornas	256 KB		56
HMS30C7272	Hynix	192 KB		
LC67F500	Snayo	640 KB		32

4) GPIO 数量

在某些芯片供应商提供的说明书中,往往申明的是最大可能的 GPIO 数量,但是有许多引脚是和地址线、数据线、串口线等引脚复用的。这样在系统设计时需要计算实际可以使用的 GPIO 数量。

5) 中断控制器

ARM 内核只提供快速中断(FIQ)和标准中断(IRQ)两个中断向量,但各半导体厂家在设计芯片时加入了自己定义的中断控制器,以便支持如串行口、外部中断、时钟中断等硬件中断。外部中断控制是选择芯片必须考虑的重要因素,合理的外部中断设计可以很大程度地减少任务调度工作量。例如 Philips 公司的 SAA7750,所有 GPIO 都可以设置成 FIQ 或 IRQ,并且可以选择上升沿、下降沿、高电平和低电平 4 种中断方式,这使得红外线遥控接收、指轮盘和键盘等任务都可以作为背景程序运行。而 Cirrus Logic 公司的 EP7321 芯片只有 4 个外部中断源,并且每个中断源都只能是低电平或高电平中断,这样在接收红外线信号的场合必须用查询方式,浪费了大量 CPU 时间。

6) IIS 接口

IIS(Integrate Interface of Sound)即集成音频接口。如果设计音频应用产品,IIS 总线接口是必需的。

7) nWAIT 信号

这是一个外部总线速度控制信号,不是每个 ARM 芯片都提供这个信号引脚,利用这个信号与廉价的 GAL 芯片就可以实现与符合 PCMCIA 标准的 WLAN 卡和 Bluetooth 卡的接口,而不需要外加高成本的 PCMCIA 专用控制芯片。另外,当需要扩展外部 DSP 协处理器时,此信号也是必需的。

8) 实时时钟 RTC

很多 ARM 芯片都提供实时时钟 RTC(Real Time Clock)功能,但方式不同,如 Cirrus Logic 公司的 EP7312 的 RTC 只是一个 32 位计数器,需要通过软件计算出年、月、日、时、分、秒；而 SAA7750 和 S3C2410 等芯片的 RTC 直接提供年、月、日、时、分、秒格式。

9）LCD 控制器

有些 ARM 芯片内置 LCD 控制器，有的甚至内置 64 KB 彩色 TFT LCD 控制器，在设计 PDA 和手持式显示记录设备时，选用内置 LCD 控制器的 ARM 芯片较为适宜。

10）PWM 输出

有些 ARM 芯片有 2～8 路 PWM 输出，可以用于电机控制或语音输出等场合。

11）ADC 和 DAC

有些 ARM 芯片内置 2～8 路通道 8～12 位通用 ADC，可以用于电池检测、触摸屏和温度监测等，Philips 公司的 SAA7750 更是内置了一个 16 位立体声音频 ADC 和 DAC，并且带耳机驱动。

12）扩展总线

大部分 ARM 芯片具有外部 SDRAM 和 SRAM 扩展接口，不同的 ARM 芯片可以扩展的芯片数量即片选线数量不同，外部数据总线有 8 位、16 位或 32 位。为某些特殊应用设计的 ARM 芯片没有外部扩展功能。

13）UART 和 IrDA

几乎所有的 ARM 芯片都具有 1～2 个 UART 接口，可以用于和 PC 通信或用 Angel 进行调试，一般的 ARM 芯片通信波特率为 11 500 baud，少数专为蓝牙技术应用设计的 ARM 芯片的 UART 通信波特率可以达到 920 kbaud，如 Linkup 公司的 L7205。

14）时钟计数器和看门狗

一般 ARM 芯片都具有 2～4 个 16 位或 32 位的时钟计数器和一个看门狗计数器。

15）电源管理功能

ARM 芯片的耗电量与工作频率成正比，一般 ARM 芯片都有低功耗模式、睡眠模式和关闭模式。

16）DMA 控制器

有些 ARM 芯片内部集成有 DMA(Direct Memory Access)接口，可以和硬盘等外部设备高速交换数据，同时减少数据交换时对 CPU 资源的占用。

另外，还可以选择的内部功能部件有：HDLC、SDLC、CD-ROM Decoder、Ethernet MAC、VGA Controller，可以选择的内置接口有：I^2C、SPDIF、CAN、SPI、PCI、PCMCIA。

最后需说明的是封装问题。ARM 芯片现在主要的封装有 QFP、TQFP、PQFP、LQFP、BGA、LBGA 等形式，BGA 封装具有芯片面积小的特点，可以减少 PCB 的面积，但是需要专用的焊接设备，无法手工焊接。另外，一般 BGA 封装的 ARM 芯片无法用双面板完成 PCB 布线，需要多层 PCB 布线。

3. 多芯核结构 ARM 芯片的选择

为了增强多任务处理能力、数学运算能力、多媒体以及网络处理能力，某些供应商提供的 ARM 芯片内置多个芯核，目前常见的有 ARM-DSP、ARM-FPGA、ARM-ARM 等结构。

1）多 ARM 芯核

为了增强多任务处理能力和多媒体处理能力，某些 ARM 芯片内置多个 ARM 芯核，例如 Portal Player 公司的 PP5002 内部集成了 2 个 ARM7TDMI 芯核，可以应用于便携式 MP3 播放器的编码器或解码器。从科胜讯公司分离出来的专门致力于高速通信芯片设计生产的

MinSpeed 公司,其多款通信芯片中集成了 2～4 个 ARM7TDMI 内核。

2) ARM 芯核+DSP 芯核

为了增强数学运算功能和多媒体处理功能,许多供应商在其 ARM 芯片内增加了 DSP 协处理器。通常加入的 DSP 芯片核有 ARM 公司的 Piccolo DSP、OAK 公司 16 位定点 DSP 芯核、TI 公司的 TMS320C5000 系列 DSP 芯核。

3) ARM 芯核+FPGA

为了提高系统硬件的在线升级能力,某些公司在 ARM 芯片内部集成了 FPGA。

2.1.3 ARM 体系结构的技术特征

1. CISC 体系结构

CISC 的全称为 Complex Instruction Set Computer,即"复杂指令系统计算机"。从计算机诞生以来,人们一直沿用 CISC 指令集方式。早期的桌面软件是按 CISC 指令集方式设计的,并一直延续到现在。目前,桌面计算机流行的 x86 体系结构即使用 CISC。微处理器(CPU)厂商一直在走 CISC 的发展道路,包括 Intel、AMD 等公司。

在 CISC 微处理器中,程序的各条指令是按顺序串行执行的,每条指令中的各个操作也是按顺序串行执行的。顺序执行的优点是控制简单,但计算机各部分的利用率不高,执行速度慢。CISC 架构的服务器主要以英特尔架构 IA－32(Intel Architecture)为主,而且多数为中低档服务器所采用。

传统的 CISC 体系结构有其固有的缺点,即随着计算机技术的发展而不断引入新的复杂的指令集,为支持这些新增的指令,计算机的体系结构会越来越复杂,然而,在 CISC 指令集的各种指令中,其使用频率却相差悬殊,大约有 20% 的指令会被反复使用,占整个程序代码的 80%。而余下的 80% 的指令却不经常使用,在程序设计中只占 20%,显然,这种结构是不太合理的。

基于以上的不合理性,1979 年美国加州大学伯克利分校提出了精简指令集计算机 RISC (Reduced Instruction Set Computer)的概念,

2. RISC 体系结构

RISC 并非只是简单地去减少指令,而是把着眼点放在了如何使计算机的结构更加简单、合理地提高运算速度上。RISC 结构优先选取使用频率最高的简单指令,避免复杂指令;将指令长度固定,指令格式和寻址方式种类减少;以控制逻辑为主,不用或少用微码控制等措施来达到上述目的。

到目前为止,RISC 体系结构也还没有严格的定义,一般认为,RISC 体系结构应具有如下特点:

 ➢ 采用固定长度的指令格式,指令规则、简单。基本寻址方式有两三种。
 ➢ 使用单周期指令,便于流水线操作执行。
 ➢ 大量使用寄存器,数据处理指令只对寄存器进行操作,只有加载/存储指令可以访问存储器,以提高指令的执行效率。

除此以外,ARM 体系结构还采用了下列一些特别的技术,在保证高性能的前提下尽量缩小芯片的面积,并降低功耗。

 ➢ 所有的指令都可根据前面的执行结果决定是否被执行,从而提高指令的执行效率。

> 可用加载/存储指令批量传输数据,以提高数据的传输效率。
> 可在一条数据处理指令中同时完成逻辑处理和移位处理。
> 在循环处理中使用地址的自动增减来提高运行效率。

当然,RISC 和 CISC 体系结构相比较,尽管 RISC 架构有上述的优点,但决不能认为 RISC 架构就可以取代 CISC 架构。事实上,RISC 和 CISC 各有优势,而且界限并不那么明显。现代的 CPU 往往采用 CISC 的外围,内部加入了 RISC 的特性,如超长指令集 CPU 就是融合了 RISC 和 CISC 的优势,成为未来的 CPU 发展方向之一。RISC 和 CISC 体系结构对比如表 2-3 所列。

表 2-3 RISC 和 CISC 体系结构的对比表

类 型	RISC	CISC
CPU	RISC 的 CPU 包含有较少的单元电路,因而面积小、功耗低	CISC 的 CPU 包含有丰富的电路单元,因而功能强、面积大、功耗大
中断	一条指令执行的适当地方可以响应中断	在一条指令执行结束后响应中断
寄存器数目	较多	较少
控制单元	直接执行	微码
高级语言支持	软件完成	硬件完成
寻址模式	简单的寻址模式,仅允许 Load 和 Store 指令存取内存	复杂的寻址模式,支持内存到内存、寄存器到寄存器的寻址方式
指令集	简单的单周期指令,在汇编指令方面有相应的 CISC 微代码指令,在 RISC 机器上实现特殊功能时,效率可能较低。但可以利用流水技术和超标量技术加以改进和弥补	大量的混杂型指令集,有简单快速的指令,也有复杂的多周期指令,符合 HLL(High Level Language),有专用指令来完成特定的功能。因此,处理特殊任务效率较高
性能	使用流水线降低指令的执行周期数,增加代码尺寸	减少代码尺寸,增加指令的执行周期数
价格	由软件完成部分硬件功能,软件复杂性增加,芯片成本低	由硬件完成部分软件功能,硬件复杂性增加,芯片成本高
应用范围	RISC 指令系统的确定与特定的应用领域有关,故 RISC 更适合于专用机	CISC 则更适合于通用机

3. ARM 体系结构的技术特征

ARM 处理器是第一个为商业用途而开发的 RISC 微处理器。ARM 所采用的体系结构,对于当时的 RISC 体系结构既有继承,又有抛弃,即完全根据实际设计的需要仔细研究,没有机械照搬。ARM 的体系结构中采用了若干 Berkeley RISC 处理器设计的特征,但也放弃了其他若干特征。采用的技术特征有:Load/Store 体系结构、固定的 32 位指令、地址指令格式。

在 Berkeley RISC 设计采用的特征中被 ARM 设计者放弃的有:

① 寄存器窗口。在早期的 RISC 中,由于 Berkeley 原型机中包含了寄存器窗口,使得寄存器窗口的机制密切地伴随着 RISC 的概念,成为一般 RISC 的一大特征。Berkeley RISC 处

理器的寄存器堆中使用寄存器窗口,使得任何时候总有32个寄存器是可见的。进程进入和退出都访问新的一组寄存器,因此减少了因寄存器保存和恢复导致的处理器和存储器之间的数据拥塞和时间开销。这是拥有寄存器窗口的优点。但是寄存器窗口的存在以大量寄存器占用较多的芯片资源为代价,使得芯片成本增加,因此在ARM处理器设计时未采用寄存器窗口。尽管在ARM中用来处理异常的影子(shadow)寄存器和窗口寄存器在概念上基本相同,但是在异常模式下对进程进行处理时,影子寄存器的数量是很少的。

② 延迟转移。由于转移中断了指令流水线的平滑流动而造成了流水线的"断流"问题,多数RISC处理器采用延迟转移来改善这一问题,即在后续指令执行后才进行转移。在原来的ARM中延迟转移并没有采用,因为它使异常处理过程更加复杂。

③ 所有指令单周期执行。ARM被设计为使用最少的时钟周期来访问存储器,但并不是所有指令都单周期执行。如在低成本的ARM应用领域中普遍使用的ARM7TDMI,数据和指令占有同一总线,使用同一存储器时,即使最简单的Load和Store指令也最少需要访问2次存储器(1次取指令,1次数据读/写)。当访问存储器需要超过1个周期时,就多用1个周期。因此,并不是所有ARM指令都在单一时钟周期内执行,少数指令需要多个时钟周期。高性能的ARM9TDMI使用分开的数据和指令寄存器,才有可能把Load和Store指令的指令存储器和数据访问存储器操作单周期执行。

最初的ARM设计最关心的是必须保持设计的简单性。ARM的简单性在ARM的硬件组织和实现上比指令集的结构上体现得更明显。把简单的硬件和指令集结合起来,这是RISC体系的思想基础;但是ARM仍然保留一些CISC的特征,并且因此达到了比纯粹的RISC更高的代码密度,使得ARM在开始时就获得其功率效率和较小的核面积的优势。

2.1.4　ARM体系结构的命名规则

1. 什么是ARM?

学习ARM到现在,对其有了一定的认识。可以从几个不同的角度去认识:

① ARM的全称为Advanced RISC Machines,是1991年成立于英国剑桥的公司。它开创了一种崭新的商业模式,实现了无厂房式工厂,依靠出售芯片技术知识产权的授权来盈利。

② ARM是一种Architecture,同MIPS、PowerPC、x86等并列。谈到架构,这实际上本身就是一个很复杂的概念。就现在的理解来看,架构是一种系统设计蓝图,规划了方方面面的技术规范。应该说,架构是理论,采用同样的架构,实现的形式可以不相同。这也就是为什么同一架构会有那么多衍生的处理器可以实现。

③ ARM可以看作是一种技术,是RISC的代表。

应该说,ARM公司位于产业链的最上层,盈利也最多。中国国内的一些OEM厂商,只是处于下游的小鱼,盈利有限。中国的信息产业要想发展,就必须有自己的核心技术。希望龙芯带给我们的,是梦想的接近,甚至是实现!（龙芯兼容MIPS架构）

2. 命名规则

命名规则应该分成两类。一类是基于ARM Architecture的版本命名规则;另一类是基于ARM Architecture版本的处理器系列命名规则。例如,S3C2410采用ARMv4T架构版本,ARM920T处理器系列,其中处理器核为ARM9TDMI。看完下面的规则,对这几个命名就很清晰了。详细内容可以查看"www.arm.com"上的Documentation。

(1) ARM 版本命名规则

规则：|ARMv|n|variants|x(variants)|

命名分 4 个组成部分：

- ARMv——固定字符，即 ARM Version。
- n——指令集版本号。迄今为之，ARM 架构版本发布了 7 个系列，所以 n=[1:7]。其中最新的版本是第 7 版，具体可见 ARM 官方网站。
- variants——变种。
- x(variants)——排除 x 后指定的变种。

常见的变种有：

- T——Thumb 指令集。
- M——长乘法指令。
- E——增强型 DSP 指令。
- J——Java 加速器 Jazelle。
- SIMD——ARM 媒体功能扩展。

例如，ARMv5TxM 表示 ARM 指令集版本为 5，支持 T 变种，不支持 M 变种。

(2) ARM 处理器命名规则

采用上述的架构，形成一系列的处理器。有时候还要区分处理器核和处理器系列。不过，在这里其实不用区分太细，毕竟这是功能的小部分变化，核心是相同的。

规则：ARM{x}{y}{z}{T}{D}{M}{I}{E}{J}{F}{-S}

- x——处理器系列。
- y——存储管理/保护单元。
- z——Cache。
- T——支持 Thumb 指令集。
- D——支持片上调试。
- M——支持快速乘法器。
- I——支持 Embedded ICE，支持嵌入式跟踪调试。
- E——支持增强型 DSP 指令。
- J——支持 Jazelle。
- F——具备向量浮点单元 VFP。
- S——可综合版本。

2.2　ARM 流水线技术

2.2.1　流水线的概念、原理及特征

1. 流水线的概念与原理

计算机的流水处理过程同工厂中的流水装配线类似。为了实现流水，首先必须把输入的任务分割为一系列的子任务，使各子任务能在流水线的各个阶段并发地执行。将任务连续不断地输入流水线，从而实现了子任务的并行。因此流水处理大幅度地改善了计算机的系统性

能,是在计算机上实现时间并行性的一种非常经济的方法。

流水线的基本原理是把一个重复的过程分解为若干个子过程,前一个子过程为下一个子过程创造执行条件,每一个过程可以与其他子过程同时进行,即处理器的流水线的结构就是把一个复杂的运算分解成很多个简单的基本运算,然后由专门设计好的单元完成运算。

2. 指令及其执行过程

流水线(pipeline)技术是目前广泛应用于微处理芯片(CPU)中的一项关键技术,流水线技术指的是对 CPU 内部的各条指令的执行方式的一种形象描述,要了解它,就必须先了解指令及其执行过程。

(1) 计算机指令及其执行过程

计算机指令,就是告诉 CPU 要做什么事的一组特定的二进制集合。如果我们将 CPU 比喻成一个加工厂,那么,一条指令就好比一张订单,它引发了加工厂——CPU 的一系列动作,最后得到了产品(运算结果)。那么,它们到底是怎样工作的呢?首先,要有一个接收订单的部门——CPU 的取指令机构;其次,还要有完成订单的车间——CPU 的执行指令机构。在工厂中,一张订单上的产品被分成了许多道工序,而指令亦在 CPU 中转换成了许多条对应的微操作,依次完成它们,就执行完了整条指令。

(2) 执行指令的方式及流水线技术

在低档的 CPU 中,指令的执行是串行的,简单地说,就是执行完了一条指令后,再执行下一条指令,好比我们上面提到的那个加工厂在创业之初,只有一间小车间及孤军奋战的老板,那么,当他接到一张订单之后,他必然忙于完成第 1 张订单,而没有能力去接第 2 张订单。这样接订单→完成订单→接订单→……(取指令→执行指令→取指令→……)是一个串行的过程。后来,老板发现接受订单不费太多时间,而且他还有了一个帮工,他们可以相互独立地工作,这样,老板就在完成上张订单产品的同时,接受下一张订单的订货。这表现在 CPU 上就是取指令机构与执行指令机构的分开,这样从 CPU 整体来看,CPU 在执行上条指令的同时,又在并行地取下条指令。这在 CPU 技术上是一个质的飞跃,它使得 CPU 从串行工作变为并行工作,从而具有了流水线的雏形。

CPU 在完成了上面这一步之后,剩下的就是如何提高并行处理能力的问题了,CPU 的设计者们从加工厂的装配线得到启发,将一条指令的执行分解成了许多各不相同的多个工序——微指令,从而极大地简化了指令的复杂度,简化了逻辑设计,提高了速度。在具有流水线技术的 CPU 中,上条指令刚执行完第一道"工序",马上第二条指令就加入了流水线中,开始执行。很明显,这种流水线技术要求有多个执行单元,这在 x86 芯片中均得到了实现。

通过上面的介绍,大家已经了解了什么是流水线技术,这虽不是一种创新,但在技术的实现上则是一大难关,是 CPU 设计者对计算机发展的一大贡献。

那么,P6 芯片的超流水线又是怎么回事呢?

(3) 超流水线简介

超流水线(super pipeline)在本质上仍为一种流水线技术,但它做了以下的改进:
➢ 流水线条数从"奔腾"的 2 条增至 3 条,还有 11 个独立的执行单元并行支持。
➢ 在执行中采取了无序执行(out-of-order processing)技术,即当某条指令需要一些数据而未能立即执行完毕时,它将被剔出流水线并等待数据,CPU 则马上执行下条指令,就好比在装配线上发现某件产品不太合格而被淘汰,等待返工。这样,可以防止一条指令不能执行而影响了整个流水线的效率。
- 在超流水线中将指令划分成了更细的阶段,从而使逻辑设计、工序等更为简化,提高了速度。在超流水线中,由于采用了近似于 RISC 的技术,一条指令被划分成了创纪录的 14 个阶段。这极大地提高了流水线的速度,但超流水线技术并没有将流水线工艺发挥到极限。

3. 流水线技术特征

① 几个指令可以并行执行,提高了 CPU 的运行效率,但要求内部信息流通畅流动。

指令流水线(以 ARM 为例)如图 2-1 所示,为增加处理器指令流的速度,ARM7 系列使用三级流水线,允许多个操作同时处理,比逐条指令执行要快,PC 指向正被取指的指令,而非正在执行的指令,体现三级流水线技术特征,如图 2-2 所示。

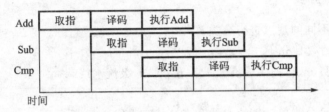

图 2-1 ARM 三极流水线

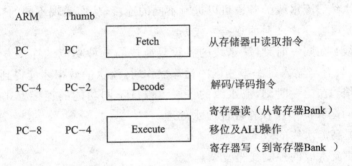

图 2-2 三级流水线下的 PC 行为

ARM 系列的三级至七级流水技术如图 2-3 所示。

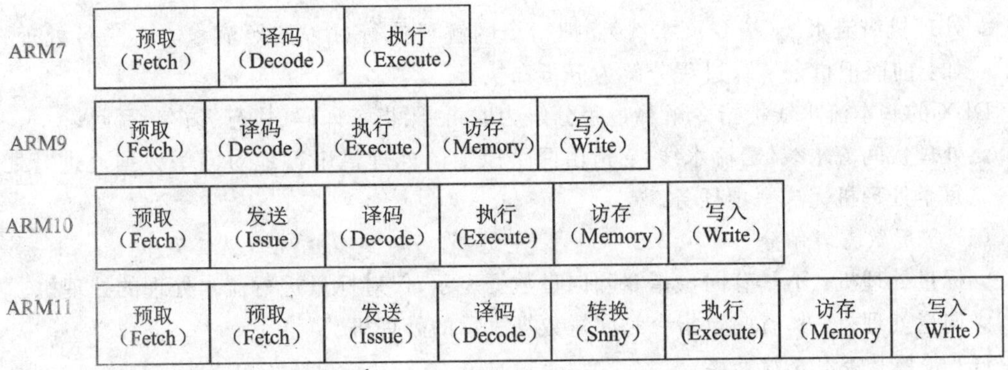

图 2-3 ARM 的三级至七级流水线

② 流水过程由多个相互联系的子过程组成,每个过程称为流水线的"级"或"段"。"段"的数目称为流水线的"深度"。

③ 每个子过程由专用的功能段实现。

④ 各个功能段所需时间应尽量相等,否则,时间长的功能段将成为流水线的瓶颈,会造成流水线的"堵塞"和"断流"。这个时间一般为一个时钟周期(拍)。

⑤ 流水线需要有"通过时间"(第一个任务流出结果所需的时间),在此之后流水过程才进入稳定工作状态,每一个时钟周期(拍)流出一个结果。

⑥ 流水技术适合于大量重复的时序过程,只有输入端能连续地提供任务,流水线的效率才能充分发挥。

2.2.2 流水线的分类

流水线可以按不同的观点进行分类。

(1) 按流水线的数目分

按流水线的数目分,目前主要有三、四、五、六、七级流水线。

(2) 按功能分

流水线按功能可分为单功能流水线和多功能流水线。

- 单功能流水线:只能完成一种固定功能的流水线。
- 多功能流水线:流水线的各段可以进行不同的连接,从而实现不同的功能。

(3) 按同一时间内各段之间的连接方式分

- 静态流水线:在同一时刻,流水线的各段只能按同一种功能的连接方式工作。在静态流水线中,只有当输入是一串相同的运算操作时,流水的效率才能得到发挥。
- 动态流水线:在同一时刻,流水线的各段可以按不同功能的连接方式工作。这样就不是非得相同运算的一串操作才能流水处理。

优点:能提高流水线的效率。

缺点:会使流水线的控制变得复杂。

(4) 按照流水线的级别分

- 部件级流水线(运算操作流水线):把处理机的算术逻辑部件分段,使得各种数据类型的操作能够进行流水。
- 处理机级流水线(指令流水线):把指令的解释执行过程按照流水方式进行处理。例如:前面把指令解释过程分解为分析和执行。

DLX 的基本流水线把指令解释过程分解为取指令、指令译码、执行、访存、写回。

- 处理机间流水线(宏流水线):指由两个以上的处理机串行地对同一数据流进行处理,每个处理机完成一项任务。

(5) 按照数据表示分

- 标量处理机:不具有向量指令和向量数据表示,仅对标量进行流水处理的处理机。
- 向量处理机:具有向量指令和向量数据表示的处理机。

(6) 按照是否有反馈回路分

- 线性流水线:流水线中的各段串行连接,没有反馈回路。
- 非线性流水线:流水线中的各段除有串行连接外,还有反馈回路。

(7) 按照流动是否可以乱序分
- 顺序流动流水线：流水线输出端任务流出的顺序与输入端任务流入的顺序相同。
- 异步流动流水线（乱序流水线）：流水线输出端任务流出的顺序与输入端任务流入的顺序不同。

2.2.3 影响流水线性能的相关因素

1. 吞吐率

吞吐率是指单位时间内流水线所完成的任务数或输出结果的数量。

（1）最大吞吐率 TP_{max}

最大吞吐率是指流水线在连续流动达到稳定状态后所得到的吞吐率。最大吞吐率取决于流水线中最慢的一段所需的时间，这段就成了流水线的瓶颈。

消除瓶颈的方法：细分瓶颈段、重复设置瓶颈段

（2）实际吞吐率 TP

流水线的实际吞吐率小于最大吞吐率。当然要针对各段时间相等和各段时间不相等有所变化。

2. 加速比 S

加速比是指采用流水线的速度与等功能非流水线的速度之比，即

$$S = T_{流水} / T_{非流水}$$

其中 $T_{流水}$ 和 $T_{非流水}$ 分别为按流水和按非流水方式处理 n 个任务所需的时间。

若流水线为 m 段，且各段时间相等，均为 Δt_0，则

$$T_{非流水} = nm\Delta t_0$$
$$T_{流水} = m\Delta t_0 + (n-1)\Delta t_0$$

3. 效率 E

效率是指流水线的设备利用率，主要表现为 n 个任务占用的时空区与 k 个功能段总的时空区之比。

① 由于流水线有通过时间和排空时间，所以流水线的各段并不是一直满负荷地工作，故 $E<1$。

② 若各段时间相等，则各段的效率 e_i 相等，即 $e_1 = e_2 = e_3 = \cdots = e_m = n\Delta t_0 / T_{流水}$。

③ 效率实际上就是 n 个任务所占的时空区与 m 个段总的时空区之比，即

$$E = \frac{n \text{ 个任务所占的时空区}}{m \text{ 个段总的时空区}}$$

④ 提高流水线效率所采取的措施对于提高吞吐率也有好处。

4. 流水线长度

CPU 流水线长度越长，运算工作就越简单，处理器的工作频率就越高，不过 CPU 的效能就越差，所以说流水线长度并不是越长越好。由于 CPU 的流水线长度很大程度上决定了 CPU 所能达到的最高频率，所以现在为了提高 CPU 的频率，而采用了超长的流水线设计。

5. 有关流水线性能的若干问题

① 流水线并不能减少（而且一般是增加）单条指令的执行时间，但却能提高吞吐率。

② 增加流水线的深度（段数）可以提高流水线的性能。

③ 流水线的深度受限于流水线的延迟和流水线的额外开销。
④ 流水线的额外开销包括：
> 流水寄存器的延迟(建立时间和传输延迟)；
> 时钟扭曲。
⑤ 当时钟周期小到与额外开销相同时，流水已没有意义。因为这时在每一个时钟周期中已没有时间来做有用的工作。
⑥ 需用高速的锁存器来作为流水寄存器，其特点为：
> 对时钟扭曲不太敏感(相对而言)；
> 其延迟为常数,2 个门级延迟,避免了数据通过锁存器时的扭曲；
> 锁存器中可以进行两级逻辑运算而不增延迟时间，这样每个流水段中的两级逻辑可以与锁存器重叠，从而能隐藏锁存器开销的绝大部分。
⑦ 相关问题。如果流水线中的指令相互独立，则可以充分发挥流水线的性能。但在实际中，指令间可能会相互依赖，这会降低流水线的性能。

2.3 ARM 处理器的内核结构

ARM 当前有 5 个产品系列：ARM7、ARM9、ARM9E、ARM10 和 SecurCore。ARM7、ARM9、ARM9E 和 ARM10 是 4 个通用处理器系列，每个系列提供一套特定的性能来满足设计者对功耗、性能和体积的需求，SecurCore 是专门为安全设备而设计的。ARM7 系列为低功耗的 32 位核，最适合消费类应用，是目前应用最广的 32 位高性能嵌入式 RISC 处理器。ATMEL 公司的 AT91 系列微控制器就是采用 ARM7TDMI 处理器核。

2.3.1 ARM7TDMI 处理器内核及其引脚信号

1. ARM7TDMI 处理器内核的介绍

(1) ARM7TDMI 处理器的字符及相应字符意义

ARM7TDMI 处理器是 ARM7 处理器系列成员之一，ARM7TDMI 及相应字符中每个字符的含义如下：
> ARM——32 位整数核的 3V 兼容的版本。
> T——16 位压缩指令 Thumb。
> D——在片设调试(debug)支持，允许处理器响应调试请求暂停。
> M——增强型乘法器，产生全 64 位结果。
> I——嵌入式 ICE 硬件提供上断点和调试点支持。
> E——增强型 DSP 指令。
> J——Java 加速器 Jazelle。
> SIMD——ARM 媒体功能扩展。

(2) 指令流水线

ARM7TDMI 核使用流水线以提高处理器指令的流动速度，流水线允许几个操作同时进行，并允许处理和存储系统连续操作。

ARM7TDMI 核使用三级流水线,因此,指令的执行分 3 个阶段:取指、译码、执行。在正常操作时,在执行一条指令期间,其后续的一条指令译码,第三条指令从存储器中取指。

程序计数器(PC)指向取指的指令而不是正在执行的指令,这一点很重要,因为正在执行的指令使用的程序计数器值总是当前地址前两条指令的地址。

(3) 存储器访问

ARM7TDMI 核是冯·诺依曼体系结构,使用单一 32 位数据总线传送指令和数据,只有加载、存储和交换指令可以访问存储器中的数据。

数据可以是:8 位(字节)、16 位(半字)和 32 位(字)。字必须是 4 字节边界对准,半字必须是 2 字节边界对准。

(4) 存储器接口

ARM7TDMI 处理器的存储器接口被设计成在使用存储器最少的情况下实现其潜能。对速度起关键作用的控制信号是流水作业的,以允许在标准低功耗逻辑下实现系统控制功能。这些控制信号方便了许多片内和片外存储器技术支持的、快速突发访问模式的开发,方便了标准动态 RAM 提供的快速局部访问模式的利用。

ARM 存储器接口非常适合于片内或片外与 ATMEL 的 Flash 存储模块接口,这使得系统成本降低,缩短了产品的上市时间。ARM7TDMI 核有 4 种基本的存储周期:

- 空闲周期;
- 非顺序周期;
- 顺序周期;
- 协处理器和寄存器传送周期。

(5) 嵌入式 ICE-RT 逻辑

嵌入式 ICE-RT 逻辑为 ARM7TDMI 核提供了集成的片内调试支持,可以使用嵌入式 ICE-RT 逻辑来设置断点或观察断点出现的状态。

嵌入式 ICE-RT 逻辑包含调试通信通道 DCC(Debug Communications Channel),DCC 用于在目标和宿主调试器之间传送信息,嵌入式 ICE-RT 逻辑通过 JTAG(Joint Test Action Group)测试访问口进行控制。

2. ARM7TDMI 处理器的 Thumb 指令集

目前 ARM 体系结构主要基于精简指令计算机(RISC)原理,RISC 指令集和相关的译码机制比复杂指令集计算机 CISC 的设计要简单。RISC 每个循环占用 4 个时钟周期,CISC 每个循环占用 23 个时钟周期,对于同样的执行效果,假设 IDLE 时的功率消耗忽略不计,RISC 将比 CISC 省电 1/5,且执行速度快约 5 倍。其优点是:高的指令吞吐率,出色的实时中断响应,有体积小、性价比高的处理器宏单元。

(1) 指令集压缩

对于传统的微处理器体系结构,指令和数据具有相同的宽度(位数),与 16 位体系结构相比,32 位体系结构在操纵 32 位数据时呈现了更高的性能,并可更有效地寻址更大的存储空间。在正常情况下,16 位体系结构比 32 位体系结构具有更高的代码密度,但只有大约一半的性能。

Thumb 在 32 位体系结构上实现了 16 位指令集,以提供比 16 位体系结构更高的性能和比 32 位体系结构更高的代码密度。

(2) Thumb 指令集

Thumb 指令集是通常使用的 32 位 ARM 指令集的子集，每条 Thumb 指令是 16 位长，对应于相同功能的 32 位 ARM 指令。Thumb 指令在标准的 ARM 寄存器下进行操作，在 ARM 和 Thumb 状态间具有出色的互操作性。执行时，16 位 Thumb 指令透明地实时解压成 32 位 ARM 指令，且没有性能损失。这样，以 32 位处理器性能给出 16 位代码密度，从而节省了存储空间和成本。

Thumb 指令集的 16 位指令长度使其大约有标准 ARM 代码 2 倍的密度，因而可在 16 位存储系统运行，这使 ARM7TDMI 核非常适用于存储器宽度限制而性能要求较高的嵌入式应用场合。

(3) Thumb 的优缺点

32 位体系结构相对 16 位体系结构的主要优点是能用单一指令操纵 32 位整型数，可以有效地寻址更大的存储空间。当处理 32 位数据时，16 位体系结构至少花费两个指令来完成单一 ARM 指令的相同任务。然而，并不是程序中所有代码都处理 32 位数据，并且有一些指令根本不处理数据。

若 16 位体系结构仅有 16 位指令，32 位体系结构仅有 32 位指令，那么 16 位体系结构会有更好的代码密度，比 32 位体系结构的性能要好。显然 32 位体系结构的性能是以损失代码密度为代价的。

Thumb 通过在 32 位体系结构上实现 16 位指令长度突破了这一限制，有效地用压缩的指令编码处理 32 位数据。这比 16 位体系结构性能好得多，也比 32 位体系结构代码密度好得多。

Thumb 还有一个优点，就是能够切换回全 ARM 代码并全速执行。从 Thumb 代码到 ARM 代码切换的时间开销只有子程序入口时间，通过适当地在 Thumb 和 ARM 之间切换，系统的各部分可为速度和代码密度进行优化。

Thumb 具有 32 位核的所有优点：32 位寻址空间、32 位寄存器、32 位移位器和算术逻辑单元（ALU）、32 位存储器传送。因此，它可以提供长的转移范围、强大的算术运算能力和大的寻址空间。

Thumb 的局限性：不支持乘法和累加指令，条件跳转限制在 256 字节偏移范围内，无条件跳转限制为 4 KB 偏移范围内（而 ARM 为 32 MB 偏移），很少指令为有条件的（所有的 ARM 指令全为有条件的），执行效率可能稍慢，典型情况下约为 10%。

3. ARM7TDMI 处理器内核存储器接口的引脚功能

ARM7TDMI 处理器内核存储器接口（memory interface）的引脚功能如图 2-4 所示。

(1) 时钟与时钟控制

➢ MCLK（输入）

－处理器工作的时钟。

－静态设计的 ARM 通过延长时钟周期来访问慢速的设备。

➢ nWAIT（输入）

－在 ARM 内部与 MCLK 相与。

－必须在 MCLK 为低的相位阶段改变。

－容许该信号从一个周期扩展到另一个周期，延长总线访问周期。

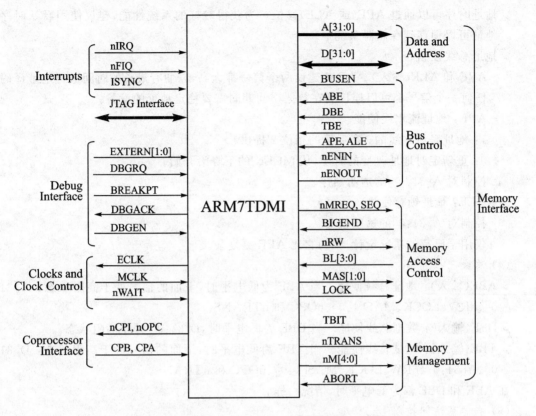

图 2-4 ARM7TDMI 功能信号

- ECLK(输出)
  - 核心逻辑的时钟输出。
  - 在正常和调试状态下反映内部时钟。
- ph1 & ph2(内部信号)
  - 双相位非覆盖的内部时钟。
  - 处理器内部工作周期。

(2) 数据总线
- 32 位双向或单向数据总线
  - BUSEN=0 配置双向数据总线。
  - BUSEN=1 配置单向数据总线。
- 字节、半字及字访问。
- 读取数据必须有效且稳定到相位 2 结束。
- 写入数据在相位 1 改变,保持稳定贯穿相位 2。
- nENOUT(输出)和 nENIN(输入):数据总线控制。如果采用片外双向数据总线,则可以用来控制数据总线的方向。

(3) 地址总线
- 32 位(4 GB)寻址能力。
- 默认时序。在前一周期的相位 2 阶段变为有效,保持稳定贯穿当前周期的相位 1 阶段。

- 地址时序可以通过 APE（或 ALE）移位。为获得较好的系统性能，建议使用默认时序。地址可以锁存到存储器系统中。
- 地址总线控制。
  - APE 和 ALE（输入）。ARM 建议两个信号都为高，以便有最长的时间进行地址译码。任何一个信号都可以连接到在数据访问期间需要稳定地址的设备。
  - APE：地址流水线使能。
    1：地址是流水线的（在后续的相位 2 提供）。
    0：重新定时地址改变的时序，从 MCLK 的下降沿开始。
    控制对 A[31:0] 的透明锁存。
  - ALE：地址锁存使能。
    控制对 A[31:0] 的透明锁存。
    仅用于已有的系统设计，因为它比 APE 更复杂。

(4) 总线三态控制
- ABE（输入）：地址总线使能。当 ABE 为低电平时，下面的信号处于高阻状态：A[31:0]、nRW、LOCK、MAS[1:0]、nOPC 和 nTRANS。
- DBE（输入）：数据总线使能。当 DBE 为低电平时，D[31:0] 处于高阻状态。
- TBE（输入）：测试总线使能。当 TBE 为低电平时，下面的信号处于高阻状态：D[31:0]、A[31:0]、nRW、LOCK、MAS[1:0]、nOPC 和 nTRANS。

在 ABE 和 DBE 都为低电平时，情况一样。

(5) 存储器访问控制
- nMREQ（输出）：存储器请求。低电平有效，指示在接下来的周期中进行存储器访问。
- SEQ（输出）：连续地址访问。高电平有效，指示在接下来的周期中地址不变或大一个操作数（字或半字）。
- nRW（输出）：非读/写。区分存储器读写访问。
- LOCK（输出）：锁定操作。指示一条交换指令正在执行，接下来的两个处理器总线周期是不可见的。
- MAS[1:0]（输出）：存储器访问大小。指示字、半字或字节访问。
- BL[3:0]（输入）：数据总线上的字节区段锁存使能。容许数据由小数构成。
- MAS[1:0]：指示数据传送大小(8 位、16 位或 32 位)。
- T 位指示 ARM 核的状态。
  1——Thumb 状态，0——ARM 状态。
- 取指。
  在 ARM 状态，指令是字（32 位）。
  在 Thumb 状态，指令是半字(16 位)。
  指令可以从 32 位数据总线的高或低半段取得，取决于 Endian 配置和 A[1] 的状态。
- 取数据。
  - 字数据的取操作类似于 ARM 状态的指令取操作。
  - 半字数据的取操作类似于 Thumb 状态的指令取操作。
  - 字节数据的取操作取决于 Endian 配置和 A[1:0] 的状态。

(6) 存储器管理信号
- nOPC(输出)：低有效,指示处理器正在从存储器取指。
- nTRANS(输出)：低有效,指示处理器处于 user mode。
- nM[4:0](输出)：当前操作模式,即 User、FIQ、IRQ、Supervisor、Abort、System 或 Undefined。
- ABORT(输入)：指示请求的访问不容许。既用于指令预取,又用于 Data Abort。

(7) 周期类型
- 非连续(N)：在接下来的周期中的地址与前一个地址无关。
- 连续(S)：在接下来的周期中的地址与前一个地址一样或大一个操作数(字或半字)。
- 内部 (I)：处理器正在执行一个内部操作,同时,没有有用的预取执行。
- 协处理器寄存器传送 (C)：处理器和协处理器之间通信,不涉及存储器访问,但 D[31:0] 用于传送数据。
- 合并的内部连续 (IS)：I 和 S 周期的特殊组合,容许优化存储器访问。

(8) 非连续周期
- 在接下来的周期中,"nMREQ=0"且"SEQ=0"
  - 下一个周期将是非连续访问。
  - 指令译码 nMREQ and SEQ 条件提前一个周期建立。
  - A[31:0] 在接下来的周期的相位 2 阶段有效。
  - 对于读操作,D[31:0] 必须在相位 2 结束时有效。
- 典型地
  - 对于基于 DRAM 的系统的初始的行访问,N 周期要占用更长的时间。
  - 处理器停下来(通过停止时钟)一个或更多的完整的时钟周期(等待状态),以便容许较长的访问时间。

4. ARM7TDMI 处理器内核中断接口的引脚功能

ARM7TDMI 处理器中断接口(interrupts)引脚如图 2-4 所示。

(1) 2 个中断源

2 个中断源为 nIRQ 和 nFIQ(输入)。
- nFIQ 比 nIRQ 优先级高。
- FIQ 代码可以在进入中断后直接访问执行。
- 可以通过 ISYNC(输入)选择同步或异步时序。

(2) 异步时序 (ISYNC=0)
- 损失一个周期的同步。

(3) 同步时序 (ISYNC=1)
- nIRQ 和 nFIQ 必须在 MCLK 的下降沿的时候已经建立且保持。
- nFIQ 和 nIRQ 中断可以通过设置 CPSR 寄存器中的 F 和 I 位屏蔽。

5. ARM7TDMI 处理器接调试接口的引脚功能

ARM7TDMI 协处理器调试接口(debug interface)如图 2-4 所示。

(1) DBGEN(输入)(DEBUG ENABLE)
- 必须保持高电平,以容许 ARM7TDMI 的软件调试。

(2) EXTERN[1:0]（输入）
- 输入到 EmbeddedICE 宏单元,容许基于外部条件的断点。

(3) BREAKPT（输入）(BREAK POINT)
- 在指令上标志断点。
- 在数据上标志观察点。
- 如果不用,保持低电平。

(4) DBGRQ（输入）(DEBUG REQUEST)
- 强制 ARM7TDMI 核进入调试状态,高有效。
- 如果不用,保持低电平。

(5) DBGACK（输出）(DEBUG ACKNOWLEDGE)
- ARM7TDMI 进入调试状态的响应信号。高电平指示 ARM7TDMI 核已进入调试状态。

(6) TAP 信号容许增加额外的链
- SCREG[3:0]（输出）：当前选择的扫描链。
- IR[3:0]（输出）：当前已加载的指令。
- TAPSM[3:0]（输出）：TAP 状态机状态。
- SDINBS（输入）：扫描链串行数据输入。
- SDOUTBS（输出）：扫描链串行数据输出。

6. ARM7TDMI 协处理器内接口的引脚功能

ARM7TDMI 核不包含 MMU,由处理器外围提供,提供专用的协处理器指令,ARM7TDMI 协处理器调试接口(debug interface)如图 2-4 所示。
- 可以支持多达 16 个协处理器。
- nOPC（输出）：取操作码。低有效,指示正在取指令。使能协处理器跟踪处理器指令流水线。
- nCPI（输出）：协处理器指令。低有效,指示当前正在执行的指令是一条协处理器指令,且该指令应该执行。
- CPA（输入）：协处理器缺少。高有效,当能够执行所要求的协处理器操作的协处理器存在时变低。
- CPB（输入）：协处理器忙。高有效,当协处理器准备好要执行要求的协处理器操作时变低。
- 如果没有连接外部协处理器的话,将 CPA 和 CPB 拉高。

2.3.2 MMU 部件

1. 内存管理概述

不同实时内核,所采用的内存管理方式不同,有的简单,有的复杂。实时内核所采用的内存管理方式与应用领域和硬件环境密切相关。在强实时应用领域,内存管理方法就比较简单,甚至不提供内存管理功能。一些实时性要求不高,可靠性要求比较高,且系统比较复杂的应用在内存管理上就相对复杂些,可能需要实现对操作系统或是任务的保护。

嵌入式实时操作系统在内存管理方面需要考虑如下因素。

(1) 快速而确定的内存管理

最快速和最确定的内存管理方式是不使用内存管理，适用于那些小型的嵌入式计算机系统，系统中的任务比较少，且数量固定。通常的操作系统都至少具有基本的内存管理方法，提供内存分配与释放的系统调用。

(2) 不使用虚拟存储技术

虚拟存储技术为用户提供一种不受物理存储器结构和容量限制的存储管理技术，是桌面/服务器操作系统为在所有任务中使用有限物理内存的通常方法，每个任务从内存中获得一定数量的页面，并且当前不访问的页面将被置换出去，为需要页面的其他任务腾出空间。

而置换是一种具有不确定性的操作：当任务需要使用当前被置换出去的页面中的代码和数据时，将不得不从磁盘中获取页面，而在内存中另外的页面又可能不得不需要先被置换出去。

在嵌入式实时操作系统中一般不使用虚拟存储技术，以避免页面置换所带来的开销。

(3) 内存保护

大多数传统的嵌入式操作系统依赖于平面内存模式，应用程序和系统程序能够对整个内存空间进行访问。平面内存模式比较简单，易于管理，性能也比较高，适合于程序简单、代码量小和实时性要求比较高的领域。在应用程序比较复杂、代码量比较大的情况下，为了保证整个系统的可靠性，就需要对内存进行保护，防止应用程序破坏操作系统或其他应用程序的代码和数据。

内存保护包括两方面：一方面防止地址越界，每个应用程序都有自己独立的地址空间，当应用程序要访问某个内存单元时，由硬件检查该地址是否在限定的地址空间之内，只有在限定地址空间之内的内存单元访问才是合法的，否则需要进行地址越界处理；另一方面防止操作越权：对于允许多个应用程序共享的存储区域，每个应用程序都有自己的访问权限，如果一个应用程序对共享区域的访问违反了权限规定，则进行操作越权处理。

2. MMU 部件

内存保护可通过硬件提供的 MMU(Memory Management Unit)来实现。目前，大多数处理器都集成了 MMU，这种在处理器内部实现 MMU 的方式，能够大幅度降低那些通过在处理器外部添加 MMU 模块的处理方式所存在的内存访问延迟。MMU 现在大都被设计作为处理器内部指令执行流水线的一部分，使得使用 MMU 不会降低系统性能。相反，如果系统软件不使用 MMU，还会导致处理器的性能降低。在某些情况下，不使能 MMU，跳过处理器的相应流水线，可能导致处理器的性能降低 80% 左右。

早期的嵌入式操作系统大都没有采用 MMU，其目的一方面是出于对硬件成本的考虑；另一方面是出于实时性的考虑。嵌入式计算机系统发展到现在，硬件成本越来越低，MMU 所带来的成本因素基本上可以不用考虑。同时，原来的嵌入式 CPU 的速度较慢，采用 MMU 通常会造成对时间性能的不满足，而现在 CPU 的速度也越来越快，并且采用新技术后，已经将 MMU 所带来的时间代价降低到比较低的程度。因此，嵌入式 CPU 具有 MMU 的功能已经是一种必然的趋势。

由于采用 MMU 后对应用的运行模式甚至开发模式都会有一些影响，大量嵌入式操作系统都没有使用 MMU。但对于安全性、可靠性要求高的应用，如果不采用 MMU，则几乎不可能达到应用的要求。

如果没有 MMU 的功能,将无法防止程序的无意破坏,无法截获各种非法的访问异常,当然更不可能防止应用程序的蓄意破坏了。采用 MMU 后,便于发现更多的潜在问题,并且也便于问题的定位。未采用 MMU 时,内存模式一般都是平面模式,应用可以任意访问任何内存区域、任何硬件设备,程序中出现非法访问时,开发人员是无从知晓的,也非常难以定位。因此使用 MMU 的好处是不言而喻的。MMU 通常具有如下功能:
- 内存映射;
- 检查逻辑地址是否在限定的地址范围内,防止页面地址越界;
- 检查对内存页面的访问是否违背特权信息,防止越权操作内存页面;
- 在必要的时候(页面地址越界或是页面操作越权)产生异常。

内存映射的作用是把应用程序使用的地址集合(逻辑地址)翻译为实际的物理内存地址(物理地址),如图 2-5 所示。

图 2-5 内存映射

应用程序需要通过内存来存储以下内容:
- 指令代码(二进制机器指令)。
- 静态分配的数据(如静态变量、全局变量)。
- 具有后进先出(last in, first out)处理方式的栈或动态分配的数据(如动态变量和返回地址)。
- 堆,用来存储数据,并可被编程人员分配和释放。

在 MMU 的处理方式下,上述属于应用程序的 4 部分的空间被划分为大小相等的页面(page)。大多数处理器典型页面大小为 4 KB,有些处理器也可能使用大于 4 KB 的页面,但页面大小总是 2 的幂,以对发生在 MMU 中的地址映射行为流水线化。当页放置到物理内存时,页面将放置到页框架(page frame)中。页框架是物理内存的一部分,具有与页面同样的大小,且开始地址为页面大小的整数倍。

MMU 包含着能够把逻辑地址映射为物理地址的表,称为页表。操作系统能够在需要的时候对这种映射关系进行改变(应用程序对内存的需求发生变化或是添加或删除应用程序的时候)。在应用程序中的任务发生上下文切换时,操作系统也可能需要对映射关系进行改变。

每个内存页还具有一些特权和状态信息。MMU 提供二进制位来标识每个页面的特权或状态信息,包括:
- 页面中的内容是否可被处理器指令所使用(执行特权)。
- 可写(写特权)。
- 可读(读特权)。
- 已被回写(脏位)。
- 当前在物理内存中(有效位)。

另外,在操作系统的支持下,MMU 还提供虚拟存储功能,即在任务所需要的内存空间超过能够从系统中获得的物理内存空间的情况下,也能够得到正常运行。当需要的页面被添加到逻辑地址空间时,任务对内存页面的合法访问将自动访问到物理内存。若页面当前不在物理内存中时,将导致页面故障异常,然后操作系统负责从后援存储器(如硬盘或是 Flash 存储设备)中获取需要的页面,并从产生页面故障的机器指令处重新执行。

在实际应用中,MMU 通常具有如下不同功能程度的使用方式。

① 0级(内存的平面使用模式)。该模式下,没有使用 MMU,应用程序和系统程序能够对整个内存空间进行访问。采用该模式的系统比较简单、性能也比较高,适合于程序简单、代码量小和实时性要求比较高的领域。大多数传统的嵌入式操作系统都采用该模式。

② 1级(用来处理具有 MMU 和内存缓存的嵌入式处理器)。因为大多数传统的嵌入式操作系统依赖于平面内存模式,为简化系统,1级模式通常只是打开 MMU,并通过创建一个域(domain,为内存保护的基本单位,每个域对应一个页表)的方式来使用内存,并对每次内存访问执行一些必要的地址转换操作。该模式仍然只是拥有 MMU 打开特性的平面内存模式。

③ 2级(内存保护模式)。在该模式下,MMU 被打开,且创建了静态的域(应用程序的逻辑地址同应用程序在物理内存中的物理地址之间的映射关系在系统运行前就已经确定),以保护应用和操作系统在指针试图访问其他程序的地址空间时不会被非法操作。在该级别的内存保护模式下,通常使用消息传送机制实现数据在被 MMU 保护起来的各个域之间的移动。

④ 3级(虚拟内存使用模式)。在该模式下,通过操作系统使用 CPU 提供的内存映射机制,内存页被动态地分配、释放或是重新分配。从内存映射到基于磁盘的虚拟内存页的过程是透明的。

在 MMU 的主要模式中,0级模式为大多数传统嵌入式实时操作系统的使用模式,同1级模式一样,都是内存的平面使用模式,不能实现内存的保护功能。2级模式是目前大多数嵌入式实时操作系统所采用的内存管理模式,既能实现内存保护功能,又能通过静态域的使用方式保证系统的实时特性。3级模式适合于应用比较复杂、程序量比较大,并不要求实时性的应用领域。

在嵌入式实时操作系统中,MMU 通常被用来进行内存保护。

➢ 实现操作系统与应用程序的隔离。
➢ 应用程序和应用程序之间的隔离。
➢ 防止应用程序破坏操作系统的代码、数据以及应用程序对硬件的直接访问。
➢ 对于应用程序来讲,也可以通过防止别的应用程序对自己的非法入侵,从而破坏应用程序自身的运行。

在内存保护方面,MMU 提供了以下措施:

➢ 防止地址越界。通过限长寄存器检查逻辑地址,确保应用程序只能访问逻辑地址空间所对应的、限定的物理地址空间,MMU 将在逻辑地址超越限长寄存器所限定的范围时产生异常。
➢ 防止操作越权。根据内存页面的特权信息控制应用程序对内存页面的访问,如果对内存页面的访问违背了内存页面的特权信息,MMU 将产生异常。

第3章

ARM 微处理器编程模型

本章教学重点
1. ARM 微处理器的数据类型,工作状态和工作模式。
2. ARM 状态下的寄存器组织、Thumb 状态下的 ARM 微处理器的寄存器组织。
3. ARM 异常的种类及异常中断向量、异常优先级、异常中断的响应过程。
4. ARM 的开发环境。

3.1 ARM 工作模式

3.1.1 ARM 的数据类型及存储格式

ARM 微处理器支持字节、半字、字三种数据类型。
- 字(word):在 ARM 体系结构中,字的长度为 32 位,而在 8 位/16 位处理器体系结构中,字的长度一般为 16 位。
- 半字(half-word):在 ARM 体系结构中,半字的长度为 16 位,与 8 位/16 位处理器体系结构中字的长度一致。
- 字节(byte):在 ARM 体系结构和 8 位/16 位处理器体系结构中,字节的长度均为 8 位。

字需要 4 字节对齐(地址的低两位为 0)、半字需要 2 字节对齐(地址的最低位为 0)。

在一个字中包含 4 字节,4 字节哪一个是高位字节,哪一个是低位字节?这里就有两种存储格式。

(1) 小端格式

在小端格式(little-endian)中,一个字中低位地址对应字中的低位字节,高位地址对应高位字节。例如一个字单元的地址是 D,包含 4 字节 D、D+1、D+2、D+3,其中字节单元由低位字节到高位字节的顺序是 D、D+1、D+2、D+3,如图 3-1 所示。

此时 D 地址所对应的字存储的数据是 3def271cH,D+4 地址所对应的字存储的数据是 4a32162bH。

(2) 大端格式

在大端格式(big-endian)中,一个字中低位地址对应字中的高位字节,高位地址对应低位字节。例如一个字单元的地址是 D,包含 4 字节 D、D+1、D+2、D+3,其中字节单元由低位字节到高位字节的顺序是 D+3、D+2、D+1、D,如图 3-2 所示。

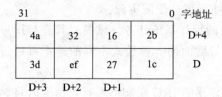

图 3-1 以小端格式存储数据

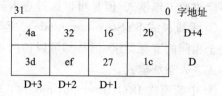

图 3-2 以大端格式存储数据

此时 D 地址所对应的字存储的数据是 1c27ef3dH，D+4 地址所对应的字存储的数据是 2b16324aH。

实际在某个 ARM 体系的具体芯片可能只支持小端格式，也可能只支持大端格式，也可能两种都支持。

3.1.2 ARM 的工作状态及工作模式

1. ARM 的工作状态

从编程的角度看，ARM 微处理器的工作状态一般有两种，并可在两种状态之间切换。

> 第一种为 ARM 状态。此时处理器执行 32 位的字对齐 ARM 指令，比 Thumb 指令灵活，可以完成一些 Thumb 指令所不能完成的功能。当处理器发生异常时，处理器会自动进入 ARM 状态，这就意味着 异常处理的首部必须是 ARM 指令。

> 第二种为 Thumb 状态。此时处理器执行 16 位的半字对齐 Thumb 指令。Thumb 指令是 ARM 指令的一个子集，提供最紧凑的代码，在 8 位或 16 位的内存系统中，同样可以提供最佳性能。

当 ARM 微处理器执行 32 位的 ARM 指令集时，工作在 ARM 状态；当 ARM 微处理器执行 16 位的 Thumb 指令集时，工作在 Thumb 状态。在程序的执行过程中，微处理器可以随时在两种工作状态之间切换，并且处理器工作状态的转变并不影响处理器的工作模式和相应寄存器中的内容。

ARM 指令集和 Thumb 指令集均有切换处理器状态的指令，并可在两种工作状态之间切换，但 ARM 微处理器在开始执行代码时，应该处于 ARM 状态。状态切换方法如下。

> 进入 Thumb 状态：当操作数寄存器的状态位（位 0）为 1 时，可以采用执行 BX 指令的方法，使微处理器从 ARM 状态切换到 Thumb 状态。此外，当处理器处于 Thumb 状态时发生异常（如 RQ、FIQ、Undef、Abort、SWI 等），则异常处理返回时，自动切换到 Thumb 状态。

> 进入 ARM 状态：当操作数寄存器的状态位为 0 时，执行 BX 指令可以使微处理器从 Thumb 状态切换到 ARM 状态。此外，在处理器进行异常处理时，把 PC 指针放入异常模式链接寄存器中，并从异常向量地址开始执行程序，也可以使处理器切换到 ARM 状态。

2. ARM 处理器的工作模式

ARM 处理器有 7 种工作模式。

① 用户模式 USR（user mode）：ARM 的正常运行模式，通常用来执行一般的应用程序，是所有模式中特权级别最低的模式。该模式下运行的程序不能访问某些受保护的系统资源，

也不能改变工作模式,但是可以通过进入异常环境来使用那些受限资源。

② 系统模式 SYS(system mode):运行具有特权的操作系统任务。该模式具有与用户模式完全相同的寄存器组,但是却可以访问系统资源。与后面的 5 种模式不同的是不可通过异常方式进入系统模式。

③ 中断模式 IRQ(interrupt mode):当 ARM 处理器的 IRQ 引脚产生有效信号时将触发本中断异常,用于一般外部中断的处理。

④ 管理模式 SVC(supervisor mode):操作系统的保护模式,是常用的系统程序运行模式,也是处理器复位状态下的工作模式,即当发生复位异常的时候进入该模式。另外通过执行软中断调用指令 SWI 也可以进入管理模式,用户程序可由此方式访问系统资源。

⑤ 中止模式 ABT(abort mode):数据或者指令预取出现错误或异常时进入此模式,可用于支持虚拟内存及内存保护。

⑥ 快速中断模式 FIQ(fast interrupt mode):当 ARM 处理器的 FRQ 引脚产生有效信号时将触发本中断异常,支持高速数据传输或通道处理。

⑦ 未定义模式 UND(undefined mode):当未定义指令被执行时进入此模式,可用于支持硬件协处理器的软件仿真。

除用户模式外的其他模式被称为特权模式,其中除去用户模式和系统模式以外的 5 种模式又称为异常模式。可以通过软件改变 ARM 处理器的工作模式,外部中断或异常处理也可以引起模式发生改变。

大多数应用程序在用户模式下执行。当处理器工作在用户模式时,正在执行的程序不能访问某些被保护的系统资源,也不能改变模式,除非异常发生。当特定的异常出现时,进入相应模式。每种模式都有某些附加的寄存器,以避免不可靠状态的出现。系统模式与用户模式有完全相同的寄存器,但它是特权模式,不受用户模式的限制,它供需要访问系统资源的操作系统使用。

3.2 ARM 寄存器

ARM 微处理器共有 37 个 32 位寄存器,其中 31 个为通用寄存器,6 个为状态寄存器。但是这些寄存器不能被同时访问,具体哪些寄存器是可编程访问的,取决于微处理器的工作状态及具体的运行模式。但在任何时候,通用寄存器 R14~R0、程序计数器 PC、一个或两个状态寄存器都是可访问的。

ARM 工作状态下的寄存器组织

1. 通用寄存器

通用寄存器包括 R0~R15,可以分为三类:
- 未分组寄存器 R0~R7;
- 分组寄存器 R8~R14;
- 程序计数器 PC(R15)。
- 未分组寄存器 R0~R7

在所有的运行模式下,未分组寄存器都指向同一个物理寄存器,他们未被系统用作特殊的用途,因此,在中断或异常处理进行运行模式转换时,由于不同的处理器运行模式均使用相同的物理寄存器,可能会造成寄存器中数据的破坏,这一点在进行程序设计时应引起注意。

- 分组寄存器 R8~R14
  - 对于分组寄存器,每一次所访问的物理寄存器与处理器当前的运行模式有关。
  - 对于 R8~R12 来说,每个寄存器对应两个不同的物理寄存器,当使用 fiq 模式时,访问寄存器 R8_fiq~R12_fiq;当使用除 fiq 模式以外的其他模式时,访问寄存器 R8_usr~R12_usr。
  - 对于 R13、R14 来说,每个寄存器对应 6 个不同的物理寄存器,其中的一个是用户模式与系统模式共用,另外 5 个物理寄存器对应于其他 5 种不同的运行模式。
  - 采用以下的记号来区分不同的物理寄存器:
    R13_<mode>;
    R14_<mode>。
    其中,mode 为以下几种模式之一:usr、fiq、irq、svc、abt、und。
  - 寄存器 R13 在 ARM 指令中常用作堆栈指针,但这只是一种习惯用法,用户也可使用其他的寄存器作为堆栈指针。而在 Thumb 指令集中,某些指令强制性的要求使用 R13 作为堆栈指针。

  由于处理器的每种运行模式均有自己独立的物理寄存器 R13,在用户应用程序的初始化部分,一般都要初始化每种模式下的 R13,使其指向该运行模式的栈空间,这样,当程序的运行进入异常模式时,可以将需要保护的寄存器放入 R13 所指向的堆栈,而当程序从异常模式返回时,则从对应的堆栈中恢复,采用这种方式可以保证异常发生后程序的正常执行。

  - R14 也称作子程序连接寄存器(Subroutine Link Register)或连接寄存器 LR。当执行 BL 子程序调用指令时,R14 中得到 R15(程序计数器 PC)的备份。其他情况下,R14 用作通用寄存器。与之类似,当发生中断或异常时,对应的分组寄存器 R14_svc、R14_irq、R14_fiq、R14_abt 和 R14_und 用来保存 R15 的返回值。

  寄存器 R14 常用在如下的情况:
  在每一种运行模式下,都可用 R14 保存子程序的返回地址,当用 BL 或 BLX 指令调用子程序时,将 PC 的当前值拷贝给 R14,执行完子程序后,又将 R14 的值拷贝回 PC,即可完成子程序的调用返回。以上的描述可用指令完成。
  ① 执行以下任意一条指令:
  MOV PC,LR
  BX LR
  ② 在子程序入口处使用以下指令将 R14 存入堆栈:
  STMFD SP!,{<Regs>,LR}
  对应的,使用以下指令可以完成子程序返回:
  LDMFD SP!,{<Regs>,PC}
  R14 也可作为通用寄存器。

- 程序计数器 PC(R15)

  寄存器 R15 用作程序计数器(PC)。在 ARM 状态下,位[1:0]为 0,位[31:2]用于保存 PC;在 Thumb 状态下,位[0]为 0,位[31:1]用于保存 PC;虽然可以用作通用寄存器,但是有一些指令在使用 R15 时有一些特殊限制,若不注意,执行的结果将是不可预料的。在 ARM 状态下,PC 的 0 和 1 位是 0,在 Thumb 状态下,PC 的 0 位是 0。

R15 虽然也可用作通用寄存器,但一般不这么使用,因为对 R15 的使用有一些特殊的限制,当违反了这些限制时,程序的执行结果是未知的。

由于 ARM 体系结构采用了多级流水线技术,对于 ARM 指令集而言,PC 总是指向当前指令的下两条指令的地址,即 PC 的值为当前指令的地址值加 8 字节。

在 ARM 状态下,任一时刻可以访问以上所讨论的 16 个通用寄存器和 1~2 个状态寄存器。在非用户模式(特权模式)下,则可访问到特定模式分组寄存器,图 3-3 说明在每一种运行模式下,哪一些寄存器是可以访问的。

ARM状态下的通用寄存器与程序计数器

System & User	FIQ	Supervisor	Abort	IRG	Undefined
R0	R0	R0	R0	R0	R0
R1	R1	R1	R1	R1	R1
R2	R2	R2	R2	R2	R2
R3	R3	R3	R3	R3	R3
R4	R4	R4	R4	R4	R4
R5	R5	R5	R5	R5	R5
R6	R6	R6	R6	R6	R6
R7	R7	R7	R7	R7	R7
R8	R8_fiq	R8	R8	R8	R8
R9	R9_fiq	R9	R9	R9	R9
R10	R10_fiq	R10	R10	R10	R10
R11	R11_fiq	R11	R11	R11	R11
R12	R12_fiq	R12	R12	R12	R12
R13	R13_fiq	R13_svc	R13_abt	R13_irq	R13_und
R14	R14_fiq	R14_svc	R14_abt	R14_irq	R14_und
R15(PC)	R15(PC)	R15(PC)	R15(PC)	R15(PC)	R15(PC)

ARM状态下的程序状态寄存器

CPSR	CPSR	CPSR	CPSR	CPSR	CPSR
	SPSR_fiq	SPSR_svc	SPSR_abt	SPSR_irq	SPSR_und

◣ =分组寄存器

图 3-3 ARM 状态下的寄存器

- 寄存器 R16

寄存器 R16 用作 CPSR(Current Program Status Register,当前程序状态寄存器),CPSR 可在任何运行模式下被访问,它包括条件标志位、中断禁止位、当前处理器模式标志位,以及其他一些相关的控制和状态位。

每一种运行模式下又都有一个专用的物理状态寄存器,称为 SPSR(Saved Program Status Register,备份的程序状态寄存器),当异常发生时,SPSR 用于保存 CPSR 的当前值,从异常退出时则可由 SPSR 来恢复 CPSR。

由于用户模式和系统模式不属于异常模式,它们没有 SPSR,当在这两种模式下访问 SPSR 时,结果是未知的。

2. Thumb 工作状态下的寄存器组织

Thumb 状态下的寄存器集是 ARM 状态下寄存器集的一个子集,程序可以直接访问 8 个通用寄存器(R7~R0)、程序计数器(PC)、堆栈指针(SP)、连接寄存器(LR)和 CPSR。同时,在每一种特权模式下都有一组 SP、LR 和 SPSR。图 3-4 表明 Thumb 状态下的寄存器组织。

Thumb状态下的通用寄存器与程序计数器

System & User	FIQ	Supervisor	Abort	IRG	Undefined
R0	R0	R0	R0	R0	R0
R1	R1	R1	R1	R1	R1
R2	R2	R2	R2	R2	R2
R3	R3	R3	R3	R3	R3
R4	R4	R4	R4	R4	R4
R5	R5	R5	R5	R5	R5
R6	R6	R6	R6	R6	R6
R7	R7	R7	R7	R7	R7
SP	SP_fiq	SP_svc	SP_abt	SP_irq	SP_und
LR	LR_fiq	LR_svc	LR_abt	LR_irq	LR_und
PC	PC	PC	PC	PC	PC

Thumb状态下的程序状态寄存器

CPSR	CPSR	CPSR	CPSR	CPSR	CPSR
	SPSR_fiq	SPSR_svc	SPSR_abt	SPSR_irq	SPSR_und

▷ = 分组寄存器

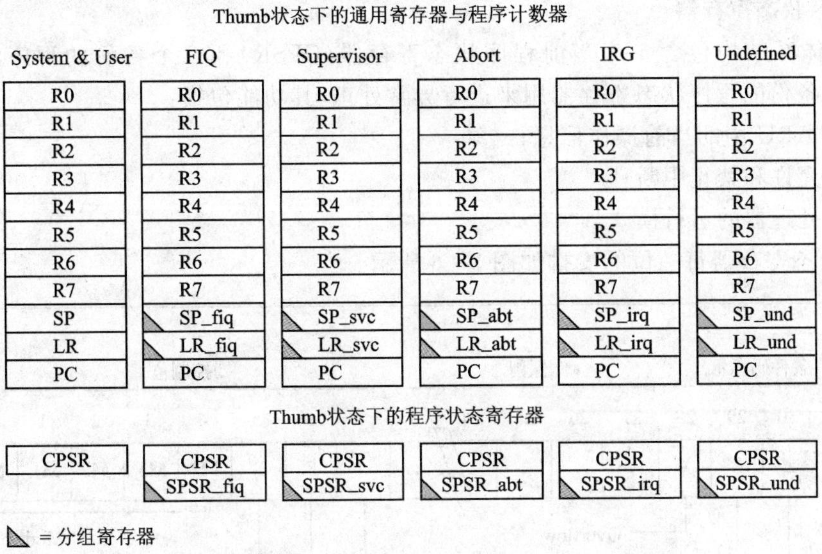

图 3-4　Thumb 状态下的寄存器

Thumb 状态下的寄存器组织与 ARM 状态下的寄存器组织的关系:
- Thumb 状态下和 ARM 状态下的 R0~R7 是相同的。
- Thumb 状态下和 ARM 状态下的 CPSR 与所有的 SPSR 是相同的。
- Thumb 状态下的 SP 对应于 ARM 状态下的 R13。
- Thumb 状态下的 LR 对应于 ARM 状态下的 R14。
- Thumb 状态下的程序计数器对应于 ARM 状态下 R15。

以上的对应关系如图 3-5 所示。

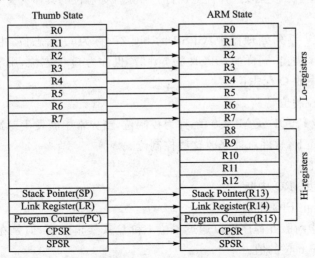

图 3-5　Thumb 状态下与 ARM 状态下寄存器对应关系

访问 Thumb 状态下的高位寄存器(Hi-registers)。在 Thumb 状态下,高位寄存器 R8～R15 并不是标准寄存器集的一部分,但可使用汇编语言程序受限制地访问这些寄存器,将其用作快速的暂存器。使用带特殊变量的 MOV 指令,数据可以在低位寄存器和高位寄存器之间进行传送;高位寄存器的值可以使用 CMP 和 ADD 指令进行比较或加上低位寄存器中的值。

3. 程序状态寄存器

ARM 体系结构包含 1 个当前程序状态寄存器(CPSR)和 5 个备份的程序状态寄存器(SPSRs)。备份的程序状态寄存器用来进行异常处理,其功能包括:

- 保存 ALU 中的当前操作信息;
- 控制允许和禁止中断;
- 设置处理器的运行模式。

程序状态寄存器每一位的安排如图 3-6 所示。

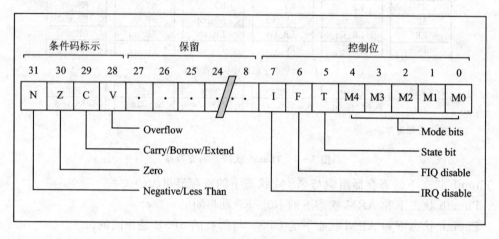

图 3-6 ARM 的程序状态寄存器

1) 条件标志位

N(Negative)、Z(Zero)、C(Carry)及 V(oVerflow)统称为条件标志位。大部分的 ARM 指令可以依据 CPSR 中的这些标志位来选择性地执行。各条件标志位的具体含义,如表 3-1 所列。

2) Q 标志位

在 ARM v5 的 E 系列处理器中,CPSR 的 bit[27]称为 Q 标志位,主要用于指示增强的 DSP 指令是否发生了溢出,同样的,SPSR 的 bit[27]也称为 Q 标志位,用于在异常中断发生时保存和恢复 CPSR 中的 Q 标志位。

3) CPSR 中的控制位

CPSR 的低 8 位 I、F、T 及 M[4:0]统称为控制位,当异常中断发生时这些位发生变化。在特权级的处理器模式下,软件可以修改这些控制位。

① I、F 中断禁止位

➢ 当 I=1 时禁止 IRQ 中断。
➢ 当 F=1 时禁止 FIQ 中断。

通常一旦进入中断服务程序可以通过置位 I 和 F 来禁止中断,但是在本中断服务程序退出前必须恢复原来 I、F 位的值。

表 3-1 CPSR 标志位含义

标志位	含 义
N	本位设置成当前指令运算结果的 bit[31] 的值。 当两个补码表示的有符号整数运算时，N=1 表示运算的结果为负数，N=0 表示结果为正数或 0
Z	Z=1 表示运算结果是 0，Z=0 表示运算结果不是 0。 对于 CMP 指令，Z=1 表示进行比较的两个数大小相等
C	在加法指令中(包括比较指令 CMN)，结果产生进位了，则 C=1 表示无符号数运算发生上溢出，其他情况下 C=0。 在减法指令中(包括比较指令 CMP)，结果产生借位了，则 C=0 表示无符号数运算发生下溢出，其他情况下 C=1。 对于包含移位操作的非加/减法运算指令，C 中包含最后一次被溢出的位的数值，对于其他非加/减法运算指令，C 位的值通常不受影响
V	对于加/减法运算指令，当操作数和运算结果为二进制的补码表示的带符号数时，V=1 表示符号位溢出，其他的指令通常不影响 V 位

② T 控制位，用来控制指令执行的状态，即说明本指令是 ARM 指令还是 Thumb 指令。对于不同版本的 ARM 处理器，T 控制位的含义是有些不同的。

对于 ARM v3 及更低的版本和 ARM v4 的非 T 系列版本的处理器，没有 ARM 和 Thumb 指令的切换，所以 T 始终为 0。

对于 ARM v4 及更高版本的 T 系列处理器，T 控制位含义如下：
- 当 T=0，表示执行 ARM 指令。
- 当 T=1，表示执行 Thumb 指令。

对于 ARM v5 及更高的版本的非 T 系列处理器，T 控制位的含义如下：
- 当 T=0 表示执行 ARM 指令。
- 当 T=1 表示强制下一条执行的指令产生为定义指令中断。

③ M 控制位

控制位 M[4:0] 称为处理器模式标识位，具体说明如表 3-2 所列。

表 3-2 CPSR 处理器模式位

M[4:0]	处理器模式	可访问的寄存器
10000	User	PC、R14~R0、CPSR
10001	FIQ	PC、R14_fiq~R8_fiq、R7~R0、CPSR、SPSR_fiq
10010	IRQ	PC、R14_irq~R13_irq、R12~R0、CPSR、SPSR_irq
10011	Supervisor	PC、R14_svc~R13_svc、R12~R0、CPSR、SPSR_svc
10111	Abort	PC、R14_abt~R13_abt、R12~R0、CPSR、SPSR_abt
11011	Undefined	PC、R14_und~R13_und、R12~R0、CPSR、SPSR_und
11111	System	PC、R14~R0、CPSR(ARM v4 及更高版本)

CPSR 的其他位用于将来 ARM 版本的扩展,程序可以先不操作这些位。

3.3 ARM 异常

引发处理器暂时脱离正常指令序列并转到另外的程序段去运行的现象,称为异常,所运行的程序段称异常处理程序。当异常处理程序结束后,处理器返回脱离点继续执行原先的程序。

异常和中断都是因某种因素(内部或外部)导致程序流暂时脱离当前的指令序列转到另外的指令序列去执行的现象。但是中断及其处理程序通常是由外部引脚的电信号触发的,属硬件触发,而且通常可以通过对中断屏蔽位的设置禁止或允许对其的响应。而异常则是因指令的执行而产生的,属于软件触发,且大部分是不可屏蔽的。由于在处理器内部对于中断或异常的管理采用了相同的机制,所以统称为异常。

为了保证处理器执行完异常处理程序后能够正确返回脱离点,必须在进入异常处理程序前保存好处理器先前的工作环境,即处理器内部可能被异常处理程序使用的寄存器内容(在程序设计中常称为上下文)。而且当异常处理完成后,还要将这些寄存器内容恢复到原来的寄存器内,从而保证处理器在一个正确的环境下运行。处理器允许多个异常同时发生的情况下,选择优先级最高的一个加以处理。

3.3.1 ARM 异常类型、异常向量及优先级

ARM 体系结构所支持的异常及具体含义如表 3-3 所列。

表 3-3 ARM 异常类型

异常类型	具体含义
复位	当处理器的复位电平有效时,产生复位异常,程序跳转到复位异常处理程序处执行
未定义指令	当 ARM 处理器或协处理器遇到不能处理的指令时,产生未定义指令异常。可使用该异常机制进行软件仿真
软件中断	该异常由执行 SWI 指令产生,可用于用户模式下的程序调用特权操作指令。可使用该异常机制实现系统功能调用
指令预取中止	若处理器预取指令的地址不存在,或该地址不允许当前指令访问,存储器会向处理器发出中止信号,但当预取的指令被执行时,才会产生指令预取中止异常
数据中止	若处理器数据访问指令的地址不存在,或该地址不允许当前指令访问时,产生数据中止异常
IRQ(外部中断请求)	当处理器的外部中断请求引脚有效,且 CPSR 中的 I 位为 0 时,产生 IRQ 异常。系统的外设可通过该异常请求中断服务
FIQ(快速中断请求)	当处理器的快速中断请求引脚有效,且 CPSR 中的 F 位为 0 时,产生 FIQ 异常

ARM 的异常向量如表 3-4 所列。

表 3-4 ARM 异常向量表

异常中断类型	异常中断模式	向量地址
复位	管理模式	0x00000000
未定义指令	未定义模式	0x00000004
软件中断(SWI)	管理模式	0x00000008
指令预取中止	中止模式	0x0000000C
数据访问中止	中止模式	0x00000010
保留	保留	0x00000014
外部中断请求 IRQ	IRQ 模式	0x00000018
快速中断请求 FIQ	FIQ 模式	0x0000001C

与 x86 中断向量表不同的地方是，ARM 的异常向量表内的每个表项内容不是处理程序的入口地址，而是一条跳转到异常处理程序的跳转指令。要是处理器转入异常处理程序去运行，只要将 PC 的值设置为异常向量对应的地址值，处理器执行里面的跳转指令即可进入异常处理程序运行。ARM 处理器一共只有 8 个异常向量表，有定义的为 7 个，1 个为保留项。与 x86 中断向量表相同的地方是，ARM 异常向量也固定地设置在存储空间起始地址区域内，一共 32 字节，比 x86 的 1 KB 少很多。

ARM 异常的优先级由高到低排列顺序如表 3-5 所列。

表 3-5 ARM 的异常优先级

优先级	异常	优先级	异常
1	复位	4	IRQ
2	数据中止	5	预取指令中止
3	FIQ	6	未定义指令、SWI

3.3.2 ARM 处理器对异常响应的处理过程

当一个异常出现以后，ARM 微处理器会按图 3-7 所示流程进入异常处理程序。

关于图 3-7 所示流程可作以下说明。

① 将后续指令地址存入相应连接寄存器 LR，程序在处理异常返回时能从正确的位置重新开始执行。但由于若异常是从 ARM 状态进入，则 LR 寄存器保存的是下一条指令的地址（当前 PC+4 或 PC+8，与异常的类型有关）；若异常是从 Thumb 状态进入，则在 LR 寄存器中保存当前 PC 的偏移量，这样异常处理程序就不需要确定异常是从何种状态进入的。例如：在软件中断异常 SWI，指令"MOV PC,R14_svc"总是返回到下一条指令，不管 SWI 是在 ARM 状态执行，还是在 Thumb 状态执行。各种异常产生时的当前 PC 值如表 3-6 所列。

② 将 CPSR 复制到相应的 SPSR 中。

③ 根据异常类型，强制设置 CPSR 的运行模式位。

④ 强制 PC 从相关的异常向量地址取下一条指令执行，从而跳转到相应的异常处理程序处。还可以设置中断禁止位，以禁止中断发生。

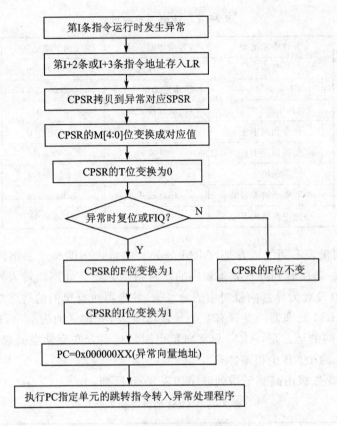

图 3-7 ARM 处理器的异常响应过程

表 3-6 异常产生时自动保存各自 LR 的指令地址值

异常类型	异常产生时的 PC 当前值（未转移前）	自动存入 LR 的值	
		ARM 状态	Thumb 状态
复位	复位点后第 1 条指令地址	无	无
未定义指令	未定义指令后第 2 条指令地址	PC－4	PC－2
软中断 SWI	SWI 指令后第 2 条指令地址	PC－4	PC－2
指令预取中止	预取中止指令后第 2 条指令地址	PC－4	PC－2
数据中止	数据中止指令后第 3 条指令地址	PC－4	PC－2
IRQ	断点后第 3 条指令地址	PC－4	PC－2
FIQ	断点后第 3 条指令地址	PC－4	PC－2

如果异常发生时，处理器处于 Thumb 状态，则当异常向量地址加载入 PC 时，处理器自动切换到 ARM 状态。

3.3.3 从异常返回

异常处理完毕之后，ARM 微处理器会执行以下几步操作从异常返回。

① 将连接寄存器 LR 的值减去相应的偏移量后送到 PC 中。说明：异常返回时通过直接

向 PC 中注入返回地址实现的,但由于不同的异常需要的返回地址不一样,所以具体地址都是以 LR 中的值作为基础值再减去 1 或 2 个字偏移量。表 3-7 是各类异常返回地址设置表。

表 3-7 异常返回时需要由程序向 PC 设置的地址值

异常类型	异常的返回位置	需要设置的 PC 值	对应的返回值指令
复位	无返回	无	无
未定义指令	未定义指令的下一条指令地址	LR	MOVS PC,LR
软中断 SWI	SWI 指令后第一条指令地址	LR	MOVS PC,LR
指令预取中止	本预取中止指令地址	LR−4	SUBS PC,LR,#4
IRQ	断点后第一条指令地址	LR−4	SUBS PC,LR,#4
FIQ	断点后第一条指令地址	LR−4	SUBS PC,LR,#4
数据中止	本数据中止指令地址	LR−8	SUBS PC,LR,#8

② 将 SPSR 复制回 CPSR 中。

③ 若在进入异常处理时设置了中断禁止位,则要在此清除。

可以认为应用程序总是从复位异常处理程序开始执行的,因此复位异常处理程序不需要返回。

3.3.4 各类异常的具体描述

1. FIQ

FIQ(Fast Interrupt Request)异常是为了支持数据传输或者通道处理而设计的。在 ARM 状态下,系统有足够的私有寄存器,从而可以避免对寄存器保存的需求,并减小了系统上下文切换的开销。

若将 CPSR 的 F 位置 1,则会禁止 FIQ 中断;若将 CPSR 的 F 位清零,处理器会在指令执行时检查 FIQ 的引脚输入,如果有请求信号将给予响应。可由外部通过对处理器上的 nFIQ 引脚输入低电平产生 FIQ。注意只有在特权模式下才能改变 F 位的状态。

当处理器即将响应中断时,由于取指令流水线的并行操作,程序指针 PC 的内容已经是当前指令后第 3 条指令的地址,即当前指令地址加 12(对于 Thumb 指令则是当前指令地址加 6)。在进入中断时处理器会自动将 PC 内容减 4 保存到 R14_fiq 中。该地址是当前指令地址后第 2 条指令地址,所以在返回断点时还需要将 R14_fiq 的值减 4。通常会使用以下指令实现断点的返回。

```
SUBS    PC,R14_fiq,#4
```

该指令将寄存器 R14_fiq 的值减去 4 后,复制到 PC 中,从而实现从异常处理程序中的返回,同时将 SPSR_mode 寄存器的内容复制到当前程序状态寄存器 CPSR 中。

2. IRQ

IRQ(Interrupt Request)异常属于正常的中断请求,可通过对处理器的 nIRQ 引脚输入低电平产生,IRQ 的优先级低于 FIQ,当程序执行进入 FIQ 异常时,IRQ 可能被屏蔽。

若将 CPSR 的 I 位置 1,则会禁止 IRQ 中断,若将 CPSR 的 I 位清零,处理器会在指令执行完之前检查 IRQ 的输入。注意:只有在特权模式下才能改变 I 位的状态。

如同 FIQ 的中断响应过程一样，IRQ 将采用如下指令返回断点。

```
SUBS  PC,R14_irq,#4
```

该指令将寄存器 R14_irq 的值减去 4 后，复制到 PC 中，从而实现从异常处理程序中的返回，同时将 SPSR_irq 寄存器的内容复制到当前程序状态寄存器 CPSR 中。

例　整个地址空间的起始位置（地址 0x00000000 开始）有以下指令，一旦发生外部中断请求，处理器先自动保存当前状态（PC－4 送 R14，CPSR 送 SPSR），进入外部中断模式，接着执行地址 0x00000018 处的指令"b IRQ_SVC_HANDLER"，即跳转到标号 IRQ_SVC_HANDLER 处开始执行。

```
    b   SYS_RST_HANDLER        ;地址 = 0x00000000
    b   UDF_INS_HANDLER        ;地址 = 0x00000004
    b   SWI_SVC_HANDLER        ;地址 = 0x00000008
    b   INS_ABT_HANDLER        ;地址 = 0x0000000c
    b   DAT_ABT_HANDLER        ;地址 = 0x00000010
    b                          ;地址 = 保留
    b   IRQ_SVC_HANDLER        ;地址 = 0x00000018
    b   FIQ_SVC_HANDLER        ;地址 = 0x0000001c
```

通常情况下 IRQ_SVC_HANDLER 处的代码如下：

```
IRQ_SVC_HANDLER
    SUB   LR,LR,#4
    STMFD SP!,{R0-R3,LR}
    LDR   R0,=IRQ_SVC_Vector
    LDR   PC,[R0]
```

处理器将通用寄存器和返回地址压入堆栈，接着跳转到外部中断请求的中断服务程序中。IRQ_SVC_Vector 为外部中断请求的中断向量。

3. 中　止

产生中止（abort）异常意味着对存储器的访问失败。ARM 微处理器在存储器访问周期内检查是否发生中止异常。

中止异常包括两种类型。

➢ 指令预取中止：发生在指令预取时。

➢ 数据中止：发生在数据访问时。

当指令预取访问存储器失败时，存储器系统向 ARM 处理器发出存储器中止信号，预取的指令被记为无效，但只有当处理器试图执行无效指令时，指令预取中止异常才会发生；如果指令未被执行，例如在指令流水线中发生了跳转，则预取指令中止才不会发生。

若数据中止发生，系统的响应与指令类型有关。

当确定了中止的原因后，Abort 处理程序均会执行以下指令从中止模式返回（无论是在 ARM 状态还是 Thumb 状态）。

```
SUBS  PC ,R14_abt ,#4       ;指令预取中止
SUBS  PC ,R14_abt ,#8       ;数据中止
```

以上指令恢复 PC(从 R14_abt)和 CPSR(从 SPSR_abt)的值,并重新执行中止的指令。

4. 软中断

软中断(software interrupt)指令(SWI)用于进入管理模式,常用于请求执行特定的管理功能。软中断处理程序执行以下指令从 SWI 模式返回(无论是在 ARM 状态还是 Thumb 状态)。

```
MOV  PC ,R14_svc
```

以上指令恢复 PC(从 R14_svc)和 CPSR(从 SPSR_svc)的值,并返回到 SWI 的下一条指令。

5. 未定义指令

当 ARM 处理器遇到不能处理的指令时,会产生未定义指令(undefined instruction)异常。采用这种机制,可以通过软件仿真扩展 ARM 或 Thumb 指令集。

在仿真未定义指令后,处理器执行以下程序返回(无论是在 ARM 状态还是在 Thumb 状态)。

```
MOVS  PC ,R14_und
```

以上指令恢复 PC(从 R14_und)和 CPSR(从 SPSR_und)的值,并返回到未定义指令的下一条指令。

3.4 基于 ARM 的嵌入式开发环境的搭建

用户选用 ARM 处理器开发嵌入式计算机系统时,选择合适的开发工具可以加快开发进度,节约开发成本。用户在建立自己的基于 ARM 嵌入式开发环境时,可供选择的开发工具是非常多的,目前世界上有几十家公司提供不同类别的 ARM 开发工具产品,根据功能的不同,分别有编译软件、汇编软件、链接软件、调试软件、嵌入式操作系统、函数库、评估板、JTAG 仿真器、在线仿真器等。有些工具是成套提供的,有些工具则需要组合使用。在本节中,我们将简要介绍几种比较流行的 ARM 开发工具,包括 ARM SDT、ARM ADS、Multi 2000、Embest IDE for ARM 等集成开发环境以及 OPENice32-A900 仿真器与 Multi-ICE 仿真器等。

3.4.1 ARM SDT

ARM SDT 的英文全称是 ARM Software Development Kit,是 ARM 公司(网址为 www.arm.com)为方便用户在 ARM 芯片上进行应用软件开发而推出的一整套集成开发工具。ARM SDT 经过 ARM 公司逐年的维护和更新,目前的最新版本是 2.5.2,但从版本 2.5.1 开始,ARM 公司推出了一套新的集成开发工具 ARM ADS 1.0 替代 ARM SDT,今后将不会再看到 ARM SDT 的新版本。

ARM SDT 由于价格适中,同时经过长期的推广和普及,目前拥有最广泛的 ARM 软件开发用户群体,也被相当多的 ARM 第三方开发工具合作伙伴集成在自己的产品中(比如美国 EPI 公司的 JEENI 仿真器)。

ARM SDT(以下关于 ARM SDT 的描述均是以版本 2.5.0 为对象)可在 Windows 95、98、NT 以及 Solaris 2.5/2.6、HP-UX 10 上运行,支持最高到 ARM9(含 ARM9)的所有

ARM 处理器芯片的开发,包括 Strong ARM。

ARM SDT 包括一套完整的应用软件开发工具。

- armcc:ARM 的 C 编译器,具有优化功能,兼容于 ANSI C。
- tcc:Thumb 的 C 编译器,同样具有优化功能,兼容于 ANSI C。
- armasm:支持 ARM 和 Thumb 的汇编器。
- armlink:ARM 链接器,链接一个和多个目标文件,最终生成 ELF 格式的可执行映像文件。
- armsd:ARM 和 Thumb 的符号调试器。

以上工具为命令行开发工具,均被集成在 SDT 的两个 Windows 开发工具 ADW 和 APM 中,用户无需直接使用命令行工具。

- APM(Application Project Manager):ARM 工程管理器。完全的图形界面,负责管理源文件,完成编辑、编译、链接并最终生成可执行映像文件等功能,见图 3-8。
- ADW(Application Debugger Windows):ARM 调试工具。ADW 提供一个调试 C、C++ 和汇编源文件的全窗口源代码级调试环境,在此也可以执行汇编指令级调试,同时可以查看寄存器、存储区、栈等调试信息,见图 3-9。

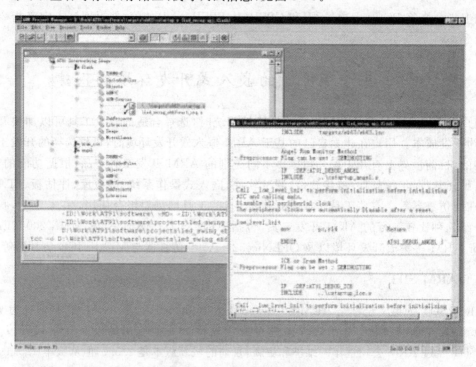

图 3-8 APM 项目管理器窗口

ARM SDT 还提供一些实用程序,如 fromELF、armprof、decaxf 等,可以将 ELF 文件转换为不同的格式,执行程序分析以及解析 ARM 可执行文件格式等。

ARM SDT 集成快速指令集模拟器,用户可以在硬件完成以前完成一部分调试工作;ARM SDT 提供 ANSI C、C++、Embedded C 函数库,所有库均以 lib 形式提供,每个库都分为 ARM 指令集和 Thumb 指令集两种,同时在各指令集中也分为大端格式(big endian)和小

第 3 章　ARM 微处理器编程模型

图 3-9　ADW 窗口

端格式(little endian)两种。

用户使用 ARM SDT 开发应用程序可选择配合 Angel 驻留模块或者 JTAG 仿真器进行，目前大部分 JTAG 仿真器均支持 ARM SDT。

3.4.2　ARM ADS

ARM ADS 的英文全称为 ARM Developer Suite，是 ARM 公司推出的新一代 ARM 集成开发工具，用来取代 ARM 公司以前推出的开发工具 ARM SDT，目前 ARM ADS 的最新版本为 1.2。

ARM ADS 起源于 ARM SDT，对一些 SDT 的模块进行了增强并替换了一些 SDT 的组成部分，用户可以感受到的最强烈的变化是 ADS 使用 CodeWarrior IDE 集成开发环境替代了 SDT 的 APM，使用 AXD 替换了 ADW，现代集成开发环境的一些基本特性如源文件编辑器语法高亮、窗口驻留等功能在 ADS 中才得以体现。

ARM ADS 支持所有 ARM 系列处理器包括最新的 ARM9E 和 ARM10，除了 ARM SDT 支持的运行操作系统外还可以在 Windows 2000/Me 以及 RedHat Linux 上运行。

ARM ADS 由 6 部分组成。

(1) 代码生成工具

代码生成工具(code generation tools)由源程序编译、汇编、链接工具集组成。ARM 公司针对 ARM 系列每一种结构都进行了专门的优化处理，这一点除了 ARM 公司，其他公司都无法办到。ARM 公司宣称，其代码生成工具最终生成的可执行文件最多可以比其他公司工具套件生成的文件小 20%。

(2) 集成开发环境 CodeWarrior IDE from Metrowerks

CodeWarrior IDE 是 Metrowerks 公司一套比较有名的集成开发环境，有不少厂商将它作为界面工具集成在自己的产品中。CodeWarrior IDE 包含工程管理器、代码生成接口、语法敏感编辑器、源文件和类浏览器、源代码版本控制系统接口、文本搜索引擎等，其功能与 Visual Studio 相似，但界面风格比较独特。ADS 仅在其 PC 版本中集成了该 IDE。源程序窗口如图 3-10 所示。

图 3-10 源程序窗口

(3) 调试器

调试器(debuggers)部分包括两个调试器：ARM 扩展调试器 AXD(ARM eXtended Debugger)、ARM 符号调试器 ARMSD(ARM Symbolic Debugger)。

➤ AXD 基于 Windows 9X/NT 风格，具有一般意义上调试器的所有功能，包括简单和复杂断点设置、栈显示、寄存器和存储区显示、命令行接口等，见图 3-11。

➤ ARMSD 作为一个命令行工具辅助调试或者用在其他操作系统平台上。

(4) 指令集模拟器

用户使用指令集模拟器(instruction set simulators)无需任何硬件即可在 PC 上完成一部分调试工作。

(5) ARM 开发包

ARM 开发包(ARM firmware suite)由一些底层的例程和库组成，帮助用户快速开发基于 ARM 的应用和操作系统。具体包括系统启动代码、串行口驱动程序、时钟例程、中断处理程序等，Angel 调试软件也包含在其中。

图 3-11 AXD 窗口

(6) ARM 应用库

ADS 的 ARM 应用库(ARM applications library)完善和增强了 SDT 中的函数库,同时还包括一些相当有用的提供了源代码的例程。

用户使用 ARM ADS 开发应用程序与使用 ARM SDT 完全相同,同样是选择配合 Angel 驻留模块或者 JTAG 仿真器进行,目前大部分 JTAG 仿真器均支持 ARM ADS。

ARM ADS 的零售价为 5 500 美元,如果选用不固定的许可证方式,则需要 6 500 美元。

3.4.3 Multi 2000

Multi 2000 是美国 Green Hills 软件公司(网址:www.ghs.com)开发的集成开发环境,支持 C/C++/Embedded C++/Ada 95/Fortran 编程语言的开发和调试,可运行于 Windows 平台和 Unix 平台,并支持各类设备的远程调试。

Multi 2000 支持 Green Hills 公司的各类编译器以及其他遵循 EABI 标准的编译器,同时 Multi 2000 支持众多流行的 16 位、32 位和 64 位处理器和 DSP,如 Power PC、ARM、MIPS、x86、SPARC、TriCore、SH-DSP 等,并支持多处理器调试。

Multi 2000 包含完成一个软件工程所需要的所有工具,这些工具可以单独使用,也可集成第三方系统工具。Multi 2000 各模块相互关系以及和应用系统相互作用如图 3-12 所示。

(1) 工程生成工具

工程生成工具(project builer)实现对项目源文件、目标文件、库文件以及子项目的统一管理,显示程序结构,检测文件相互依赖关系,提供编译和链接的图形设置窗口,并可对编程语言进行特定的环境设定。工程生成工具界面如图 3-13 所示。

(2) 源代码调试器

源代码调试器(source-level debugger)提供程序装载、执行、运行控制和监视所需要的强大的窗口调试环境,支持各类语言的显示和调试,同时可以观察各类调试信息。源代码调试器

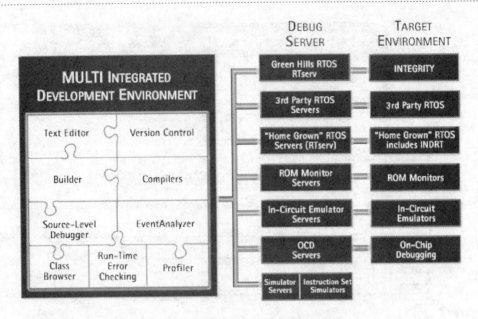

图 3-12 Multi 2000 模块与应用系统

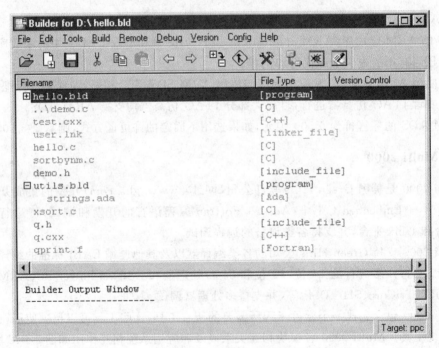

图 3-13 工程生成工具界面

界面信息如图 3-14 所示。

(3) 事件分析器

事件分析器(event analyzer)提供用户观察和跟踪各类应用系统运行和 RTOS 事件的可配置的图形化界面,它可移植到很多第三方工具或集成到实时操作系统中,并对以下事件提供基于时间的测量:任务上下文切换、信号量获取/释放、中断和异常、消息发送/接受、用户定义事件。事件分析器界面如图 3-15 所示。

第 3 章 ARM 微处理器编程模型

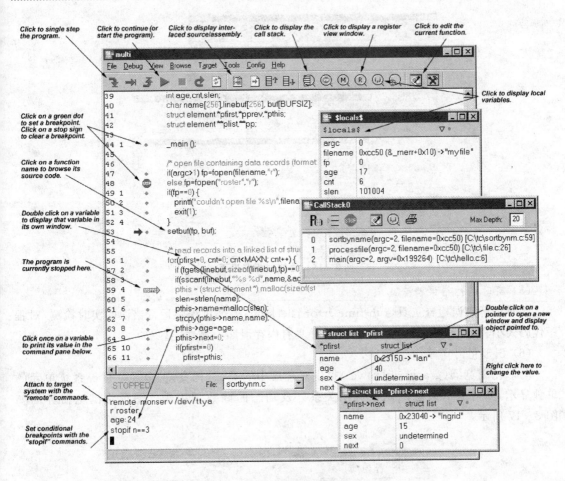

图 3-14 源代码调试器界面信息

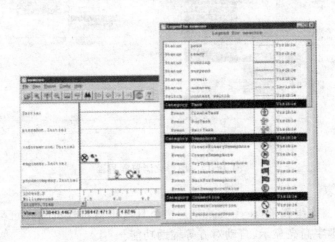

图 3-15 事件分析器界面

(4) 性能剖析器

性能剖析器(performance profiler)提供对代码运行时间的剖析,可基于表格或图形显示结果,有效地帮助用户优化代码。性能剖析器界面如图 3-16 所示。

图 3-16 性能剖析器界面

(5) 实时运行错误检查工具

实时运行错误检查工具(run-time error checking)提供对程序运行错误的实时检测,对程序代码大小和运行速度只有极小的影响,并具有内存泄漏检测功能。

(6) 图形化浏览器

图形化浏览器(graphical brower)提供对程序中的类、结构变量、全局变量等系统单元的单独显示,并可显示静态的函数调用关系以及动态的函数调用表。图形化浏览器界面如图 3-17 所示。

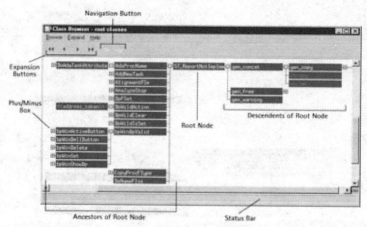

图 3-17 图形化浏览器界面

(7) 文本编辑器

Multi 2000 的文本编辑器(text editor)是一个具有丰富特性的用户可配置的文本图形化编辑工具,提供关键字高亮显示、自动对齐等辅助功能。

(8) 版本控制工具

Multi 2000 的版本控制工具(version control system)和 Multi 2000 环境紧密结合,提供对应用工程的多用户共同开发功能。Multi 2000 的版本控制工具通过配置能支持很多流行的版本控制程序,如 Rational 公司的 ClearCase 等。

3.4.4 Embest IDE for ARM

Embest IDE 英文全称是 Embest Integrated Development Environment,是深圳市英蓓特信息技术有限公司(网址:www.embedinfo.com)推出的一套应用于嵌入式软件开发的新一代集成开发环境。

Embest IDE 是一个高度集成的图形界面操作环境,包含编辑器、编译汇编链接器、调试器、工程管理、Flash 编程等工具,其界面风格同 Microsoft Visual Studio(如图 3-18 所示)相似。Embest IDE for ARM 目前支持所有基于 ARM7 和 ARM9 核的处理器。将来可通过升级软件实现对新的 ARM 核的支持。

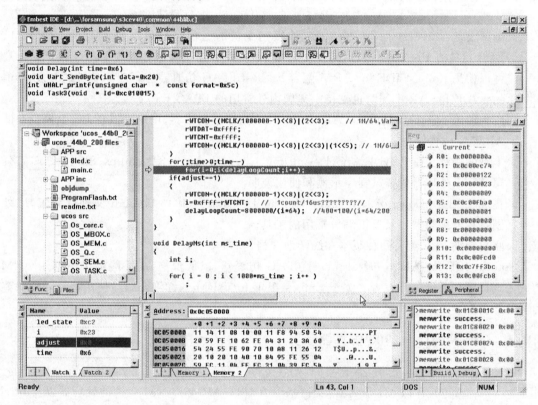

图 3-18 Embest IDE for ARM 窗口

Embest IDE for ARM 运行的主机环境为 Windows 98/NT/2000/XP,支持的开发语言包括标准 C 和汇编语言。

Embest IDE for ARM 本身配 JTAG 仿真器 Embest JTAG Emulator/PowerICE/Unet-ICE。

Embest IDE for ARM 主要特性如下。

- ➢ 工程管理器:图形化的工程管理工具,负责应用源程序的文件组织和管理,提供编译、链接、库文件的设置窗口,可在一个工作区中同时管理多个应用软件和库工程。
- ➢ 源码编辑器:标准的文本编辑功能,支持语法关键字、关键字色彩显示等;提供 C 语言程序的函数列表及函数定位功能;IDE 同时提供了高效的 Find in Files 引擎,可迅速查找定位指定的字符串信息。
- 编译工具：集成著名优秀自由软件 GNU 的 GCC 编译器，运行在 Win32 环境；同时兼容 ARM SDT2.5.1 编译器，可以方便 ARM SDT 及 ADS 的用户在 Embest IDE 下编译工程代码。IDE 提供了图形化的编译器开关设置界面，用户可以简单、直观、快捷地完成工程编译选项设置。编译信息的输出条理清晰，可迅速定位产生语法错误的源文件行。
- 调试器：提供对 ARM AXD 调试器的支持，可以方便使用 Embest JTAG 仿真器调试 ARM SDT 及 ADS 环境的工程代码。源码级调试，提供了图形和命令行两种调试方式，可进行断点设置、单步执行、异常处理，可查看修改内存、寄存器、变量等，可查看函数栈，可进行反汇编等；支持 ARM 指令或 Thumb 指令调试。
- 调试设备：Embest JTAG 仿真器，连接到主机的通信接口可以是 DB25 的 LPT 口、USB 接口或 Enternet 接口，另外一端是 IDC 插头，连接到目标板的 JTAG 接口。用户可以使用 Embest IDE for ARM 配合 Embest JTAG 仿真器进行应用软件的开发，Embest IDE for ARM 同时也支持一些国内外常用的 JTAG Cable 线。
- 脱机调试：Embest IDE for ARM 带 ARM 指令集模拟器，用户可以在 PC 上模拟调试 ARM 应用软件。
- 丰富的例程：提供 ADI、Atmel、Samsung、Cirrus Logic、OKI、Philips、Sharp 等多家公司 ARM 处理器的调试程序示例和使用说明。
- 集成了 Flash Download、Memory Upload/Download、elf to bin、bin 文件辟分工具、外围寄存器编辑器以及反汇编等常用的工具。
- 联机帮助：中、英文两种版本在线帮助文档。

Embest IDE for ARM(包括 Embest JTAG 仿真器)以低价格、高性能提供给基于 ARM 的嵌入式计算机系统的开发者。关于 Embest IDE for ARM 的详细介绍与使用参见后续章节的实验部分。

3.4.5 OPENice32 – A900 仿真器

OPENice32 – A900 仿真器是韩国 AIJI 公司（网址：www.aijisystem.com）生产的。OPENice32 – A900 是 JTAG 仿真器，支持基于 ARM7/ARM9/ARM10 核的处理器以及 Intel Xscale 处理器系列。它与 PC 之间通过串口、USB 口或网口连接，与 ARM 目标板之间通过 JTAG 口连接。OPENice32 – A900 仿真器主要特性如下：
- 支持多核处理器和多处理器目标板。
- 支持汇编语言与 C 语言调试。
- 提供在板(on-board)Flash 编程功能。
- 提供存储器控制器设置 GUI。
- 可通过升级软件的方式支持更新的 ARM 核。

OPENice32 – A900 仿真器自带宿主机调试软件 AIJI Spider，但需要使用第三方编译器。AIJI Spider 调试器支持 ELF/DWARF1/DWARF2 等调试符合信息文件格式，可以通过 OPENice32 – A900 仿真器下载 bin 文件到目标板，控制程序在目标板上运行并进行调试。支持单步、断点设置、查看寄存器/变量/内存以及 Watch List 等调试功能。

OPENice32 - A900 仿真器也支持一些第三方调试器,包括 Linux GDB 调试器和 EWARM、ADS/SDT 等调试工具。

3.4.6 Multi - ICE 仿真器

Multi - ICE 是 ARM 公司自己的 JTAG 在线仿真器,目前的最新版本是 2.1 版。

Multi - ICE 的 JTAG 链时钟可以设置为 5 kHz～10 MHz,实现 JTAG 操作的一些简单逻辑由 FPGA 实现,使得并行口的通信量最小,以提高系统的性能。Multi - ICE 硬件支持低至 1 V 的电压。Multi - ICE 2.1 还可以外部供电,不需要消耗目标系统的电源,这对调试类似于手机等便携式电池供电设备是很重要的。

Multi - ICE 2.x 支持该公司的实时调试工具 MultiTrace,MultiTrace 包含一个处理器,因此可以跟踪触发点前后的轨迹,并且可以在不终止后台任务的同时对前台任务进行调试,在微处理器运行时改变存储器的内容,所有这些特性使延时降到最低。

Multi - ICE 2.x 支持 ARM7、ARM9、ARM9E、ARM10 和 Intel Xscale 微结构系列。它通过 TAP 控制器串联,提供多个 ARM 处理器以及混合结构芯片的片上调试。它还支持低频或变频设计以及超低压核的调试,并且支持实时调试。

Multi - ICE 提供支持 Windows NT4.0、Windows 95/98/2000/Me、HPUX 10.20 和 Solaris V2.6/7.0 的驱动程序。

Multi - ICE 主要优点如下:
- 快速地下载和单步速度。
- 用户控制的输入/输出位。
- 可编程的 JTAG 位传送速率。
- 开放的接口,允许调试非 ARM 核或 DSP。
- 网络连接到多个调试器。
- 目标板供电(或外接电源)。

第 4 章

ARM 指令系统

本章教学重点
1. ARM 寻址方式。
2. ARM 指令的特点。
3. ARM 指令系统。

4.1 ARM 寻址方式

所谓寻址方式是指根据指令编码找出操作数的方式方法。ARM 处理器所支持的常见寻址方式有 7 种。

4.1.1 立即数寻址

立即数寻址简称立即寻址,该寻址方式的特点是在指令中直接给出操作数,该操作数称为立即数。立即数以"#"号开头。如:

```
MOV R0,#0x1000
ADD R0,R1,#10
```

第一条指令的功能是将立即数 0x1000 传送到 R0 寄存器中保存。第二条指令是将 R1 中的数据和立即数 10 相加,把相加的结果存放在 R0 寄存器中。

注意:在 ARM 指令中用"0x"或"&"开头的数据为十六进制数,十进制数用"0d"开头或省略不写,二进制数用"0b"开头。

ARM 指令都采用 32 位编码,因此如果把一个 32 位的立即数直接用在指令编码中,就会完全占据 32 位的指令编码空间,而无法存储操作码等编码。所以在 ARM 指令编码中,32 位的立即数是通过循环右移偶数位而间接得到,即在书写立即数时应考虑立即数的有效性问题。

4.1.2 寄存器寻址

寄存器寻址也称寄存器直接寻址,该寻址方式的特点是指令编码中所需要的操作数都是存放在寄存器中的,在指令中直接给出寄存器的编号。如:

```
ADD R0,R1,R2
ADD R0,R1,R2,LSL  #2
```

第一条指令的功能是将两个源操作数 R1 和 R2 中的内容相加,把结果存放在 R0 中;第二条指令的功能是先将 R2 中的内容逻辑左移 2 位后的结果与 R1 中的内容相加,把结果存放在

R0 中,本条指令的第二个操作数使用了寄存器的移位操作。

在 ARM 指令中第二操作数的移位方式主要有以下几种。
- LSL：逻辑左移,空出的低位用 0 来填充。
- LSR：逻辑右移,空出的高位用 0 来填充。
- ASL：算术左移,空出的低位用 0 来填充。
- ASR：算术右移,正数用 0 来填充空出的高位,负数则用 1 来填充。
- ROR：循环右移,移出的低位依次填充空出的高位。
- RRX：带扩展的循环右移,将寄存器的内容循环右移 1 位,空位用原来的 C 标志位填充,可不指定移位的位数。

注意：在 ARM 指令中,移位运算只能作为第二操作数的运算量出现,不能单独使用。而在 Thumb 指令中可以作为一个操作码而单独使用。

4.1.3 寄存器间接寻址

寄存器间接寻址是将操作数的地址存放在寄存中,操作数是存放在内存单元中的,在指令中给出存放操作数地址的寄存器名称,并用"[]"括起来。如：

```
LDR  R0,[R1]
STR  R0,[R1]
```

第一条指令是将 R1 指向的内存单元的数据加载到 R0 中存储；第二条指令是将 R0 中的数据存储到 R1 指向的内存单元中。

4.1.4 基址加变址寻址

基址加变址寻址又称为基址加偏址寻址,该寻址方式的特点是操作数的有效地址是一个基地址和一个偏移地址的和,用于访问基址附近的内存单元。偏移地址的范围不能超过基址前后 4 KB 的范围。有三种表现模式。

(1) 前变址模式

```
LDR  R0,[R1,#4]
```

该指令的功能是将"(R1)+4"内存单元的 32 位数据加载到 R0 寄存器中,加载完成后 R1 的值不变。

(2) 自动变址模式

```
LDR  R0,[R1,#4]!
```

该指令的功能是将"(R1)+4"内存单元的 32 位数据加载到 R0 寄存器中,加载完成后 R1 的值修改为"(R1)+4"的值。

(3) 后变址模式

```
LDR  R0,[R1],#4
```

该指令的功能是将(R1)内存单元的 32 位数据加载到 R0 寄存器中,加载完成后 R1 的值修改为"(R1)+4"。

4.1.5　堆栈寻址

堆栈是指按照"先进后出"的原则组织的一片连续的内存区域。指向堆栈的地址寄存器叫堆栈指针寄存器 SP,用来访问堆栈区域。堆栈指针总是指向栈顶的。

(1) 堆栈的生成方法
- 向上生成法：即访问内存单元时地址向低地址方向发展。
- 向下生成法：即访问内存单元时地址向高地址方向发展。

(2) 堆栈的分类方法
- 满递增堆栈 FA：堆栈随存储器地址的增大而递增,堆栈指针指向有效数据的最高地址或指向第一个要读出的数据位置。
- 满递减堆栈 FD：堆栈随存储器地址的增大而递减,堆栈指针指向有效数据的最高地址或指向第一个要读出的数据位置。
- 空递增堆栈 EA：堆栈随存储器地址的增大而递增,堆栈指针指向有效数据的最高地址的上一个空位置或指向第一个要读出的数据位置的上一个空位置。
- 空递减堆栈 ED：堆栈随存储器地址的增大而递减,堆栈指针指向最后压入堆栈数据的下一个空位置或指向第一个要读出的数据位置的下一个空位置。

(3) 堆栈寻址的实现

在 ARM 指令中,堆栈寻址通过 Load/Store 类指令实现。如：

```
STMFD   SP!,{R0-R7,LR}
LTMFD   SP!,{R0-R7,LR}
```

在 Thumb 指令中用 PUSH 和 POP 指令实现。如：

```
PUSH    {R0-R7,LR}
POP     {R0-R7,LR}
```

4.1.6　块拷贝寻址

块拷贝寻址是将内存中的一个数据块拷贝到多个寄存器中,或是将多个寄存器的值拷贝到一块内存区域中。用 LDM/STM 指令实现。如：

```
LDM   R1!,[R3-R8]
STM   R1!,[R3-R8]
```

4.1.7　相对寻址

相对寻址常用于程序设计中控制程序的执行流程,可以认为是基址是 PC 的基址加变址寻址,偏移地址常是程序中的符号地址。如：

```
      BL     s1
      ADDEQ  R0,R1,R2
S1:   MOV    PC,LR
```

4.2 ARM 指令概述

ARM 处理器是基于精简指令集原理设计的,因此其指令集及其译码机制相对于复杂指令集来说都比较简单。ARM 处理器支持 ARM 指令集和 Thumb 指令集,所有的 ARM 指令都是 32 位的,Thumb 指令都是 16 位的。ARM 处理器复位异常启动后总是执行 ARM 指令集,包括所有异常中断都自动进入 ARM 工作状态。所有 ARM 指令集都是有条件执行的,而 Thumb 指令集只有 B 指令才是有条件执行的。

(1) ARM 指令集的条件执行

在 ARM 指令集编码表中,统一使用高 4 位编码来表示条件编码,每种条件码用 2 个英文助记符来表示其含义,添加在指令码的后面表示指令执行时必须要满足的条件。ARM 指令根据 CPSR 中的条件标志位的值来自动判断是否执行该条指令。当条件满足时,执行该条指令,否则跳过该条指令。指令的条件编码如表 4-1 所列。

表 4-1 ARM 指令条件编码

操作码	助记符	解 释	条件标志的状态
0000	EQ	相等或等于 0	Z=1
0001	NE	不等	Z=0
0010	CS/HS	进位/无符号数大等于	C=1
0011	CC/LO	无进位/无符号数小于	C=0
0100	MI	负数	N=1
0101	PL	正数或 0	N=0
0110	VS	溢出	V=1
0111	VC	未溢出	V=0
1000	HI	无符号数大于	C=1 AND Z=0
1001	LS	无符号数小等于	C=0 AND Z=1
1010	GE	有符号数大等于	N=V
1011	LT	有符号数小于	N!=V
1100	GT	有符号数大于	Z=0 AND Z=V
1101	LE	有符号数小等于	Z=1 AND N!=V
1110	AL	总是执行	任何状态,可省略
1111	NV	未使用	系统保留的编码,暂不使用

(2) ARM 指令的分类

ARM 指令集是 Load/Store 类型的指令,只能通过它访问存储器,而其他类型的指令只能访问内部寄存器。ARM 指令集有数据处理指令、转移指令、Load/Store 指令、CPSR 处理指令、异常产生指令和协处理器指令六大类。

(3) ARM 指令集的指令格式

ARM 汇编指令的基本书写格式如下:

```
       <opcode>{cond}{S}    Rd,Rn    {,op2}
```

格式中的符号说明如下：

① "<>"中的内容表示必选项，"{}"中内容表示可选项。
② cond：表示条件后缀。
③ S选项：有该选项表示将根据指令执行的结果更新CPSR中状态标志位的值，否则不更新。
④ Rd：表示目的寄存器。
⑤ Rn：表示存放第一个源操作数的寄存器。
⑥ OP2：表示存放第二个源操作数的寄存器或存储单元。

4.3 ARM指令集的详细介绍

4.3.1 数据处理指令

ARM的数据处理指令主要完成数据的算术运算和逻辑运算。按照数据处理的功能主要分为数据传送指令、算术运算指令、逻辑运算指令、位清除指令、比较指令、测试指令六种。通过设置S选项可以自动更新CPSR中的条件标志位。数据处理类指令更新CPSR中条件标志位的原则如下。

- 若结果为负，则N标志位置1，否则清零。
- 若结果为0，则Z标志位置1，否则清零。
- 当操作是算术运算时，C标志位设置为ALU的进位或借位输出；否则设置为移位器的进位或借位输出。
- 在非算术运算操作中，V标志位保持不变；在算术运算操作中，若有溢出则V置1，否则V清零。

1. 数据传送指令 MOV、MVN

格式：MOV/MVN{cond}{S}   目的操作数Rd,源操作数Rn

功能描述：MOV指令的功能是把源操作数传送到目的操作数中进行保存；而MVN的功能是先把源操作数取反后再传送到目的操作数中。

说明：若设置S选项，则这两条指令根据结果更新N和Z标志；当第二操作数使用移位寻址时更新C标志，否则不更新；对V标志没有影响。

实例4-1：设(R2)＝0x1000

```
MOV   R1,R2;         (R1) = 0x1000
MVN   R1,R2;         (R1) = 0xFFFFEFFF
```

2. 算术运算指令

(1) 加法指令 ADD、ADC

格式：ADD/ADC{cond}{S}   Rd,Rn1,Rn2

功能描述：
ADD：Rn1＋Rn2   →Rd
ADC：Rn1＋Rn2＋C   →Rd

说明：若设置 S 选项,则这两条指令根据结果更新 N、Z、C、V 标志。

实例 4-2：设(R1)=0x1000,(R2)=0x2000,C=1

```
ADD  R0,R1,R2;              (R0) = 0x3000
ADD  R0,R1,R2,LSR #2;       (R0) = 0x1800
ADC  R0,R1,R2;              (R0) = 0x3001
```

(2) 减法指令 SUB、SBC、RSB、RSC

格式：SUB/RSB/SBC/RSB{cond}　{S}　Rd,Rn1,Rn2

功能描述：

SUB：Rn1－Rn2→Rd

SBC：Rn1－Rn2－(－C)→Rd

RSB：Rn2－Rn1→Rd

RSC：Rn2－Rn1－(－C)→Rd

说明：若设置 S 选项,则这些指令根据结果更新 N、Z、C、V 标志。

实例 4-3：设(R1)=0x1000,(R2)=0x2000,C=1

```
SUB  R0,R1,R2;              (R0) = 0xFFFFF000
SUB  R0,R1,R2,LSR #2;       (R0) = 0x800
RSB  R0,R1,R2;              (R0) = 0x1000
SBC  R0,R1,R2;              (R0) = 0xFFFFF000
```

(3) 乘法指令 MUL、MLA、UMULL、UMLAL、SMULL、SMLAL

① MUL 简单乘法指令

格式：MUL{cond}{S}　Rd,Rn1,Rn2

功能描述：$(Rn1 * Rn2)_{0-31}$→Rd

② MLA 乘加指令

格式：MLA{cond}{S}　Rd,Rn1,Rn2,Rn3

功能描述：$(Rn1 * Rn2 + Rn3)_{0-31}$→Rd

③ 无符号长乘指令 UMULL

格式：UMULL{cond}{S}　RdLO,RdHI,　Rn1,Rn2

功能描述：$(Rn1 * Rn2)_{0-31}$→RdLO；$(Rn1 * Rn2)_{32-63}$→RdHI

④ 无符号长乘加指令 UMLAL

格式：UMLAL{cond}{S}　RdLO,RdHI,　Rn1,Rn2

功能描述：$(Rn1 * Rn2)_{0-31}$＋RdLO→RdLO；$(Rn1 * Rn2)_{32-63}$＋RdHI→RdHI

⑤ 有符号数长乘指令 SMULL

格式：SMULL{cond}{S}　RdLO,RdHI,　Rn1,Rn2

功能描述：$(Rn1 * Rn2)_{0-31}$→RdLO；$(Rn1 * Rn2)_{32-63}$→RdHI

⑥ 有符号数长乘加指令 SMLAL

格式：SMLAL{cond}{S}　RdLO,RdHI,　Rn1,Rn2

功能描述：$(Rn1 * Rn2)_{0-31}$＋RdLO→RdLO；$(Rn1 * Rn2)_{32-63}$＋RdHI→RdHI

说明：若设置 S 选项,则这些指令根据结果更新 N、Z、C、V 标志。

实例 4-4：

```
.global _start
.text
_start:
MOV    R1,#0x1000;              (R1) = 0x1000
MOV    R2,#0x2000;              (R2) = 0x2000
MUL    R0,R1,R2;                (R0) = 0x02000000
MLA    R0,R1,R2,R2;             (R0) = 0x02002000
UMULL  R3,R4,R1,R2;             (R3) = 0x02000000,(R4) = 0
UMLAL  R3,R4,R1,R2;             (R3) = 0x04000000,(R4) = 0
.end
```

3. 逻辑运算指令 AND、ORR、EOR

格式：AND/ORR/EOR{cond}{S}   Rd,Rn1,Rn2

功能描述：

AND：将 Rn1 和 Rn2 中的数据进行按位"逻辑与"运算，运算的结果保存在 Rd 中。

ORR：将 Rn1 和 Rn2 中的数据进行按位"逻辑或"运算，运算的结果保存在 Rd 中。

EOR：将 Rn1 和 Rn2 中的数据进行按位"逻辑异或"运算，运算的结果保存在 Rd 中。

说明：若设置 S 选项，则这些指令根据结果更新 N 和 Z 标志；若第二操作数使用移位运算，则更新 C 标志，否则不更新；不影响 V 标志。

实例 4-5：

```
MOV    R1,#0x1000;              (R1) = 0x1000
MOV    R2,#0x2000;              (R2) = 0x2000
MOV    R6,#2;                   (R6) = 2
AND    R0,R1,R2;                (R0) = 0
ORREQ  R0,R1,R2;                (R0) = 0x3000
EOR    R0,R1,R2,ROR  R6;        (R0) = 0x1800
BIC    R0,R1,R2;                (R0) = 0x1000
```

4. 位清除指令 BIC

格式：BIC{cond}{S}   Rd,Rn1,Rn2

功能描述：将 Rn1 和 Rn2 的反码进行按位"与"运算，结果保存在 Rd 中。

说明：若设置 S 选项，则该指令根据结果更新 N 和 Z 标志；若第二操作数使用移位运算，则更新 C 标志，否则不更新；不影响 V 标志。

实例 4-6：

```
BIC    R8,R10,R0,RRX
```

5. 比较指令 CMP、CMN

格式：CMP/CMN{cond}   Rd,Rn

功能描述：CMP 是正数比较指令，用(Rd)−(Rn)的结果更新状态标志位，结果不保存。

CMN 是负数比较指令，用(Rd)+(Rn)的结果更新状态标志位，结果不保存。

说明：这两条指令根据结果更新 N、Z、C、V 标志，运算结果不保存。

实例 4-7:

```
CMPGT  R13,R7,LSL  #3
CMN    R0,#6400
```

6. 测试指令 TST、TEQ

格式：TST/TEQ{cond} Rd,Rn

功能描述：

TST：位测试，将两个操作数进行按位"与"运算，根据结果更新状态标志位，结果不保存。

TEQ：相等测试，将两个操作数进行按位"异或"运算，根据结果更新状态标志位，结果不保存。

说明：这两条指令根据结果更新 N、Z、C、V 标志，运算结果不保存。

实例 4-8:

```
TST  R0,#0X3F8
TEQ  R10,R9
```

4.3.2 Load/Store 指令

ARM 的数据存取指令 Load/Store 对数据的操作是通过将数据从存储器加载到片内寄存器中进行处理，处理完成后的结果回存到存储器中，用以加快对片外存储器进行数据处理的执行速度，它是唯一用于在寄存器和存储器之间进行数据传送的指令。ARM 指令集中有三种基本的数据存取指令。

> 单寄存器的存取指令(LDR、STR)。
> 多寄存器存取指令(LDM、STM)。
> 单寄存器交换指令(SWP)。

1. 单寄存器存取指令 LDR、STR

单寄存器存取指令是 ARM 在寄存器和存储器之间进行单个字节和字传送的最灵活的方式。只要寄存器被初始化为所需要的内存单元的某处，这些指令就可以提供有效的存储器的存取机制。它支持几种寻址模式，介绍如下。

1) 前变址指令

格式：LDR/STR{cond}{B|H|SH|SB} Rd, [Rn,<offset>]{!}

功能描述：LDR 是将有效地址为"(Rn)+offset"内存单元的 32 位数据加载到 Rd 寄存器中；而 STR 是将 Rd 寄存器的 32 位数据存储到有效地址为"(Rn)+offset"的内存单元中。若最后的"!"省略则表示数据传送完成后不更新基址寄存器 Rn 的值，若有则表示完成数据的传送后要更新基址寄存器 Rn 的值。

2) 后变址的指令

格式：LDR/STR{cond}{B|H|SH|SB} Rd, [Rn],<offset>

功能描述：LDR 是将有效地址为(Rn)内存单元的 32 位数据加载到 Rd 寄存器中，然后更新基址寄存器 Rn 的值为"(Rn)+offset"；而 STR 是将 Rd 寄存器的 32 位数据存储到有效地址为(Rn)的内存单元中，然后更新基址寄存器 Rn 的值为"(Rn)+offset"。

说明：B 后缀表示传送的是 8 位字节数据；H 后缀表示传送的是 16 位的半字数据；SH 后

缀表示传送的是16位的有符号半字数据;SB表示传送的是8位有符号字节数据。

实例4-9：假设在运行如下指令前各寄存器状态为(R1)=0x1000,0x1000内存单元的数据如图4-1所示,则执行下列指令后,各寄存器的内容为多少?（数据用小端格式存储）

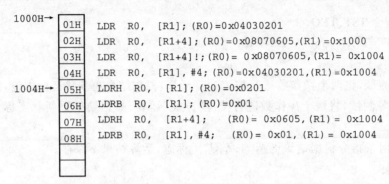

图4-1 实例4-9内存单元数据

实例4-10：假设在运行如下指令前各寄存器状态为(R1)=0x1000,(R0)=0x01020304,(R4)=8,(R2)=0x090A,(R3)=0x0C,则执行下列指令后,各内存单元的内容为多少?（数据用小端格式存储）

```
STR   R0,[R1]
STR   R0,[R1],#4
STR   R0,[R1+4]
STR   R0,[R1+4]!
STRH  R2,[R1]
STRH  R2,[R1,R4]
STRH  R2,[R1],R4
STRH  R2,[R1+8]!
STRB  R3,[R1]
STRB  R3,[R1,R4]
STRB  R3,[R1],R4
STRB  R3,[R1+8]!
```

2. 多寄存器存取指令 LDM、STM

多寄存器传送指令可以用一条指令将16个可见寄存器(R0~R15)的任意子集合（或全部）存储到存储器或从存储器中读取数据到该寄存器集合中。与单寄存器存取指令相比,多寄存器数据存取可用的寻址模式更加有限。

格式：LDM/STM{<cond>}<类型> Rn{!}, <registers>

"类型"意义如下：

IA：每次传送后地址加4。
IB：每次传送前地址加4。
DA：每次传送后地址减4。
DB：每次传送前地址减4。
FA：满递增堆栈。
FD：满递减堆栈。

EA：空递增堆栈。
ED：空递减堆栈。

实例 4-11：假设(R1)=0x1000,(0x1000)=0x01020304,(0x1004)=0x05060708, (0x1008)=0x12345678,(0x100C)=0x09ABCDEF,则执行下列指令后,各寄存器的内容为多少？基址寄存器 R1 的值如何变化？（数据用小端格式存储）

```
LDM    R1,{R2-R4,R7}
LDM    R1!,{R2-R4,R7}
LDMIA  R1,{R2-R4,R7}
LDMIA  R1!,{R2-R4,R7}
LDMIB  R1,{R2-R4,R7}
LDMIB  R1!,{R2-R4,R7}
LDMDA  R1,{R2-R4,R7}
LDMDA  R1!,{R2-R4,R7}
LDMDB  R1,{R2-R4,R7}
LDMDB  R1!,{R2-R4,R7}
```

实例 4-12：假设(R1)=0x1000,(R2)=0x01020304,(R3)=0x05060708,(R4)=0x12345678,(R7)=0x09ABCDEF,则执行下列指令后,各存储单元的内容为多少？基址寄存器 R1 的值如何变化？（数据用小端格式存储）

```
STM    R1,{R2-R4,R7}
STM    R1!,{R2-R4,R7}
STMIA  R1,{R2-R4,R7}
STMIA  R1!,{R2-R4,R7}
STMIB  R1,{R2-R4,R7}
STMIB  R1!,{R2-R4,R7}
STMDA  R1,{R2-R4,R7}
STMDA  R1!,{R2-R4,R7}
STMDB  R1,{R2-R4,R7}
STMDB  R1!,{R2-R4,R7}
```

3. 单寄存器字交换指令 SWP 和字节交换指令 SWPB

格式：SWP/SWPB{<cond>}　　Rd,Rm,[Rn]

功能描述：SWP 将[Rn]中的数据传送到 Rd,将 Rm 中的数据传送到[Rn]中。
　　　　　SWPB 将[Rn]中的数据传送到 Rd,同时将 Rd 的高 24 位清零,将 Rm 中的数据传送到[Rn]。

实例 4-13：

```
SWP   R0,R1,[R2]
SWP   R0,R0,[R1]
SWPB  R0,R1,[R2]
SWPB  R0,R0,[R1]
```

4.3.3　程序状态寄存器与通用寄存器之间的传送指令

程序状态寄存器与通用寄存器之间的传送指令有两条：MSR 和 MRS。修改程序状态寄存器的值一般是通过"读取—修改—回写"三个步骤实现的,但要注意的是不能通过该指令直接修改 T 标志位的值而使程序在 ARM 状态和 Thumb 状态之间切换,必须通过使用 BX 指令来实现两种工作状态的切换。

1. 状态寄存器到通用寄存器的数据传送指令 MRS

MRS 用于将状态寄存器的值传送到通用寄存器中,主要应用于以下三种场合。

- 通过"读取—修改—回写"来修改状态寄存器的值。
- 当异常中断允许嵌套时,需要保存当前处理器工作模式的 SPSR。
- 当进程切换时,也要保存当前寄存器的值。

格式:MRS{cond}　　Rd,CPSR|SPSR

功能描述:将 CPSR 或 SPSR 的值传送到 Rd 寄存器中进行保存。

实例 4-14:

```
MRS   R0,CPSR;(CPSR)→(R0)
MRS   R0,SPSR;(SPSR)→(R0)
```

2. 通用寄存器到状态寄存器的数据传送指令 MSR

当需要保存或修改状态寄存器的值时,需要将状态寄存器的内容传送到通用寄存器中,然后进行相应的修改,修改完成后回写到状态寄存器中,MSR 指令将完成该功能。

格式:MSR{cond}　　CPSR_mode|SPSR_mode,#32imda|Rn

功能描述:将一个 32 位的立即数或通用寄存器 Rn 的值传送到状态寄存器中。

实例 4-15:

```
MSR   CPSR_fiq,#0xF0000011
MSR   CPSR,R0
```

4.3.4 转移指令

在 ARM 中实现程序转移的方法有两种:一是使用数据传送指令直接为 PC 赋值;二是使用转移指令 B、BL、BX、BLX 来实现。ARM 处理器提供的转移指令有 4 条,分别详细介绍如下。

1. 无条件转移指令 B

格式:B{cond}　目标地址

功能描述:无条件转移指令 B 主要用于将程序的执行流程无条件转移到指定的目标地址处执行。目标地址通常是程序中的符号地址,其有效地址是 PC 值与符号地址的和。

实例 4-16:

```
B  a1
  ⋮
a1:…           ;执行 B 指令时程序将跳过 B 后面的指令而直接执行 a1 标号处的指令
```

2. 带链接的转移指令 BL

BL 指令常用于子程序调用中,该指令完成两个功能:一是将 BL 指令的下一条指令的 PC 值保存到链接寄存器 LR 中;二是将程序的执行流程转移到指定的标号处。

格式:BL{cond}　目标地址

实例 4-17：
```
BL   SUBS
ADD  R0,R1,R2
SUBS: :
MOV PC,LR ;执行 BL 指令时,首先将 ADD 指令的 PC 值保存到 LR 中,然后转移到 SUBS 处执行相应的子
         ;程序,通常子程序的最后一条语句是 MOV PC,LR,用于程序返回到主程序中继续往下执行
```

3. 带状态切换的转移指令 BX

格式：BX　[Rn]

功能描述：BX 指令用于将程序转移到目标地址处执行，同时在 ARM 状态和 Thumb 状态之间进行切换，若 Rn 的最低位为 1 时进入 Thumb 工作状态，若最低位为 0 时进入 ARM 工作状态。

实例 4-18：
```
.arm
    BX   #a1+1
    .thumb
A1: ADD  R0,R1
    :
    .end
```

4. 带链接和状态切换的转移指令 BLX

格式：BLX　[Rn]|Label

功能描述：BLX 的功能是 BX 指令和 BL 指令的集合体。

4.3.5　异常中断的产生指令

ARM 微处理器提供的异常中断产生指令主要有 SWI 和 BKPT 两条指令，SWI 指令用于产生 SWI 异常中断，用来实现在用户模式下对操作系统中特权模式的程序调用；断点中断指令 BKPT 用于产生软件断点，供程序调试使用。

(1) 软件异常中断指令 SWI

SWI 指令用于用户调用操作系统例程，将处理器置于系统监控模式 SVC，从地址 0x08 开始执行指令。其汇编格式为：

SWI{cond}　　<24 位立即数>

(2) 断点中断指令 BKPT

BKPT 指令用于软件调试，它使处理器停止执行正常指令而进入相应的调试程序。其汇编格式为：

BKPT　<16 位立即数>

4.4　Thumb 指令集

4.4.1　Thumb 指令集概述及特点

ARM 处理器支持 ARM 指令和 Thumb 指令，应用程序可以灵活地将 ARM 和 Thumb 进

行混合编程,以提高性能或代码密度。在编写 Thumb 程序时要使用伪指令进行声明。与 ARM 指令集相比,Thumb 指令集具有如下特点：

> 采用 16 位二进制编码,而 ARM 指令采用 32 位二进制编码。
> Thumb 指令是 ARM 指令经压缩后的子集,因此执行 Thumb 指令时先要进行动态解压缩,然后作为标准的 ARM 指令来运行。
> Thumb 指令集没有协处理器指令、信号量指令、乘加指令、64 位的乘法指令、MSR 和 MRS 指令,且第二操作数受限制。
> 在 Thumb 指令集中只有 B 指令才是有条件执行的,其余指令都是无条件执行的。
> 大多数 Thumb 指令采用二地址格式,而 ARM 指令采用的是三地址格式。

4.4.2 Thumb 状态与 ARM 状态的切换

ARM 微处理器具有 ARM 和 Thumb 两种工作状态,且在 ARM 处理器复位启动后总是工作于 ARM 状态,要使 ARM 处理器工作于 Thumb 状态,就必须进行状态的切换。

(1) 进入 Thumb 工作状态

从 ARM 状态切换到 Thumb 状态的方法是使用带状态切换的转移指令 BX 来实现,只要能使 BX 指令转移的目标地址最低位为 1,就可进入 Thumb 工作状态。

(2) 退出 Thumb 状态

退出 Thumb 状态有两种方法:一是使用 BX 指令来实现,只要能使 BX 指令转移的目标地址最低位为 0,就可退出 Thumb 工作状态而进入 ARM 状态;二是使用异常进入 ARM 指令流,因为异常总是工作于 ARM 状态的。

4.4.3 Thumb 指令集的详细介绍

1. 数据处理指令

(1) 算术运算指令

① 低寄存器的加法和减法指令 ADD、SUB

格式一：ADD/SUB　Rd,Rn,Rm

格式二：ADD/SUB　Rd,Rn,♯expre3

格式三：ADD/SUB　Rd,♯expre8

功能描述：对于格式一是将 Rn 和 Rm 中的数据进行加或减后存放到 Rd 中;格式二是将 Rn 中的数据加上或减去一个 3 位(−7～+7)的立即数后存放到 Rd 中;格式三是将 Rd 中的数据加上或减去一个 8 位(−255～+255)的立即数后存放到 Rd 中。

注意：上述指令更新 N、Z、C、V 标志。

② 高或低寄存器的加法指令

格式：ADD　Rd,Rn

功能描述：将 Rd 和 Rn 中的数据相加后存放到 Rd 中。

注意：若 Rd 和 Rn 是低位寄存器,则更新 N、Z、C、V 标志;若是高位寄存器,则不更新。

③ 对 SP 进行操作的 ADD、SUB 指令

格式：ADD/SUB　SP,♯expre

功能描述：将 SP 的值加上或减去一个数后重新保存到 SP 中。expre 的取值为 −508～

+508 范围内 4 的整倍数。

④ 基于 PC 或 SP 相对偏移的 ADD 指令

格式：ADD   SP|PC,♯expre

功能描述：将 SP 或 PC 的值加上一个数后重新保存到 SP 或 PC 中。expre 的取值为 0～1 020 范围内 4 的整倍数。该指令不更新标志位。

⑤ ADC、SBC 和 MUL 指令

格式：ADC/SBC/MUL   Rd,Rm

功能描述：ADC 指令是将 Rd 和 Rm 中数据相加后再加上 C 标志位的值后保存到 Rd 中；SBC 指令是将 Rd 中数据减去 Rm 中数据再减去"NOT C"后的结果保存到 Rd 中；MUL 指令的功能是将 Rd 和 Rm 中的数据相乘的结果的低 32 位保存到 Rd 中。

说明：上述指令中的 Rd 和 Rm 只能是低位寄存器；ADC 和 SBC 指令更新 N、Z、C、V 标志；MUL 指令更新 N 和 Z 标志。

(2) 逻辑运算指令 AND、ORR、EOR 和位清除指令 BIC

格式：AND/ORR/EOR/BIC   Rd,Rm

功能描述：AND 指令将 Rd 和 Rm 中的数据进行按位"逻辑与"操作后的结果存放到 Rd 中；ORR 指令将 Rd 和 Rm 中的数据进行按位"逻辑或"操作后的结果存放到 Rd 中；EOR 指令将 Rd 和 Rm 中的数据进行按位"逻辑异或"操作后的结果存放到 Rd 中；BIC 指令将 Rd 的数据与 Rm 中的数据取反后的结果进行按位"逻辑与"操作，结果存放到 Rd 中。

说明：上述指令只能使用低位寄存器，这些指令更新 N 和 Z 标志。

(3) 移位指令 ASR、LSL、LSR、ROR

这些指令有两种格式。

格式一：ASR/LSL/LSR/ROR   Rd,Rs

功能描述：将 Rd 中数据进行相应的移位操作，移位位数为 Rs 中的数据值，将移位得到的结果保存到 Rd 中。

格式二：ASR/LSL/LSR/ROR   Rd,Rm,♯expre

功能描述：将 Rm 中数据进行相应的移位操作，移位位数为 expre 的值，将移位得到的结果保存到 Rd 中。

说明：上述指令在 Thumb 指令集中是作为操作码单独使用的，这些指令只能使用低位寄存器。移位运算的结果会更新 C 标志位。

(4) 比较指令 CMP、CMN

格式：CMP   Rn,Rm|♯expre
　　　CMN   Rn,Rm

功能描述：CMP 指令是将 Rn 中的数据与 Rm 中的数据或一个立即数进行减法运算，根据相减的结果更新 N、Z、C、V 标志；CMN 指令是将 Rn 中的数据与 Rm 中的数据进行加法运算，根据相加的结果更新 N、Z、C、V 标志。

说明：上述指令中的 Rn 和 Rm 可以使用高位和低位寄存器，expre 的取值范围为 0～255。

(5) 测试指令 TST

格式：TST   Rn,Rm

功能描述：将 Rn 中的数据和 Rm 中的数据进行按位"逻辑与"运算，根据运算的结果更新 Z 和 N 标志，C 和 V 标志不受影响；Rm 和 Rn 只能使用低位寄存器。

(6) 传送和取负指令 MOV、MVN 和 NEG

格式：MOV　Rd,Rm|♯expre
　　　MVN　Rd,Rm
　　　NEG　Rd,Rm

功能描述：MOV 指令是将 Rm 中的数据或立即数传送到 Rd 中保存；MVN 指令是将 Rm 中的数据取反之后的结果传送到 Rd 中保存；NEG 指令是将 Rm 中的数据乘以 −1 之后的结果传送到 Rd 中保存。

2. 数据存取指令

(1) 单寄存器存取指令 LDR、STR

格式：LDR/STR{B|H|SH|SB}　Rd,[Rn|PC|SP,♯offset|Rm]

功能描述：该指令的功能和 ARM 指令集中的功能相同。

(2) 多寄存器存取指令 LDMIA/STMIA、PUSH/POP

格式：LDMIA/STMIA　Rn!,＜寄存器列表＞

功能描述：和 ARM 指令集的功能相同。

格式：PUSH|POP {＜寄存器列表＞,LR|PC}

功能描述：PUSH 指令是将寄存器和 LR 的值压入堆栈区域；POP 指令是将堆栈区域中数据弹出来分别赋给相应的寄存器和 PC。

3. 转移指令

Thumb 指令集中的转移指令的功能和 ARM 指令集的转移指令的功能相同，只是转移的范围不同，在此把 Thumb 转移指令的几种书写格式进行介绍，至于其具体的用法请读者参看其他程序。

Thumb 转移指令的格式如下：

B　{＜cond＞} ＜label＞
BL　＜label＞
BX　Rm
BLX　Rm|＜label＞

4. 异常中断指令

Thumb 指令集中提供的异常中断指令和 ARM 指令集相同，有软件中断指令 SWI 和程序断点指令 BKPT 两条，它们的格式为：

SWI　＜8位立即数＞
BKPT　＜8位立即数＞

其功能同 ARM 指令集中的功能。

第 5 章

ARM 程序设计

本章教学重点

1. 伪指令。
2. 程序设计方法。
3. ATPCS 规则。
4. ARM 汇编语言和 C 语言混合编程方法。

5.1 ARM 汇编语言的伪操作

ARM 汇编语言源程序由指令、伪指令和宏指令构成。伪指令是非执行语句,是为完成汇编程序做各种准备工作的,它们仅在汇编过程中起作用,一旦汇编结束,伪指令的使命也就完成。伪指令语句所完成的操作叫伪操作。在 ARM 汇编程序中提供的伪指令主要有以下几种:
- 符号定义伪指令。
- 数据定义伪指令。
- 汇编控制伪指令。
- 宏指令。
- 信息报告伪指令。

5.1.1 ARMASM 汇编器所支持的伪操作

1. 符号定义伪操作

符号定义伪操作主要用于定义 ARM 汇编程序中的变量,对变量进行赋值、定义寄存器的名称等操作,包括以下伪指令,即
- 全局变量定义伪指令:GBLA、GBLL、GBLS。
- 局部变量定义伪指令:LCLA、LCLL、LCLS。
- 变量赋值伪指令:SETA、SETL、SETS。
- 为通用寄存器列表定义名称伪指令:RLIST。
- 为协处理器寄存器定义名称伪指令:CN。
- 为协处理器定义名称伪指令:CP。
- 为 VFP 寄存器定义名称伪指令:DN、SN。
- 为 FPA 的浮点寄存器定义名称伪指令:FN。

(1) 全局变量定义伪指令 GBLA、GBLL、GBLS

格式：GBLA/GBLL/GBLS　全局变量名

功能：为 ARM 汇编程序定义全局变量，其中 GBLA 定义的是全局数字变量，并初始化为 0；GBLL 定义的是全局逻辑变量，并初始化为 F（逻辑变量的值只有 T（真）和 F（假））；GBLS 定义的是全局字符串变量，并初始化为空字符串。

(2) 局部变量定义伪指令 LCLA、LCLL、LCLS

格式：LCLA/LCLL/LCLS　全局变量名

功能：为 ARM 汇编程序定义全局变量，其中 LCLA 定义的是局部数字变量，并初始化为 0；LCLL 定义的是局部逻辑变量，并初始化为 F（逻辑变量的值只有 T 和 F）；LCLS 定义的是局部字符串变量，并初始化为空字符串。

(3) 变量赋值伪指令 SETA、SETL、SETS

格式：变量名　SETA/SETL/SETS　表达式

功能：为 ARM 汇编程序中已定义的变量赋值，其中 SETA 为数字变量赋值；SETL 为逻辑变量赋值；SETS 为字符串变量赋值。

实例 5-1：

```
GBLA    a1                  ;定义全局数字变量 a1
a1      SETA    0x12        ;为全局数字变量 a1 赋值为 0x12
GBLL    a2                  ;定义一个全局逻辑变量 a2
a2      SETL    {false}     ;为全局逻辑变量赋值为 false
LCLS    a3                  ;定义局部字符串变量 a3
a3      SETS    "S3C44B0X"  ;为局部字符串变量 a3 赋值为字符串 S3C44B0X
```

(4) 为通用寄存器列表定义名称伪指令 RLIST

格式：名称　RLIST　{寄存器列表}

功能：为寄存器列表中的所有寄存器定义一个统一的名称。使用该伪指令定义的名称主要用于 LDM/STM 指令中，但要注意列表中的寄存器的访问顺序为根据寄存器的编号由低到高访问，而不是根据它们在列表中的先后顺序进行访问。

实例 5-2：

```
Reg123  RLIST   {R5,R1-R3}   ;将由 R5、R1～R3 四个寄存器组成的列表名称定义为 Reg123
LDM     Reg123               ;将某内存单元的数据依次加载到寄存器 R1、R2、R3、R5 中
```

(5) 为协处理器寄存器定义名称伪指令 CN

格式：寄存器名称　CN　协处理器的寄存器编号

功能：为协处理器的寄存器定义一个指定的名称。

实例 5-3：

```
Power   CN   6    ;为协处理器的寄存器 6 定义一个名称为 Power
```

(6) 为协处理器定义名称伪指令 CP

格式：名称　CP　协处理器编号（取值为 0～15）

功能：为协处理器定义一个名称。

实例 5-4：

    number　CP　6　　　　　　　　;为协处理器6定义一个名称为number

(7) 为VFP寄存器定义名称伪指令：DN、SN

格式：名称　DN/SN　VFP寄存器编号

功能：为VFP寄存器定义一个名称。其中DN为一个双精度的VFP寄存器定义一个名称；SN为一个单精度的VFP寄存器定义名称。双精度VFP寄存器的编号取值为0～15；单精度VFP寄存器编号的取值范围为0～31。

(8) 为FPA的浮点寄存器定义名称伪指令FN

格式：名称　FN　浮点寄存器编号(取值为0～7)

功能：为浮点寄存器定义一个名称。

2. 数据定义伪指令

数据定义伪指令用于为特定的数据分配存储单元，同时对已分配的存储单元进行初始化。常用的数据伪指令有 DCB、DCW、DCWU、DCD、DCDU、DCFD、DCFDU、DCFS、DCFSU、DCQ、DCQU、SPACE、MAP、FIELD。

(1) DCB 伪指令

格式：标号　DCB　表达式

功能：用于分配一片连续的字节存储单元并用伪指令中的表达式初始化。表达式的取值为0～255的数字或字符。DCB伪指令也可以用"="来代替。

实例 5-5：

    str　DCB　"This is shili"　　　　;其存储示意图如图5-1所示

(2) DCW 或 DCWU 伪指令

格式：标号　DCW/DCWU　表达式

功能：用于分配一片连续的半字存储单元并用伪指令中表达式的值进行初始化。表达式为程序标号或数字表达式。DCW与DCWU伪指令的区别在于DCW分配的存储单元严格按半字对齐，而DCWU并不严格按半字对齐。

实例 5-6：

    num　DCW　1,2,3　　　　　　　;其存储示意图如图5-2所示

(3) DCD 或 DCDU 伪指令

格式：标号　DCD/DCDU　表达式

功能：用于分配一片连续的字存储单元并用表达式的值进行初始化。DCD伪指令严格按字对齐，而DCDU并不严格按字对齐。DCD伪指令可以用"&"代替。

实例 5-7：

    number　DCD　1,2,3　　　　　　;其存储示意图如图5-3所示

(4) DCFD 或 DCFDU 伪指令

格式：标号　DCFD/DCFDU　表达式

功能：用于为双精度浮点数分配一片连续的字存储单元并用表达式的值进行初始化。每个双精度浮点数占用2个字存储单元。DCFD严格按字对齐，而DCFDU并不严格按字对齐。

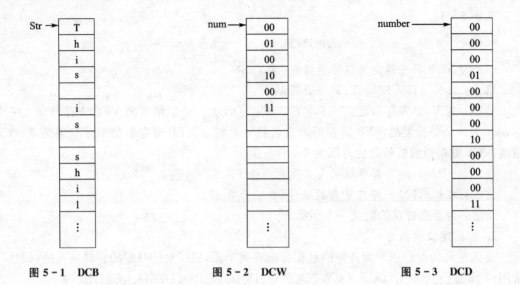

图 5-1 DCB　　　图 5-2 DCW　　　图 5-3 DCD

(5) DCFS 或 DCFSU 伪指令

格式：标号　DCFS/DCFSU　表达式

功能：用于为单精度浮点数分配一片连续的字存储单元并用表达式的值进行初始化。一个单精度数占用一个字存储单元。DCFS 严格按字对齐，而 DCFSU 并不严格按字对齐。

(6) DCQ 或 DCQU 伪指令

格式：标号　DCQ/DCQU　表达式

功能：用于分配一片以 8 字节为单位的连续存储区域并用表达式的值进行初始化。DCQ 严格按字对齐，而 DCQU 并不严格按字对齐。

(7) MAP 伪指令或"∧"

格式：MAP　表达式{，基址寄存器}

功能：用于定义一个结构化的内存表的起始地址。省略基址寄存器时表达式的值即为内存表的首地址，有时内存表的首地址为表达式的值与基址寄存器的和。

实例 5-8：

```
MAP    0x1000,R1              ;定义内存表的首地址为 0x1000+(R1)
```

(8) FIELD 伪指令或"♯"

格式：标号　FIELD　表达式

功能：用于定义一个结构化的内存表的数据域，表达式的值为当前数据域在内存表中所占的字节数。常和 MAP 一起使用。

(9) SPACE 伪指令或"％"

格式：标号　SPACE　表达式

功能：用于一片连续 n（n 为表达式的值）个字节的存储区域并初始化为 0。

(10) LTORG 伪指令

格式：LTORG

功能：用于声明一个数据缓冲池的开始。

3. 汇编控制伪指令

汇编控制伪指令用于控制汇编程序的执行流程。常用汇编控制伪指令有"IF…ELSE…ENDIF"、"WHILE…WEND"两个。

(1) "IF…ELSE…ENDIF"伪指令

格式：IF   表达式
          语句组1
      ELSE
          语句组2
      ENDIF

功能：如果表达式的值为真，则执行语句组1，否则执行语句组2，然后从 ENDIF 出口。在该伪指令的一次执行过程中语句组1和语句组2只能执行其中的一个，该伪指令还可嵌套使用。

实例 5-9：

```
IF  R0>0
    MOV  R0,#1
ELSE
    MOV  R0,#0
ENDIF
```

实例 5-10：

```
IF  R0>0
    MOV  R0,#1
ELSE
    IF  R0=0
    MOV  R0,#0
ELSE
    MOV  R0,#0xFF
ENDIF
ENDIF
```

(2) "WHILE…WEND"伪指令

格式：WHILE   表达式
              语句组
      WEND

功能：当表达式的值为真时，则循环执行语句组，直到表达式为假时结束。

实例 5-11：

```
MOV  R2,#1
MOV  R0,#0
WHILE  R2<=100
    ADD  R0,R0,R2
    ADD  R2,R2,#1
WEND
```

4. 宏指令 MACRO、MEND、MEXIT

MACRO 和 MEND 用来定义一段宏体。所谓宏实际上是一段汇编语言指令序列,将多条指令定义成一条宏语句,编译时宏语句被展开。

实例 5 – 12:

```
MACRO
$ LABEL    SUBMAC    $ sum, $ num1, $ num2
$ LABEL    CMP       $ num1, $ num2
$ LABEL1   SUBGE     $ sum, $ num1, $ num2
$ LABEL2   SUB       $ sum, $ num2, $ num1
MEND
```

在这个例子中定义了一个名为 SUBMAC 的宏,其中 $ LABEL、$ LABEL1、$ LABEL2 为宏中语句的标号。$ LABEL 并不是必需的,只有当宏中的其他语句需要标号时,$ LABEL 才是必需的。其他语句的标号可以根据需要设置成其他的名字。$ sum、$ num1、$ num2 是宏的参数,宏中的所有变量都是以"$"开头的。

若在程序中引用宏 SUBMAC,比如:

```
SUBMAC   R0,R1,R2
```

则编译后展开为下面的语句:

```
CMP     R1,R2
SUBGE   R0,R1,R2
SUB     R0,R2,R1
```

使用宏时应注意,宏操作中不遵循 ATPCS 规则,寄存器也不会受保护。

MEXIT 为从宏中跳出的伪指令。

5. 其他常用伪指令

(1) EQU 伪指令

格式:名称　EQU　表达式{,类型}

功能:为程序中的标号、数字常量等定义一个等效的名称。该伪指令也可以用"*"代替。

实例 5 – 13:

```
y    EQU   20                  ;定义标号 y 的值为 20
a1   EQU   0x1000,code32       ;定义标号 a1 的地址为 0x1000,此处为 32 位的 ARM 指令
```

(2) CODE32 或 CODE16 伪指令

格式:CODE32/CODE16

功能:CODE32 伪指令告诉编译器其后的指令为 32 位的 ARM 指令,而 CODE16 则告诉编译器其后的指令为 16 位的 Thumb 指令。

(3) AREA 伪指令

格式:ARER　段名,属性1,属性2

功能:用于定义一个代码段或数据段,并指定段的属性。其中段名若以数字开头,则该段名要用一对"|"括起来。段名、属性之间用逗号分隔。属性 1 可取值为 CODE、DATA、CODEEF、COMMON;属性 2 可取值为 READONLY、READWRITE、ALIGN 等,每个属性的

含义叙述如下。
- CODE：定义一个代码段，代码段的默认属性为 READONLY。
- DATA：定义一个数据段，数据段的默认属性为 READWRITE。
- CODEEF：定义一个通用段，该段可以包含代码或数据，在一个源文件中同名的 CODEEF 段必须相同。
- COMMON：定义一个通用段，该段不包含任何用户数据和代码，链接器将其初始化为 0。在多个源文件中同名的 COMMON 段共享同一段内存空间。
- READONLY：只读。
- READWRITE：可读/写。
- ALIGN：段的对齐方式。

（4）ALIGN 伪指令

格式：ALIGN　{表达式{,偏移量}}

功能：通过添加填充字节的方式，使当前位置满足一定的对齐方式。表达式的值用于指定对齐方式，可能的取值是 2 的整数次幂，若指定了偏移量，则对齐方式为表达式的值加偏移量。

（5）ENTRY 伪指令

格式：ENTRY

功能：用于指定一个程序的入口点。在一个完整的程序中有且仅有一个入口点。

（6）END 伪指令

格式：END

功能：指定一个程序的结束。

实例 5-14：

```
AREA   PRO1,CODE,READONLY
ENTRY
CODE32
MOV   R0,#1
MOV   LR,PC
END
```

（7）EXPORT 或 GLOBAL(GLOBL)伪指令

格式：EXPORT/GLOBAL　标号{[weak]}

功能：用于在程序中声明一个全局标号，并且该标号可以被其他的文件引用。注意标号在程序中要区分大小写；[weak]选项声明其他的同名标号优先于该标号被引用。

（8）EXTERN 伪指令

格式：EXTERN　标号{[weak]}

功能：用于告诉编译器要使用的标号在其他源文件中已定义，且要在当前文件中引用，但是如果当前源文件并没有实际引用该标号，则该标号不会被加入到当前源文件的符号表中。[weak]选项用于表示当所有源文件都没有定义这样一个标号时，编译器并不给出出错信息。

（9）IMPORT 伪指令

格式：IMPORT　标号{[weak]}

功能：用于告诉编译器要使用的标号在其他源文件中已定义，且要在当前文件中引用，无论当前源文件是否引用该标号，该标号均会被加入到当前源文件的符号表中。[weak]选项用于表示当所有源文件都没有定义这样一个标号时，编译器并不给出出错信息。

(10) GET 或 INCLUDE 伪指令

格式：GET/INCLUDE 文件名

功能：用于将一个源文件包含到当前源文件中，且将被包含的源文件在当前位置进行汇编处理。

(11) INCBIN 伪指令

格式：INCBIN 文件名

功能：用于将一个目标文件或者数据文件包含到当前源文件中，且被包含的文件将不被做任何变动地存放在当前源文件中，编译器从其后开始进行处理。

(12) RN 伪指令

格式：名称 RN 寄存器

功能：用于为一个寄存器起一个别名。

实例 5-15：

Tem RN R2

5.1.2 GNU AS 汇编器所支持的伪指令

ARM 汇编语言采用不同的汇编器所支持的伪指令有所区别，在前面介绍了 ARM ASM 汇编器所支持的伪指令，下面简单介绍 GNU AS 汇编器所支持的伪指令。总体来说，这两种汇编器所支持的伪指令大体相同，只是在书写的格式上有所不同，区别在于 GNU AS 汇编器的伪指令都是以"."开头的，其功能基本相同。笔者在教学过程中使用的是 Embest IDE 集成开发环境，所以在此简单介绍 GNU AS 汇编器的常用伪指令，其详细信息可参考 Embest IDE 所带的电子文档 progref.chm。

(1) .EQU 伪指令

格式：.EQU 名称，表达式

功能：用指定的名称来代表表达式的值。如".EQU y,24"表示名称 y 的值为 24。

(2) .GLOBAL 伪指令

格式：.GLOBAL 标号

功能：用于定义一个全局标号，且可以被其他源文件引用。

(3) .EXTERN 伪指令

格式：.EXTERN 标号

功能：用于告诉编译器要使用的标号在其他源文件中已定义，且要在当前文件中引用。

(4) .TEXT 伪指令

格式：.TEXT

功能：将该伪指令开始的代码编译到代码段中。

(5) .END

格式：.END

功能:告诉编译器汇编程序的结束,其后的代码将不再被处理。

(6) .ITORG 伪指令

格式:.ITORG

功能:用于在当前文件的当前地址产生一个文字池。

(7) LDR 伪指令

格式:LDR 寄存器,=表达式

功能:将给定的表达式的值装入到目标寄存器中。

实例 5-16:

```
LDR  R0,=0x8000
```

(8) ADR 伪指令

格式:ADR 寄存器,程序标号

功能:将基于 PC 的地址值或基于寄存器的地址值读取到寄存器中。

实例 5-17:

```
A1:
    MOV  R0,#12
    ADR  R1,A1
```

(9) .CODE32、.CODE16、.ARM、.THUMB 伪指令

格式:.CODE32(.ARM)/.CODE16(.THUMB)

功能:告诉编译器下面的是 32 位的 AMR 指令或 16 位的 THUMB 指令。

5.1.3 汇编语言的语句格式

ARM 汇编语言的语句格式如下:

{标号}{指令或伪指令}{;注释}

注意: 在汇编程序中,每条指令的助记符可以全部用大写或小写,不允许在同一条指令中大小写混用;标号必须满足符号的命名规则且必须顶格书写;如果一条语句太长,可将其分为若干行来书写,但要在行的末尾用"\"符号来进行续行。

汇编语言中常用的符号

在汇编程序设计中经常使用各种符号来代替地址、变量、常量等,以增强程序的可读性。符号可由编程者来决定,但不是任意的,符号的命名必须满足以下规则:

➢ 符号要区分大小写,同名的大小写符号会被认为是两个不同的符号。
➢ 自定义的符号不能是系统的关键字或保留字。
➢ 符号在其作用范围内必须唯一。
➢ 符号在一般情况下只能数字、字母、下划线三种符号,除局部标号外符号不能以数字开头。

(1) 变 量

变量是指在程序的执行过程中其值是可以改变的量。ARM 或 Thumb 汇编程序中的变量只有三种类型:数字变量、逻辑变量和字符串变量。按作用范围分为全局变量和局部变量,可用 GBLA、GBLL、GBLS 来定义全局变量,用 LCLA、LCLL、LCLS 来定义局部变量。

(2) 常量

常量是指在程序的执行过程中不能被改变的量。ARM 或 Thumb 汇编程序支持的常量有数字常量、逻辑常量和字符串常量。数字常量一般为 32 位的整数,作无符号数时的取值范围为 0~(232-1),作有符号数时的取值范围为-231~(231-1)。逻辑常量的取值只有真假两种情况。字符串常量是一个固定的字符串,一般用于程序运行时的提示信息。

(3) 程序中的变量代换

"$"符号为变量代换操作符,可以用它来得到变量的值。如果是逻辑变量或字符串变量则代换为它的取值;如果是数字变量则代换为十六进制的字符串。如果想得到"$"符号,则用"$$"实现。

实例 5-18:

```
GBLS    a4f
a4f     SETS    "MOV  R0,#2"
$a4f                          ;变量代换,相当于执行"MOV  R0,#2"
GBLA    cnt
cnt     SETA    12
a4f     SETS    "a$$c$cnt"    ;a4f = a$c0000000c
```

(4) 程序标号

在 ARM 汇编程序中,程序标号是一个地址,段内标号的地址在汇编时确定,段外标号的地址在链接时确定。根据标号的生成方式,程序标号可分为程序相关标号、寄存器相关标号、绝对地址三种类型。

(5) 程序相关标号

程序相关标号是指位于目标指令之前的标号或程序中的数据定义伪操作前的标号。这种标号在汇编时被处理成 PC 值加上或减去一个数字量。常用于表示跳转指令的目标地址或代码段中所嵌入的少量数据。

(6) 寄存器相关标号

寄存器相关标号在汇编时被处理成寄存器的值加上或减去一个数字量。常用于访问数据段中的数据。

(7) 绝对地址

绝对地址是一个 32 位的数字量,可以直接寻址整个内存空间。

(8) 局部标号

局部标号是 0~99 之间的十进制数,可重复定义。局部标号的后面可以紧接一个表示该局部变量作用范围的符号。局部变量的作用范围是当前段,也可以用伪操作 ROUT 来定义局部标号的作用范围。

局部标号在子程序或循环程序中常被使用,也可以配合宏定义伪操作来使程序结构更加合理。在同一个段中可以使用相同的数字来命名不同的变量,默认情况下,汇编器会寻址最近的变量,当然也可以通过修改汇编命令选项来改变搜索顺序。

5.1.4 汇编程序中的表达式和运算符

在汇编语言的程序设计中经常使用各种表达式，表达式一般由常量、变量及运算符和括号构成。ARM 汇编程序中常用的表达式有数字表达式、逻辑表达式和字符串表达式。

(1) 数字表达式及运算符

数字表达式一般由数字常量、数字变量、数学运算符和括号组成。数字表达式的值是一个数字，数学运算符有"＋"、"－"、"＊"、"/"、"MOD"5 种，分别表示加、减、乘、除、求余（数学运算符的运算规则比较简单，这里就不再赘述）。

(2) 逻辑表达式及运算符

逻辑表达式一般由逻辑量、逻辑运算符和括号构成。逻辑表达式的值是一个逻辑值真或假，其运算符有"＝"、"＞"、"＜"、"＞＝"、"＜＝"、"/＝"（不等于）、"＜＞"（不等于）、"LAND"、"LOR"、"LNOT"、"LEOR"几种（其运算规则比较简单，这里不再赘述）。

(3) 字符串表达式及运算符

字符串表达式一般由字符串常量、字符串变量、运算符和括号构成。编译器所支持的字符串的最大长度为 512 字节，其常用的运算符如下：

① LEN 运算符返回给定字符串表达式的长度。如：

:LEN:"ABCDEF"

该语句返回的函数值为 6。

② STR 运算符将一个数字表达式或逻辑表达式转换为一个字符串。对于数字表达式，STR 运算符将其转换为一个以十六进制组成的字符串；对于逻辑表达式，STR 运算符将其转换为字符串"T"或"F"。如：

:STR:125

其返回值为字符串"125"。

:STR:"2＞3"

其返回值为字符串"F"。

③ LEFT 运算符返回某个字符串左端的一个子串。如：

"ABCDEFG":LEFT:4

其返回的值为"ABCD"。

④ RIGHT 运算符返回某个字符串右端的一个子串。如：

"ABCDEFG":RIGHT:4

其返回的值为"DEFG"。

⑤ CC 运算符用于将两个字符串连接成一个字符串。如：

"ABC":CC:"EF"

其返回的值为"ABC EF"。

(4) 其他常用运算符

① BASE 运算符用于返回基于寄存器的表达式中寄存器的编号，其语法为

:BASE：与寄存器相关的表达式

② INDEX 运算符用于返回基于寄存器的表达式中相对其基址寄存器的偏移量，其语法为

:INDEX：与寄存器相关的表达式

③ ? 运算符用于返回某代码行所生成的可执行代码的长度。其语法为

? 程序标号

④ DEF 运算符用于判断是否定义某个符号。其语法为

:DEF:符号

5.1.5 汇编语言预定义的寄存器和协处理器

ARM 汇编器对 ARM 的寄存器和协处理器都进行了预定义，其名称要区分大小写。现将寄存器和协处理器的预定义名称分述如下。

(1) 预定义寄存器名
- r0~r15 和 R0~R15：15 个通用寄存器。
- a1~a4：在 ATPCS 规则中定义为参数、结果或临时寄存器，同 r0~r3。
- v1~v8：变量寄存器，同 r4~r11。
- sb 和 SB：静态基址寄存器，同 r9。
- sl 和 SL：栈顶指针寄存器，同 r10。
- fp 和 FP：帧指针寄存器，同 r11。
- ip 和 IP：过程调用中间临时寄存器，同 r12。
- sp 和 SP：栈指针寄存器，同 r13。
- lr 和 LR：连接寄存器，同 r14。
- pc 和 PC：程序计数器，同 r15。

(2) 预定义浮点寄存器名
- s0~s31 和 S0~S31：VFP 单精度浮点运算寄存器。
- d0~d15 和 D0~D15：VFP 双精度浮点运算寄存器。

(3) 预定义的协处理器名和协处理器寄存器名
- p0~p15：预定义协处理器 0~15 的名称。
- c0~c15：预定义的协处理器寄存器 0~15 的名称。

5.1.6 汇编语言的内置变量

ARM 汇编器中定义了一些内置变量，这些内置变量不能使用伪指令设置，一般用于程序的条件汇编控制。如下面的一段程序是内置变量控制程序执行流程的一个实例。

```
IF    {CONFIG} = 32       ;若当前指令是 ARM 指令,则执行 IF 后面的指令序列
                          ;否则执行 ELSE 后面的指令序列
      指令序列
ELSE
      指令序列
ENDIF
```

ARM 汇编器的内置变量主要有以下几种。
- {ARCHITECTURE}：选定的 ARM 体系结构的值。
- {CONFIG}：若当前指令为 ARM 指令,则该内置变量的值为 32,否则为 16。
- {AREANAME}：当前段名。
- {ARMASM_VERSION}：ARM 编译器的变量号。
- |ads $ version|：同{ARMASM_VERSION}。
- {CODESIZE}：同{CONFIG}。
- {CPU}：所使用的 CPU 的名称。
- {ENDIAN}：在大端格式下其值为 big；在小端格式下其值为"little"。
- {FPIC}：默认值为"FALSE",如果设置了"/fpic"选项,则其值为"TRUE"。
- {FPU}：所选 FPU 协处理器的名字。
- {INPUTFILE}：当前源文件名。
- {INTER}：默认值为"FALSE",如果设置了"/inter"选项,则其值为"TRUE"。
- {LINENUM}：当前源文件的行号。
- {NOSWST}：默认值为"FALSE",如果设置了"/noswst"选项,则其值为"TRUE"。
- {OPT}：保存当前设置的列表选项。
- {PC}或"."：当前程序地址值。
- {VAR}或@：存储区位置寄存器的当前值。

5.2 ARM 汇编程序设计举例

5.2.1 源程序结构

在 ARM 汇编语言程序中以程序段为单位组织代码。段是相对独立的指令或数据序列,具有特定的名称。段可以分为代码段和数据段,代码段的内容为可执行代码,数据段存放代码运行时所需的数据。一个汇编程序至少要包含一个代码段,当程序较长时,可以分割为多个代码段和数据段,多个段在程序编译连接时最终形成一个可执行的映像文件。

可执行映像文件通常由以下几部分构成：
- 一个或多个代码段,代码段的属性为只读。
- 零个或多个数据段,数据段的属性为可读/写。数据段可以是被初始化的数据段或没有被初始化的数据段。

链接器根据系统默认或用户设定的规则,将各个段安排在存储器中的相应位置。因此源程序中段之间的相对位置与可执行的映像文件中段的相对位置一般不会相同。

实例 5-19 是一个汇编源程序的基本结构。

实例 5-19：

```
AREA    INITCHENGXU,CODE,READONLY
ENTRY
START
    LDR    R2, = 0X3DE4FF0
```

```
        LDR   R1,0X F2
        STR   R1,[R2]
         ⋮
END
```

5.2.2 常用程序设计举例

1. 子程序的调用

在 ARM 汇编程序设计中常用 BL 指令来完成子程序的调用。BL 指令完成两个功能：将子程序的返回地址保存在 LR(即 R14)中；同时将 PC 的值改为目标子程序的第一条指令的地址,见实例 5-20。

实例 5-20:

```
Start:
MOV   R0,#10
MOV   R1,#3
BI    Doadd
ADD   R1,R1,R0
Doadd
ADD   R0,R0,R1
MOV   PC,LR
END
```

2. 用汇编语言实现分支和循环程序设计

(1) 用汇编语言实现 IF 条件执行

IF 条件执行见实例 5-21。

实例 5-21:

```
/* IF   R1>R2    R3 = 100    ELSE  R3 = 50 */
AREA  EX2 ,CODE,READONLY
ENTRY
CODE32
START:
   MOV   R1,#12
   MOV   R2,#15
   CMP   R1,R2
   MOVHI R3,#100
   MOVLS R3,#50
END
```

(2) 用汇编语言实现 FOR 循环结构

FOR 循环结构见实例 5-22。

实例 5-22:

```
/* for(i=0; i<10;  i++)
        {x++;}      */
```

```
        MOV    R0,#0
        MOV    R2,#0
FOR_A1: CMP    R2,#10
        BHS    FOR_END
        ADD    R0,R0,#1
        ADD    R2,R2,#1
        B      FOR_A1
FOR_END:
        END
```

(3) 用汇编语言实现 WHILE 循环

WHILE 循环见实例 5-23。

实例 5-23:

```
/* WHILE(X<=Y)
   {X *= 2;}      */
     MOV   R0,#1
     MOV   R1,#20
     B     L2
L1:  MOV   R0,R0,LSL    #1
L2:  CMP   R0,R1
     BLS   L1
     END
```

(4) 用汇编语言实现 DO⋯WHILE 循环

DO⋯WHILE 循环见实例 5-24。

实例 5-24:

```
/* DO
{x ++ ;}
WHILE (x>0) */
     MOV   R0,#5
L1:  SUB   R0,R0,#1
L2:  MOVS  R0,R0
     BNE   L1
     END
```

(5) 用汇编语言实现算术计算功能

算术计算功能见实例 5-25。

实例 5-25:

```
/* 计算 1+2+3+……+N 的值 */
N     EQU    100
AREA  EX5,CODE,READONLY
ENTRY
CODE32
START:     LDR   SP,=0X40003F00
```

```
                ADR    R0,Thumbcode + 1
                BX     R0
                LTROG
                CODE16
Thumbcode:      LDR    R0, = N
                BL     sn
                B      thumbcode
sn:             PUSH   {R1 - R7,LR}
                MOVS   R2,R0
                BEQ    send
                CMP    R2,#1
                BEQ    send
                MOV    R1,#1
                MOV    R0,#0
L1:             ADD    R0,R1
                BCS    SE
                CMP    R1,R2
                BHS    send
                ADD    R1,#1
                B      L1
SE:             MOV    R0,#0
send:           POP    {R1 - R7,PC}
                END
```

(6) 数据块的复制

数据块的复制见实例 5 - 26。

实例 5 - 26:

```
        AREA  BC,CODE,READONLY
        N  EQU  20
        RNTRY
START:
                LDR    R0, = SRC
                LDR    R1, = DST
                MOV    R2,#N
                MOV    SP,#0X400
BKC:            MOVS   R3,R2,LSR    #3
                BEQ    CW
                STMFD  SP!,{R4 - R11}
OC:             LDMIA  R0!,{R4 - R11}
                STMIA  R1!,{R4 - R11}
                SUBS   R3,R3,#1
                BNE    OC
CW:             ANDS   R2,R2,#7
                BEQ    STOP
WC:             LDR    R3,[R0],#4
```

```
            STR   R3,[R1],#4
            SUBS  R2,R2,#1
            BNE   WC
STOP:       MOV   R0,#0X18
            LDR   R1,=0X20026
            SWI   0X123456
            AREA  BD,DATA,READWRITE
SRC  DCD    1,2,3,4,5,6,7,8,1,2,3,4,5,6,7,8,1,2,3,4
DST  DCD    0,0,0,0,0,0,0,0,0,0,0,0,0,0,0,0,0,0,0,0
            END
```

5.3 嵌入式C语言与汇编语言的混合编程

5.3.1 ATPCS规则介绍

为了使单独编译的C语言程序和汇编程序之间能够相互调用,必须为子程序之间的调用规定一定的规则。ATPCS就是ARM程序和Thumb程序中子程序调用的基本规则。

1. ATPCS概述

ATPCS规定了一些子程序之间调用的基本规则。这些基本规则包括子程序调用过程中寄存器的使用规则,数据栈的使用规则,参数的传递规则。为适应一些特定的需要,对这些基本的调用规则进行一些修改,得到几种不同的子程序调用规则,这些特定的调用规则如下:
- 支持数据栈限制检查的ATPCS。
- 支持只读段位置无关的ATPCS。
- 支持可读写段位置无关的ATPCS。
- 支持ARM程序和Thumb程序混合使用的ATPCS。
- 处理浮点运算的ATPCS。

有调用关系的所有子程序必须遵守同一种ATPCS。编译器或者汇编器在ELF格式的目标文件中设置相应的属性,标识用户选定的ATPCS类型。对应不同类型的ATPCS规则,有相应的C语言库,链接器根据用户指定的ATPCS类型链接相应的C语言库。

使用ADS的C语言编译器编译的C语言子程序满足用户指定的ATPCS类型,而对于汇编语言程序来说,完全要依赖用户来保证各子程序满足选定的ATPCS类型。具体说,汇编语言子程序必须满足下面三个条件:
- 在子程序编写时必须遵守相应的ATPCS规则。
- 数据栈的使用要遵守ATPCS规则。
- 在汇编编译器中使用-atpcs选项。

2. 基本ATPCS

基本ATPCS规定了在子程序调用时的一些基本规则,包括以下三个方面的内容:
- 各寄存器的使用规则及其相应的名称。
- 数据栈的使用规则。
- 参数传递的规则。

相对于其他类型的ATPCS,满足基本ATPCS的程序执行速度更快,所占用的内存更少。但是它不能提供以下的支持:ARM程序和Thumb程序相互调用;数据以及代码的位置无关的支持;子程序的可重入性;数据栈检查的支持。而派生的其他几种特定的ATPCS就是在基本ATPCS的基础上再添加其他的规则而形成的,其目的就是提供上述的功能。

(1) 寄存器的使用规则

寄存器的使用规则如下:

- 子程序通过寄存器R0~R3来传递参数,这时寄存器可以记作A1~A4。被调用的子程序在返回前无需恢复寄存器R0~R3的内容。
- 在子程序中,使用R4~R11保存局部变量,这时寄存器R4~R11可以记作V1~V8。如果在子程序中要用到V1~V8的某些寄存器,则子程序进入时必须保存这些寄存器的值,在返回前必须恢复这些寄存器的值,对于子程序中没有用到的寄存器则不必执行这些操作。在Thumb程序中,通常只能使用寄存器R4~R7来保存局部变量。
- 寄存器R12用作子程序间Scratch寄存器,记作IP。在子程序的链接代码段中经常会有这种使用规则。
- 寄存器R13用作数据栈指针,记作SP。在子程序中寄存器R13不能用作其他用途。寄存器SP在进入子程序时的值和退出子程序时的值必须相等。
- 寄存器R14用作链接寄存器,记作LR。它用于保存子程序的返回地址,如果在子程序中保存了返回地址,则R14可用作其他的用途。
- 寄存器R15是程序计数器,记作PC。它不能用作其他用途。
- ATPCS中的各寄存器在ARM编译器和汇编器中都是预定义的。

(2) 数据栈的使用规则

栈指针通常可以指向不同的位置。当栈指针指向栈顶元素(即最后一个入栈的数据元素)时,称为Full栈。当栈指针指向与栈顶元素相邻的一个元素时,称为Empty栈。数据栈的增长方向也可以不同,当数据栈向内存减小的地址方向增长时,称为Descending栈;当数据栈向着内存地址增加的方向增长时,称为Ascending栈。综合这两个特点可以有以下4种数据栈:FD、ED、FA、EA。ATPCS规定数据栈为FD类型,并对数据栈的操作是8字节对齐的,下面是一个数据栈的示例及相关的名词。

- 数据栈栈指针(stack pointer):指向最后一个写入栈的数据的内存地址。
- 数据栈的基地址(stack base):是指数据栈的最高地址。由于ATPCS中的数据栈是FD类型的,实际上数据栈中最早入栈数据占据的内存单元是基地址的下一个内存单元。
- 数据栈界限(stack limit):是指数据栈中可以使用的最低的内存单元地址。
- 已占用的数据栈(used stack):是指数据栈的基地址和数据栈栈指针之间的区域,其中包括数据栈栈指针对应的内存单元。
- 数据栈中的数据帧(stack frames):是指在数据栈中,为子程序分配的用来保存寄存器和局部变量的区域。

异常中断的处理程序可以使用被中断程序的数据栈,这时用户要保证中断的程序数据栈足够大。使用ADS编译器产生的目标代码中包含了DRFAT2格式的数据帧。在调试过程中,调试器可以使用这些数据帧来查看数据栈中的相关信息。而对于汇编语言来说,用户必须使用 FRAME 伪操作来描述数据栈中的数据帧,ARM 汇编器根据这些伪操作在目标文件中产生相应的 DRFAT2 格式的数据帧。

在 ARMv5TE 中,批量传送指令 LDRD/STRD 要求数据栈是 8 字节对齐的,以提高数据的传送速度。用 ADS 编译器产生的目标文件中,外部接口的数据栈都是 8 字节对齐的,并且编译器将告诉链接器:本目标文件中的数据栈是 8 字节对齐的。而对于汇编程序来说,如果目标文件中包含了外部调用,则必须满足以下条件:

- 外部接口的数据栈一定是 8 位对齐的,也就是要保证在进入该汇编代码后,直到该汇编程序调用外部代码之间,数据栈的栈指针变化为偶数个字。
- 在汇编程序中使用 PRESERVE8 伪操作告诉链接器,本汇编程序是 8 字节对齐的。

(3) 参数的传递规则

根据参数个数是否固定,可以将子程序分为参数个数固定的子程序和参数个数可变的子程序。这两种子程序的参数传递规则是不同的。

1) 参数个数可变的子程序参数传递规则

对于参数个数可变的子程序,当参数不超过 4 个时,可以使用寄存器 R0~R3 来进行参数传递,当参数超过 4 个时,还可以使用数据栈来传递参数。在参数传递时,将所有参数看做是存放在连续的内存单元中的字数据。然后,依次将各名字数据传送到寄存器 R0、R1、R2、R3;如果参数多于 4 个,将剩余的字数据传送到数据栈中,入栈的顺序与参数顺序相反,即最后一个字数据先入栈。按照上面的规则,一个浮点数参数可以通过寄存器传递,也可以通过数据栈传递,也可能一半通过寄存器传递,另一半通过数据栈传递。

2) 参数个数固定的子程序参数传递规则

对于参数个数固定的子程序,参数传递与参数个数可变的子程序参数传递规则不同,如果系统包含浮点运算的硬件部件,浮点参数将按照下面的规则传递:各个浮点参数按顺序处理;为每个浮点参数分配 FP 寄存器;分配的方法是,满足该浮点参数需要的且编号最小的一组连续的 FP 寄存器,第一个整数参数通过寄存器 R0~R3 来传递,其他参数通过数据栈传递。

(4) 子程序结果返回规则

子程序结果返回规则如下:

- 结果为一个 32 位的整数时,可以通过寄存器 R0 返回。
- 结果为一个 64 位整数时,可以通过 R0 和 R1 返回,以此类推。
- 结果为一个浮点数时,可以通过浮点运算部件的寄存器 F0、D0 或者 S0 来返回。
- 结果为一个复合的浮点数时,可以通过寄存器 F0~Fn 或者 D0~Dn 来返回。
- 对于位数更多的结果,需要通过调用内存来传递。

3. 几种特定的 ATPCS

下面介绍支持数据栈限制检查的 ATPCS。

如果在程序设计期间能够准确地计算出程序所需的内存总量,就不需要进行数据栈的检查,但是在通常情况下这是很难做到的,这时需要进行数据栈的检查。在进行数据栈的检查时,使用寄存器 R10 作为数据栈限制指针,这时寄存器 R10 又记作 SL。用户在程序中不能控制该寄存器。具体来说,支持数据栈限制的 ATPCS 要满足下面的规则:在已经占有的栈的最低地址和 SL 之间必须有 256 字节的空间,也就是说,SL 所指的内存地址必须比已经占用的栈的最低地址低 256 字节。当中断处理程序可以使用用户的数据栈时,在已经占用的栈的最低地址和 SL 之间除了必须保留的 256 字节的内存单元外,还必须为中断处理预留足够的内存空间;用户在程序中不能修改 SL 的值;数据栈栈指针 SP 的值必须不小于 SL 的值。

与支持数据栈限制检查的 ATPCS 相关的编译/汇编选项有下面几种:

- /swst:指示编译器生成的代码遵守支持数据栈限制检查的 ATPCS,用户在程序设计期间不能够准确计算程序所需的数据栈大小时,需要指定该选项。
- /noswst:指示编译器生成的代码不支持数据栈限制检查的功能,用户在程序设计期间能够准确计算出程序所需的数据栈大小,可以指定该选项,这个选项是默认的。
- /swstna:如果汇编程序对于是否进行数据栈检查无所谓,而与该汇编程序连接的其他程序指定了选项 swst/noswst,这时使用该选项。

编写遵守支持数据栈限制检查的 ATPCS 的汇编语言程序。

对于 C 程序和 C++ 程序来说,如果在编译时指定了选项 SWST,生成的目标代码将遵守支持数据栈限制检查的 ATPCS。对于汇编语言程序来说,如果要遵守支持数据栈限制检查的 ATPCS,用户在编写程序时必须满足支持数据栈限制检查的 ATPCS 所要求的规则,然后指定选项 SWST,下面介绍用户编写汇编语言程序时的一些要求。

叶子子程序是指不调用别的程序的子程序。

数据栈小于 256 字节的叶子子程序不需要进行数据栈检查,如果几个子程序组合起来构成的叶子子程序数据栈也小于 256 字节,这个规则同样适用;数据栈小于 256 字节的非叶子子程序可以使用下面的代码段来进行数据栈检查。

① ARM 程序使用的代码见实例 5-27。

实例 5-27:

```
SUB  sp,#size ;#size 为 sp 和 sl 之间必须保留的空间大小
CMP  sp,sl;
BLLO _ARM_stack_overflow
```

② Thumb 程序使用的代码见实例 5-28。

实例 5-28:

```
ADD  SP,#-size ;#size 为 SP 和 SL 之间必须保留的空间大小
CMP  SP,SL;
BLLO _THUMB_stack_overflow
```

数据栈大于 256 字节的子程序,为了保证 SP 的值不小于数据栈可用的内存单元最小的地址值,需要引入相应的寄存器。

① ARM 程序使用的代码见实例 5-29。

实例 5-29:

```
SUB  IP,SP,#size;
CMP  IP,SL;
BLLO _ARM_stack_overflow
```

② Thumb 程序使用的代码见实例 5-30。

实例 5-30:

```
LDR  WR,#-size;
```

```
ADD  WR,SP;
CMP  WR,SL;
BLLO _THUMB_stack_overflow
```

支持只读段位置无关的 ATPCS。

支持可读写段位置无关的 ATPCS。

支持 ARM 程序和 THUMB 程序混合使用的 ATPCS。

在编译或汇编时,使用/intework 告诉编译器或汇编器生成的目标代码遵守支持 ARM 程序和 Thumb 程序混合使用的 ATPCS,它用在以下场合：程序中存在 ARM 程序调用 Thumb 程序的情况;程序中存在 Thumb 程序调用 ARM 程序的情况;需要链接器来进行 ARM 状态和 Thumb 状态切换的情况。在下述情况下使用选项 nointerwork：程序中不包含 Thumb 程序;用户自己进行 ARM 程序和 Thumb 程序切换。需要注意的是：在同一个 C/C++ 程序中不能同时有 ARM 指令和 Thumb 指令。

5.3.2　C 语言和汇编语言混合编程实例

在需要 C 语言和汇编语言混合编程时,若汇编代码较简单,则可使用直接内嵌汇编代码的方法混合编程,否则,可以将汇编文件以文件的形式加入到项目中,通过 ATPCS 规定与 C 程序相互调用及访问。

1. 内嵌汇编

内嵌的汇编指令包括大部分 ARM 指令和 Thumb 指令,但不能直接使用 C 语言的变量定义,数据交换必须通过 ATPCS 进行。内嵌汇编在形式上表现为独立的函数体。

(1) 内嵌汇编指令的语法格式

内嵌汇编指令的语法格式如下：

```
-asm
{汇编语句 1
 汇编语句 2
 …
}
```

(2) 内嵌汇编指令的特点

内嵌汇编指令的特点如下。

- 操作数：可以是寄存器、常量或 C 语言表达式。
- 物理存储器：不能直接对 PC 寄存器赋值;程序的跳转只能通过 B 和 BL 指令实现。在程序中尽量不要使用 R0~R3 及 R12~R14。
- 常量：可以不用"#"标识常量。
- 标号：C 程序中的标号可被内嵌的汇编语句使用(只有 B 指令才能使用)。
- 内存单元的分配：都是通过 C 程序完成的,分配的内存单元通过变量供内嵌的汇编器使用。
- SWI 和 BL 指令的使用：除了正常的操作数外,还必须增加三个可选的寄存器列表,第一个寄存器列表中的寄存器用于存放输入的操作数;第二个寄存器列表中的寄存器用于存放返回的结果;第三个寄存器列表中的寄存器供被调用的子程序作为工作寄存器。

这些寄存器的内容可能被调用的子程序破坏。
> 内嵌汇编器不支持 LDR、ADR、ADRL、BX、BLX 指令。

(3) 内嵌汇编的注意事项

1) 必须小心使用物理寄存器 R0~R3、LR 和 PC。如：

```
-asm
{MOV  R0,m
 ADD  n,R0,m/n}
```

计算 m/n 是会改变 R0 的值，用 C 语言的变量代替 R0 可以解决这个问题。

```
-asm
{MOV  x,m
 ADD  n,x,m/n}
```

2) 不要使用寄存器寻址变量。

```
INT F(INT x)              INT f(INT x)
{--asm                    {--asm
{ADD R0,R0,#1}            {ADD x,x,#1}
RETURN x;}                RETURN x;}
```

(4) 从汇编程序中访问 C 程序变量

在 C 程序中声明的全局变量可以被汇编程序通过地址间接访问，访问方法如下：

1) 在汇编程序中用 import 伪指令声明该全局变量。

2) 使用 ldr 指令读取该全局变量的内存地址。

3) 根据该数据的类型，使用相应的 ldr 指令读取该全局变量的值及使用相应的 str 指令修改该全局变量的值。对应关系如下：

> unsigned char 类型用 LDRB/STRB 来读/写。
> unsigned short 类型用 LDRH/STRH 来读/写。
> init 类型用 LDRH/STRH 来读/写。
> 有符号的 char、short 类型用 LDRB/STRB 来读/写。

应用实例见实例 5-31。

实例 5-31：

```
area globals,code,readonly
export asmsub
import globvl
asmsub
LDR  R1,=globvl
LDR  R0,[R1]
ADD  R0,R0,#2
STR  R0,[R1]
MOV  PC,LR
END
```

2. C 程序调用汇编程序

在汇编程序中使用 export 声明本程序可以被其他程序调用,在 C 程序中使用 extern 声明该汇编程序。

调用汇编的 C 函数见实例 5-32。

实例 5-32：

```
#include <stdio.h>
Extern viod copystr(char * srcstr,const char * dststr)
Int main()
{ const char * srcstr = "First string source";
Char * dststr = "Second string destination";
Printf("before copying: \n");
Printf("'%s'\n'%s'\n,srcstr,dststr);
Strcopy(dststr,srcstr);
Printf("after copting: \n");
Printf("'%s'\n'%s'\n,srcstr,dststr);
Return(0);
}
```

被调用的汇编子程序见实例 5-33。

实例 5-33：

```
AREA SCOPY,CODE,READONLY
EXPORT STRCOPY
STRCOPY
LDRB   R2,[R1],#1
STRB   R2,[R0],#1
CMP    R2,#0
BNE    STRCOPY
MOV    PC,LR
END
```

3. 汇编调用 C 程序

汇编程序的书写要遵守 ATPCS,保证程序调用时参数的正确传递。在汇编程序中使用 IMPORT 声明将要调用 C 程序。

被调用的 C 程序见实例 5-34。

实例 5-34：

```
Int  sum5(int a,int b,int c,int d,int e)
{
Return  a+b+c+d+e;
}
```

调用 C 程序的汇编程序见实例 5-35。

实例 5-35：

```
Export callsum5
```

```
Area example,code,readonly
IMPORT sum5
Callsum5
STMFD   SP!,{LR}
ADD    R1,R0,R0
ADD    R2,R1,R0
ADD    R3,R1,R2
STR    R3,[SP,#-4]!
ADD    R3,R1,R1
BL     sum5
ADD    SP,SP,#4
LDMFD   PC,[SP],#4
END
```

第 6 章

ARM 微处理器内部组件的应用

本章教学重点

着重讲解嵌入式计算机系统的存储控制组件、端口组件、中断组件、UART 组件、DMA 组件、PWM 组件、时钟与电源组件、RTC 组件、WDT 组件、ADC 组件、数码管控制组件及其应用。

6.1 存储控制实验

6.1.1 实验原理

S3C44B0X 处理器的存储控制器可以为片外存储器访问提供必要的控制信号,它主要特点有:
- 支持大、小端模式(通过外部引脚来选择)。
- 包含 8 个地址空间,每个地址空间的大小为 32 MB,总共有 256 MB 的地址空间。所有地址空间都可以通过编程设置为 8 位、16 位或 32 位对准访问。
- 8 个地址空间中,6 个可用于 ROM、SRAM 等存储器,2 个可用于 ROM、SRAM、FP/EDO/SDRAM 等存储器。
- 6 个地址空间的起始地址及空间大小是固定的,有 1 个地址空间的起始地址是固定的,空间大小是可变的;有 1 个地址空间的起始地址和空间大小是可变的。
- 所有存储器空间的访问周期都可以通过编程配置。
- 提供外部扩展总线的等待周期。
- 支持 DRAM/SDRAM 自动刷新,支持地址对称或非地址对称的 DRAM。

图 6-1 为 S3C44B0X 复位后的存储器地址分配图。从图中可以看出,特殊功能寄存器位于 0x01C00000~0x02000000 的 4 MB 空间内。其中 nGCS0、nGCS1、nGCS2、nGCS3、nGCS4、nGCS5 的起始地址和空间大小都是固定的,nGCS6 的起始地址是固定的,但是空间大小和 nGCS7 一样是可变的,可以配置为 2 MB、4 MB、8 MB、16 MB、32 MB。nGCS6 和 nGCS7 的详细地址和空间大小的关系可以参考表 6-1。

表 6-1 nGCS6(Bank6)、nGCS7(Bank7)地址

存储器	Address	2 MB	4 MB	8 MB	16 MB	32 MB
nGCS6 (Bank6)	Start address	0xC00 0000	0xC00 0000	0xC00 0000	0xC00 0000	0xC00 0000
	End address	0xC1F FFFF	0xC3F FFFF	0xC7F FFFF	0xCFF FFFF	0xDFF FFFF
nGCS7 (Bank7)	Start address	0xC20 0000	0xC40 0000	0xC80 0000	0xD00 0000	0xE00 0000
	End address	0xC3F FFFF	0xC7F FFFF	0xCFF FFFF	0xDFF FFFF	0xFFF FFFF

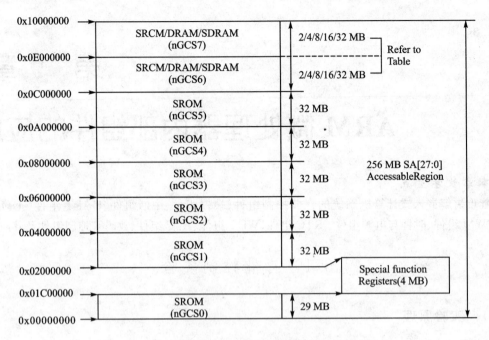

图 6-1　S3C44B0X 复位后的存储器地址分配图

1. Big/Little Endian 模式选择

处理器复位时(nRESET 为低),通过 ENDIAN 引脚选择所使用的 Endian 模式。ENDIAN 引脚通过下拉电阻与 Vss 连接,定义为 Little Endian 模式;ENDIAN 引脚通过上拉电阻和 Vdd 连接,则定义为 Big Endian 模式,如表 6-2 所列。

表 6-2　Big/Little Endian 模式

ENDIAN Input @Reset	ENDIAN Mode
0	Little Endian
1	Big Endian

2. Bank0 总线宽度

nGCS0 的数据总线宽度可以配置为 8 位、16 位或 32 位。因为 nGCS0 为启动 ROM(映射地址为 0x00000000)所在的空间,所以必须在第一次访问 ROM 前设置 Bank0 数据宽度,该数据宽度是由复位后 OM[1:0] 的逻辑电平决定的,如表 6-3 所列。

表 6-3　数据宽度选择

OM1(Operating Mode 1)	OM0(Operating Mode 0)	Booting ROM Data width
0	0	8 bit
0	1	16 bit
1	0	32 bit
1	1	Test Mode

3. 存储器控制专用寄存器

(1) 总线宽度/等待控制寄存器(BWSCON)

总线宽度/等待控制寄存器 BWSCON 的格式如图 6-2 所示。它的地址为 0x01C80000，复位值为 0x00000000。

31	30	29	28	27	26	25	24	23	22	21	20	19	18	17	16
ST7	WS7	DW7		ST6	WS6	DW6		ST5	WS5	DW5		ST4	WS4	DW4	
15	14	13	12	11	10	9	8	7	6	5	4	3	2	1	0
ST3	WS3	DW3		ST2	WS2	DW2		ST1	WS1	DW1			DW0		ENDIAN

图 6-2 BWSCON 格式

该寄存器各位功能说明如下：

- ENDIAN：只读，指示系统选定的大/小端模式，0 表示小端模式，1 表示大端模式。
- DWi(i=0~7)：其中 DW0 为只读，因为 Bank0 数据总线宽度在复位后已经由 OM[1:0] 的电平决定。DW1~DW7 可写，用于配置 Bank1~Bank7 的数据总线宽度，00 表示 8 位数据总线宽度，01 表示 16 位数据总线宽度，10 表示 32 位数据总线宽度。
- SWi(i=1~7)：写入 0 则对应的 Banki 等待状态不使用，写入 1 则对应的 Banki 等待状态使能。
- STi(i=1~7)：决定 SRAM 是否使用 UB/LB。0 表示不使用 UB/LB，引脚[14:11]定义为 nWBE[3:0]；1 表示使用 UB/LB，引脚[14:11]定义为 nBE[3:0]。

(2) Bank 控制寄存器

Bank 控制寄存器(BANKCONn：nGCS0-nGCS7)如表 6-4 所列。

表 6-4 Bank 控制寄存器

寄存器名称	地 址	读/写状态	描 述	复位值
BANKCON0	0x01C80004	R/W	Bank 0 control register	0x0700
BANKCON1	0x01C80008	R/W	Bank 1 control register	0x0700
BANKCON2	0x01C8000C	R/W	Bank 2 control register	0x0700
BANKCON3	0x01C80010	R/W	Bank 3 control register	0x0700
BANKCON4	0x01C80014	R/W	Bank 4 control register	0x0700
BANKCON5	0x01C80018	R/W	Bank 5 control register	0x0700
RANKCON6	0x01C8001C	R/W	Bank 6 register	0x18008
RANKCON7	0x01C80020	R/W	Bank 7 register	0x18008

(3) 刷新控制寄存器

刷新控制寄存器(REFRESH)，如表 6-5 所列。

表 6-5 刷新控制寄存器

寄存器名称	地 址	读写状态	描 述	复位值
REFRESH	0x01C80024	R/W	DRAM/SDRAM refresh control register	0xAC0000

(4) Bank 大小寄存器

Bank 大小寄存器(BANKSIZE),如表 6-6 所列。

表 6-6 Bank 大小寄存器

寄存器名称	地址	读/写状态	描述	复位值
BANKSIZE	0x01C80028	R/W	Flexible bank size register	0x0

(5) 模式设置寄存器

模式设置寄存器(MRSR),如表 6-7 所列。

表 6-7 模式设置寄存器

寄存器名称	地址	读/写状态	描述	复位值
MRSRB6	0x01C8002C	R/W	Mode register set register bank6	xxx
MRSRB7	0x01C80030	R/W	Mode register set register bank7	xxx

以上寄存器的详细定义可以查看 S3C44B0X 的数据手册。

6.1.2 实验设计

下面结合 Embest EduKit-Ⅲ实验板用一个实例来说明 S3C44B0X 处理器对存储空间读/写的方法。

1. 片选信号设置

Embest EduKit-Ⅲ实验板的片选信号设置如表 6-8 所列。

表 6-8 片选信号设置

片选信号				选择的接口或器件	片选控制寄存器
nGCS0				Flash	BANKCON0
nGCS6				SDRAM	BANKCON6
	A22	A21	A20		
	0	0	0	USB_CS	
	0	0	1	CAN_CS	
	0	1	0	CF_CS0	
nGCS1	0	1	1	CF_CS1	BANKCON1
	1	0	0		
	1	0	1	LCD_CD	
	1	1	0		
	1	1	1		

续表 6-8

片选信号				选择的接口或器件	片选控制寄存器
	A22	A21	A20		
nGCS2	0	0	0	扩展输出寄存器1	BANKCON2
	0	0	1	扩展输入寄存器1	
	0	1	0	扩展输入寄存器2	
	0	1	1	CF_MMRD/WR	
	1	0	0	CF_IORD/WR	
	1	0	1	NO USE	
	1	1	0	NO USE	
	1	1	1	NO USE	
nGCS3				ETHERNET	BANKCON3

2．外围地址空间分配

板上外围地址空间分配如表 6-9 所列。

表 6-9 外围地址空间分配

外围器件	片选信号	控制寄存器	S3C44BOX 地址空间
Flash	nGCS0	BANKCON0	0x00000000～0x01BFFFFF
SDRAM	nGCS6	BANKCON6	0x0C000000～0x0DFFFFF
USB 接口	USB_CS	BANKCON1	0x02000000～0x020FFFFF
CAN 接口	CAN_CS	BANKCON1	0x02100000～0x021FFFFF
CF_CS0	CF_CS0	BANKCON1	0x02200000～0x022FFFFF
CF_CS1	CF_CS1	BANKCON1	0x02300000～0x023FFFFF
IDE(IOR/W)		BANKCON1	0x02400000～0x024FFFFF
LCD 显示选通	LCD_CD	BANKCON1	0x02500000～0x025FFFFF
NO USE		BANKCON1	0x02600000～0x03FFFFFF
扩展输出寄存器1		BANKCON2	0x04000000～0x040FFFFF
扩展输入寄存器1		BANKCON2	0x04100000～0x041FFFFF
扩展输入寄存器2		BANKCON2	0x04200000～0x042FFFFF
CF_MMRD/WR		BANKCON2	0x04300000～0x043FFFFF
CF_IORD/WR		BANKCON2	0x04400000～0x044FFFFF
NO USE		BANKCON2	0x04500000～0x05FFFFFF
Ethernet	nGCS3	BANKCON3	0x06000000～0x07FFFFFF
NO USE	nGCS4	BANKCON4	0x08000000～0x09FFFFFF
NO USE	nGCS5	BANKCON5	0x0A000000～0x0BFFFFFF
NO USE	nGCS7	BANKCON7	0x0E000000～0x1FFFFFFF

3. 电路说明

Embest EduKit-Ⅲ实验板上的存储系统包括 1 片 1M×16 bit 的 Flash(SST39VF160)和 1 片 4 M×16 bit 的 SDRAM(HY57V65160B)。

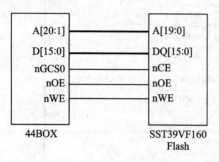

图 6-3 Flash 连接电路

Flash 连接电路如图 6-3 所示,处理器是通过片选 nGCS0 与片外 Flash 芯片连接。由于是 16 位的 Flash,所以用 CPU 的地址线 A1～A20 来分别和 Flash 的地址线 A0～A19 连接。Flash 的地址空间是从 0x00000000～0x00200000。

SDRAM 连接电路如图 6-4 所示,SDRAM 分成 4 个 Bank,每个 Bank 的容量为 1M×16 bit。Bank 的地址由 BA1、BA0 决定,00 对应 Bank0,01 对应 Bank1,10 对应 Bank2,11 对应 Bank3。在每个 Bank 中,分别用行地址脉冲选通 RAS 和列地址脉冲选通 CAS 进行寻址。本实验板还设置跳线,可以为用户升级内存容量至 4×2M×16 bit。具体方法为使 SDRAM 的 BA0、BA1 分别接至 CPU 的 A21、A22、A23 脚。SDRAM 由 MCU 专用 SDRAM 片选信号 nSCS0 选通,地址空间从 0x0C000000～0x0C7FFFFF。

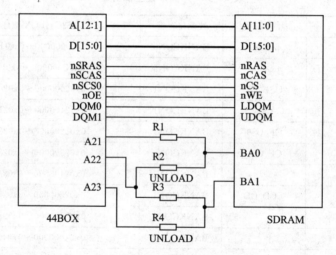

图 6-4 SDRAM 连接电路

6.1.3 实验操作步骤

1. 准备实验环境

使用 Embest 仿真器连接目标板,使用 Embest EduKit-Ⅲ实验板附带的串口线,连接实验板上的 UART0 和 PC 的串口。

2. 串口接收设置

在 PC 上运行 Windows 自带的超级终端串口通信程序(波特率 115 200 Baud、1 位停止位、无校验位、无硬件流控制);或者使用其他串口通信程序。

3. 实验步骤

实验步骤如下:

① 打开 EmbestIDE 集成开发环境。
② 选择 File→New WorkSpace 菜单项，新建一个工程 mem.ews。
③ 选择 File→New 菜单项，新建一个文本文件，编辑源程序并保存。
④ 选中 mem.ews 工程文件，右击，执行 Add Files To Project 快捷命令，将源程序文件添加到工程中。
⑤ 选择 Project→Settings 菜单项，对工程进行基本配置，如图 6-5～图 6-7 所示。

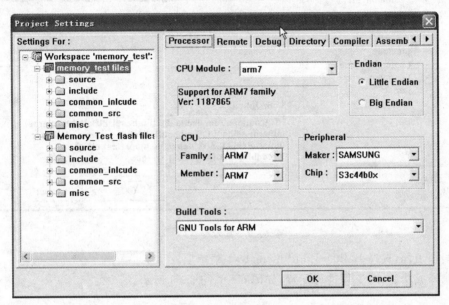

图 6-5 基本配置(1)

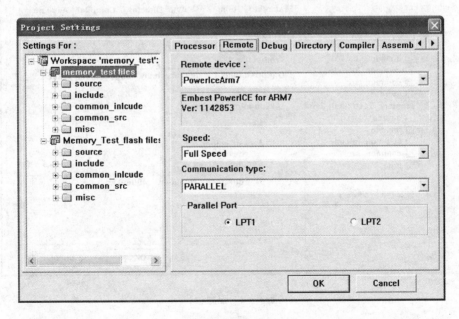

图 6-6 基本配置(2)

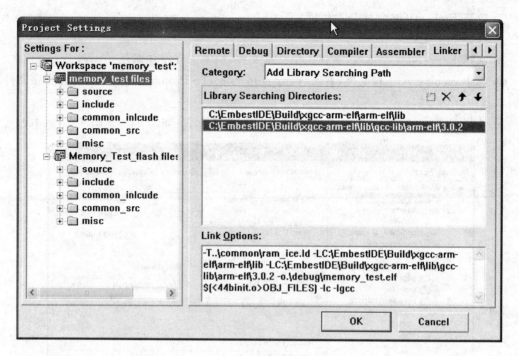

图 6-7 基本配置(3)

⑥ 编译工程,选择 Build→Build mem.ews 菜单项。
⑦ 编译成功后,对工程进行配置,如图 6-8、图 6-9 所示。

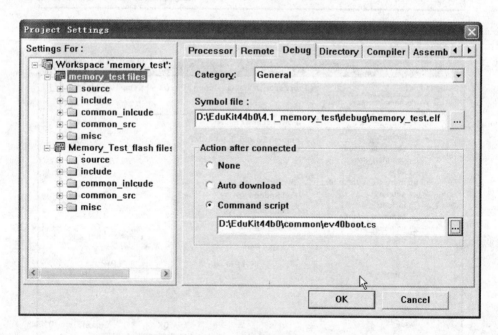

图 6-8 配置(1)

第 6 章 ARM 微处理器内部组件的应用

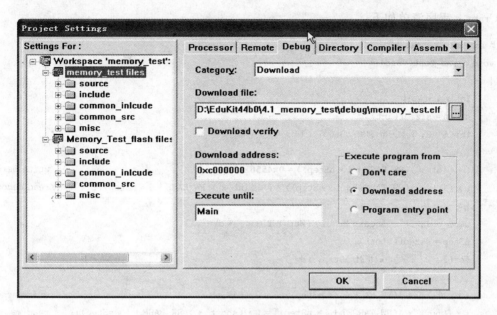

图 6-9 配置(2)

⑧ 选择 Debug→Remote Connect 连接仿真器后,再选择 Debug→DownLoad 下载文件,然后运行程序。

⑨ 观察实验结果。

4. 程序清单

Main.c 文件程序清单如下:

```
# include "rw_ram.h"
extern void s_ram_test(void);
void    mem_test(void);
void    Main(void);
void Main(void)
{
    sys_init();
    uart_printf("\n\r Memory Read/Write Access Test Example\n");
    mem_test();
    while(1);
}

void mem_test(void)
{
    uart_printf(" Memory read  base Address: 0x%x\n",RW_BASE);
    uart_printf(" Memory write base Address: 0x%x\n",RW_TARGET);
    uart_printf("\n Memory Read/Write (ASM code, %dBytes) Test. \n",RW_NUM);
    s_ram_test();
    uart_printf("\n Memory Read/Write (C code, %dBytes) Test. \n",RW_NUM);
    c_ram_test();
    uart_printf(" Memory Test Success! \n");
}
```

Cram.c 程序清单如下:

```c
#include "rw_ram.h"
void c_ram_test(void)
{
    int i,nStep;
    nStep = sizeof(int);
    for(i = 0; i < RW_NUM/nStep; i++)
    {
        (*(int *)(RW_BASE + i*nStep)) = 0x45563430;                          //write memory
        (*(int *)(RW_TARGET + i*nStep)) = (*(int *)(RW_BASE + i*nStep));     //read memory
    }
    uart_printf(" Access Memory (Word) Times: %d\n",i);
    nStep = sizeof(short);
    for(i = 0; i < RW_NUM/nStep; i++)
    {
        (*(short *)(RW_BASE + i*nStep))   = 0x4B4F;                              //write memory
        (*(short *)(RW_TARGET + i*nStep)) = (*(short *)(RW_BASE + i*nStep));     //read memory
    }
    uart_printf(" Access Memory (half Word) Times: %d\n",i);
    nStep = sizeof(char);
    for(i = 0; i < RW_NUM/nStep; i++)
    {
        (*(char *)(RW_BASE + i*nStep))   = 0x59;                              //write memory
        (*(char *)(RW_TARGET + i*nStep)) = (*(char *)(RW_BASE + i*nStep));    //read memory
    }
    uart_printf(" Access Memory (Byte) Times: %d\n",i);
}
```

Cram.s 程序清单如下:

```
    .global s_ram_test
    .equ    RW_NUM,     100
    .equ    RW_BASE,    0x0c010000
    .equ    RW_TARGET,  0x0c020000
s_ram_test:
    stmdb   sp!,{r2-r4,lr}
    bl      init_ram
    @ read from RW_BASE and write them into RW_TARGET
    ldr     r2, = RW_BASE
    ldr     r3,[r2]
    ldr     r2, = RW_TARGET
    str     r3,[r2]
    bl      init_ram
    @ read from RW_BASE and write them into RW_TARGET
    ldr     r2, = RW_BASE
    ldrh    r3,[r2],#2
```

```
        ldrh    r4,[r2]
        ldr     r2, = RW_TARGET
        strh    r3,[r2],#2
        strh    r4,[r2]
        @ read from RW_BASE
        ldr     r2, = RW_BASE
        ldrb    r3,[r2]
        @ write 0xDDBB2211 into RW_TARGET
        ldr     r2, = RW_TARGET
        ldrb    r3, = 0xDD
        strb    r3,[r2],#1
        ldrb    r3, = 0xBB
        strb    r3,[r2],#1
        ldrb    r3, = 0x22
        strb    r3,[r2],#1
        ldrb    r3, = 0x11
        strb    r3,[r2]
        ldmia   sp!,{r2 - r4,lr}
        mov     pc,lr
init_ram:
        ldr     r2, = RW_BASE
        ldr     r3, = 0x55AA55AA
        str     r3,[r2]
        ldr     r2, = RW_TARGET
        ldr     r3, = 0x0
        str     r3,[r2]
        mov     pc,lr
```

6.2 I/O 控制实验

6.2.1 实验原理

S3C44B0X 芯片上共有 71 个多功能的 I/O 引脚,它们分为 7 组 I/O 端口,其中 2 个 9 位的 I/O 端口(端口 E 和 F);2 个 8 位的 I/O 端口(端口 D 和 G);1 个 16 位的 I/O 端口(端口 C);1 个 10 位的输出端口(端口 A);1 个 11 位的输出端口(端口 B)。每组端口都可以通过软件配置寄存器来满足不同系统和设计的需要。在运行主程序之前,必须先对每一个用到的引脚的功能进行设置,如果某些引脚的复用功能没有使用,可以先将该引脚设置为 I/O 口。

S3C44B0X I/O 控制寄存器

(1) 端口控制寄存器 PCONA~G

在 S3C44B0X 芯片中,大部分引脚是多路复用的,所以在使用前要确定每个引脚的功能。对复用 I/O 引脚功能的配置,可以通过配置寄存器 PCONn(端口控制寄存器)来定义。如果 PG0~PG7 作为掉电模式下的唤醒信号,则这些端口必须配置成中断模式。

(2) 端口数据寄存器 PDATA~G

如果端口定义为输出口,则输出数据可以写入 PDATn 中相应的位;如果端口定义为输入口,则输入的数据可以从 PDATn 相应的位中读入。

(3) 端口上拉寄存器 PUPC~G

通过配置端口上拉寄存器可以使该组端口和上拉电阻连接或断开。当寄存器中相应的位置 0 时,该引脚接上拉电阻;当寄存器中相应的位置 1 时,该引脚不接上拉电阻。

(4) 外部中断控制寄存器 EXTINT

通过不同的信号方式可以使 8 个外部中断被请求,EXTINT 寄存器可以根据外部中断的需要将中断触发信号配置为低电平触发、高电平触发、下降沿触发、上升沿触发和边沿触发几种方式。

表 6-10~表 6-16 为 Embest EduKit-Ⅲ 实验板上各个端口的引脚定义。

表 6-10 端口 A 引脚定义

端口 A	引脚功能	端口 A	引脚功能
PA0	ADDR0	PA5	ADDR20
PA1	ADDR16	PA6	ADDR21
PA2	ADDR17	PA7	ADDR22
PA3	ADDR18	PA8	ADDR23
PA4	ADDR19	PA9	ADDR24

注:PCONA 寄存器地址:0x01D20000;PDATA 寄存器地址:0x01D20004;PCONA 复位默认值:0x1FF。

表 6-11 端口 B 引脚定义

端口 B	引脚功能	端口 B	引脚功能	端口 B	引脚功能
PB0	SCKE	PB4	OUTPUT(LED1)	PB8	nGCS3
PB1	SCLE	PB5	OUTPUT(LED2)	PB9	OUTPUT(NFCE)
PB2	nSCAS	PB6	OUTPUT(LED3)	PB10	OUTPUT(LCD)
PB3	nSRAS	PB7	nGCS2		

注:引脚 PB9 和 PB10 被设置为输出口。

表 6-12 端口 C 引脚定义

端口 C	引脚功能	端口 C	引脚功能	端口 C	引脚功能
PC0	OUT(XMON)	PC6	VD5	PC12	TXD1
PC1	OUT(YPON)	PC7	VD4	PC13	RXD1
PC2	OUT(XMON)	PC8	OUT(ALE)	PC14	RTS0
PC3	OUT(YPON)	PC9	OUT(CLE)	PC15	CTS0
PC4	VD7	PC10	RTS1		
PC5	VD6	PC11	CTS1		

注:PCONC 寄存器地址:0x01D20010;PDATC 寄存器地址:0x01D20014;PUPC 寄存器地址:0x01D20018;PCONC 复位默认值:0x0FF0FFFF。

表 6 – 13 端口 D 引脚定义

端口 D	引脚功能	端口 D	引脚功能	端口 D	引脚功能
PD0	VD0	PD3	VD3	PD6	VM
PD1	VD1	PD4	VCLK	PD7	VFRAME
PD2	VD2	PD5	VLINE		

注：PCOND 寄存器地址：0x01D2001C；PDATD 寄存器地址：0x01D20020；PUPD 寄存器地址：0x01D20024；PCOND 复位默认值：0xA。

表 6 – 14 端口 E 引脚定义

端口 E	引脚功能	端口 E	引脚功能	端口 E	引脚功能
PE0	IICSCL	PE3	OUT(LED4)	PE6	IISSDO
PE1	IICSDA	PE4	OUT(LED3)	PE7	IISSDI
PE2	nWAIT	PE5	IISLRCLK	PE8	IISSCLK

注：PCONE 寄存器地址：0x01D20028；PDATE 寄存器地址：0x01D2002C；PUPE 寄存器地址：0x01D20030；PCONE 复位默认值：0x25529。

表 6 – 15 端口 F

端口 F	引脚功能	端口 F	引脚功能	端口 F	引脚功能
PF0	EXINT0	PF3	EXINT3	PF6	EXINT6
PF1	EXINT1	PF4	EXINT4	PF7	EXINT7
PF2	EXINT2	PF5	EXINT5		

注：PCONF 寄存器地址：0x01D20034；PDATF 寄存器地址：0x01D20038；PUPF 寄存器地址：0x01D2003C；PCONF 复位默认值：0x00252A。

表 6 – 16 端口 G 引脚定义

端口 G	引脚功能	端口 G	引脚功能	端口 G	引脚功能
PG0	EXINT0	PG3	EXINT3	PG6	EXINT6
PG1	EXINT1	PG4	EXINT4	PG7	EXINT7
PG2	EXINT2	PG5	EXINT5		

注：PCONG 寄存器地址：0x01D20040；PDATG 寄存器地址：0x01D20044；PUPG 寄存器地址：0x01D20048；PCONG 复位默认值：0xFFFF。

6.2.2 电路设计

在实验系统上 LED1206 和 LED1207 进行以下循环：LED1206 亮→LED1206 关闭→LED1207 亮→LED1206 和 LED1207 全亮→LED1207 关闭→LED1206 关闭。如图 6 – 10 所示，发光二极管 LED1 和 LED2 的正极与芯片的 47 脚 VDD33 连接，VDD33 可以输出 3.3 V 的电压，负极通过限流电阻 R1212、R1213 和芯片的 13 脚(GPB4)、14(GPB5)脚连接。这两个引脚属于端口 B，已经配置为输出口。通过向 PDATB 寄存器中相应的位写入 0 或 1 可以使引脚 13、14 输出低电平或高电平。当引脚 13、14 输出低电平时，LED 点亮；当引脚 13、14 输出高电平时,LED 熄灭。

6.2.3 实验操作步骤

1. 准备实验环境

使用 Embest 仿真器连接目标板,使用 Embest EduKit-Ⅲ实验板附带的串口线,连接实验板上的 UART0 和 PC 的串口。

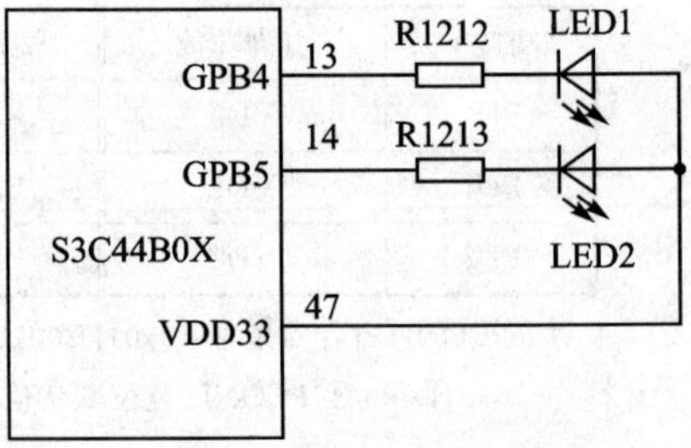

2. 串口接收设置

在 PC 上运行 Windows 自带的超级终端串口通信程序(波特率 115 200 baud、1 位停止位、无校验位、无硬件流控制),或者使用其他串口通信程序。

图 6-10 发光二极管连接电路

3. 操作步骤

① 打开 Embest IDE 集成开发环境。

② 选择 File→New WorkSpace 菜单项,新建一个工程 led.ews。

③ 选择 File→New 菜单项,新建一个文本文件,编辑源程序并保存。

④ 选中 led.ews 工程文件,右击,执行 Add Files To Project 快捷命令,将源程序文件添加到工程中。

⑤ 选择 Project→Settings 菜单项,按照存储器实验中的配置方法对工程进行基本配置(配置 Processer、Remote、Linker 选项)。

⑥ 选择 Build→Build Led.ews 对整个工程进行编译。

⑦ 编译通过后,按照存储器实验中的方法对该工程进行配置(配置 Download 选项)。

⑧ 在工程管理窗口中双击 led.c 打开该文件,在"leds_off();"设置断点后,连接仿真器并下载程序,再选择 Debug→Go 或按 F5 键运行程序。

⑨ 当程序停留到断点后,观察当前 LED1206、LED1207 的状态,选择 Debug→Step over 菜单项或按 F10 键运行程序,观察 LED1206、LED1207 的变化。

⑩ 结合实验内容和实验原理部分,掌握 ARM 芯片中复用 I/O 口的使用。

⑪ 观察实验结果。

4. 程序清单

Main.c 程序文件的程序清单如下:

```c
#include "44blib.h"
#include "44b.h"
void Main(void);
extern void led_test();
void Main(void)
{
    sys_init();
    uart_printf("\n\r Led Test Example\n");
    for( ; ; )
    {
        led_test();
```

        }
}

Led.c 程序文件的程序清单如下:

```c
#include "44b.h"
#include "44blib.h"
int f_nLedState;
void led_test();
void leds_on();
void leds_off();
void led1_on();
void led1_off();
void led2_on();
void led2_off();
void led3_on();
void led3_off();
void led4_on();
void led4_off();
void led_display(int nLedStatus);
void led_test()
{
    leds_off();
    delay(3000);
    led1_on();
    delay(3000);
    led1_off();
    delay(3000);
    led3_on();
    delay(3000);
    led1_on();
    delay(3000);
    beep(0);
    led3_off();
    delay(3000);
    led1_off();
}
void leds_on()
{
    led_display(0xF);
}

void leds_off()
{
    led_display(0x0);
}
```

```c
void led2_on()
{
    f_nLedState = f_nLedState | 0x1;
    led_display(f_nLedState);
}

void led2_off()
{
    f_nLedState = f_nLedState&0xfe;
    led_display(f_nLedState);
}
void led4_on()
{
    f_nLedState = f_nLedState | 0x2;
    led_display(f_nLedState);
}

void led4_off()
{
    f_nLedState = f_nLedState&0xfd;
    led_display(f_nLedState);
}
void led1_on()
{
    f_nLedState = f_nLedState | 0x4;
    led_display(f_nLedState);
}
void led1_off()
{
    f_nLedState = f_nLedState&0xFB;
    led_display(f_nLedState);
}
void led3_on()
{
    f_nLedState = f_nLedState | 0x8;
    led_display(f_nLedState);
}


void led3_off()
{
    f_nLedState = f_nLedState&0xf7;
    led_display(f_nLedState);
}
void led_display(int nLedStatus)
{
```

```
        f_nLedState = nLedStatus;
        if((nLedStatus&0x01) == 0x01)
            rPDATC & = 0xFEFF;
        else
            rPDATC |= (1<<8);
        if((nLedStatus&0x02) == 0x02)
            rPDATC & = 0xFDFF;
        else
            rPDATC |= (1<<9);
        if((nLedStatus&0x04) == 0x04)
            rPDATF & = 0xEF;
        else
            rPDATF |= (1<<4);
        if((nLedStatus&0x08) == 0x08)
            rPDATF & = 0xF7;
        else
            rPDATF |= (1<<3);
}
```

6.3 中断实验

6.3.1 实验原理

1. ARM 处理器中断

S3C44B0X 的中断控制器可以接受来自 30 个中断源的中断请求。这些中断源来自 DMA、UART、SIO 等这样的芯片内部外围或芯片外部引脚。在这些中断源中,有 4 个外部中断(EINT4/5/6/7)是逻辑"或"的关系,它们共用一条中断请求线。UART0 和 UART1 的错误中断也是逻辑"或"的关系。

中断控制器的任务是在片内外围和外部中断源组成的多重中断发生时,选择其中一个中断通过快速中断请求 FIQ 或通用中断请求 IRQ 向 ARM7TDMI 内核发出中断请求。

实际上最初 ARM7TDMI 内核只有 FIQ 和 IRQ 两种中断,其他中断都是各个芯片厂家在设计芯片时定义的,这些中断根据中断的优先级高低来进行处理。例如,如果你定义所有的中断源为 IRQ 中断(通过中断模式寄存器设置),并且同时有 10 个中断发出请求,这时可以通过读中断优先级寄存器来确定哪一个中断将被优先执行。

一般的中断模式在进入所需的服务程序前需要很长的中断反应时间,为了解决这个问题,S3C44B0X 提供了一种新的中断模式叫做向量中断模式,它具有 CISC 结构微控制器的特征,能够降低中断反应时间。换句话说,S3C44B0X 的中断控制器硬件本身直接提供了对向量中断服务的支持。

当多重中断源请求中断时,硬件优先级逻辑会判断哪一个中断将被执行,同时,硬件逻辑自动执行由 0x18(或 0x1C)地址到各个中断源向量地址的跳转指令,然后再由中断源向量进入到相应的中断处理程序。和原来的软件实现的方式相比,这种方法可以显著地减少中断反应时间。

2. 中断控制

(1) 程序状态寄存器的 F 位和 I 位

如果 CPSR 程序状态寄存器的 F 位置 1,那么 CPU 将不接受来自中断控制器的 FIQ,如果 CPSR 程序状态寄存器的 I 位置 1,那么 CPU 将不接受来自中断控制器的 IRQ。因此,为了使能 FIQ 和 IRQ,必须先将 CPSR 程序状态寄存器的 F 位和 I 位清零,并且中断屏蔽寄存器 INTMSK 中相应的位也要清零。

(2) 中断模式(INTMOD)

ARM7TDMI 提供了 2 种中断模式,FIQ 模式和 IRQ 模式。所有的中断源在中断请求时都要确定使用哪一种中断模式。

(3) 中断挂起寄存器(INTPND)

用于指示对应的中断是否被激活。如果挂起位被设置为 1,那么无论标志 I 或标志 F 是否被清零,都会执行相应的中断服务程序。中断挂起寄存器为只读寄存器,所以在中断服务程序中必须加入对 I_ISPC 和 F_ISPC 写 1 的操作来清除挂起条件。

(4) 中断屏蔽寄存器(INTMSK)

当 INTMSK 寄存器的屏蔽位为 1 时,对应的中断被禁止;当 INTMSK 寄存器的屏蔽位为 0 时,对应的中断正常执行。如果一个中断的屏蔽位为 1,则在该中断发出请求时挂起位还是会被设置为 1。

如果中断屏蔽寄存器的 global 位设置为 1,那么中断挂起位在中断请求时还会被设置,但所有的中断请求都不被受理。

3. S3C44B0X 中断源

在 30 个中断源中,有 26 个中断源提供给中断控制器,其中 4 个外部中断(EINT4/5/6/7)通过"或"的形式提供一个中断源送至中断控制器,2 个 URAT 错误中断(UERROR0/1)也是如此,如表 6-17 所列。

表 6-17 S3C44B0X 的中断源

Sources	Descriptions	Master Group	Slave ID
EINT0	External interrupt 0	mGA	sGA
EINT1	External interrupt 1	mGA	sGB
EINT2	External interrupt 2	mGA	sGC
EINT3	External interrupt 3	mGA	sGD
EINT4/5/6/7	External interrupt 4/5/6/7	mGA	sGKA
TICK	RTC Time tick interrupt	mGA	sGKB
INT_ZDMA0	General DMA0 interrupt	mGB	sGA
INT_ZDMA1	General DMA1 interrupt	mGB	sGB
INT_BDMA0	Bridge DMA0 interrupt	mGB	sGC
INT_BDMA1	Bridge DMA1 interrupt	mGB	sGD
INT_WDT	Watch-Dog timer interrupt	mGB	sGKA
INT_UERR0/1	UART0/1 error Interrupt	mGB	sGKB

续表 6-17

Sources	Descriptions	Master Group	Slave ID
INT_TIMER0	Timer0 interrupt	mGC	sGA
INT_TIMER1	Timer1 interrupt	mGC	sGB
INT_TIMER2	Timer2 interrupt	mGC	sGC
INT_TIMER3	Timer3 interrupt	mGC	sGD
INT_TIMER4	Timer4 interrupt	mGC	sGKA
INT_TIMER5	Timer5 interrupt	mGC	sGKB
INT_URXD0	UART0 receive interrupt	mGD	sGA
INT_URXD1	UART1 receive interrupt	mGD	sGB
INT_IIC	I²C interrupt	mGD	sGC
INT_SIO	SIO interrupt	mGD	sGD
INT_UTXD0	UART0 transmit interrupt	mGD	sGKA
INT_UTXD1	UART1 transmit interrupt	mGD	sGKB
INT_RTC	RTC alarm interrupt	mGKA	—
INT_ADC	ADC EOC interrupt	mGKB	—

4. 向量中断模式

S3C44B0X 含有向量中断模式（仅针对 IRQ），可以减少中断的反应时间。通常情况下，ARM7TDMI 内核收到中断控制器的 IRQ 中断请求时，会在 0x00000018 地址处执行一条指令。但是在向量中断模式下，当 ARM7TDMI 从 0x00000018 地址处取指令的时候，中断控制器会在数据总线上加载分支指令，这些分支指令使程序计数器能够对应到每一个中断源的向量地址。这些跳转到每一个中断源向量地址的分支指令可以由中断控制器产生。例如，假设 EINT0 是 IRQ 中断，如表 6-18 所列，EINT0 的向量地址为 0x20，所以中断控制器必须产生 0x18～0x20 的分支指令。因此，中断控制器产生的机器码为 0xEA000000。在各个中断源对应的中断向量地址中，存放着跳转到相应中断服务程序的程序代码。在相应向量地址处分支指令的机器代码是这样计算的：

向量中断模式的指令机器代码＝
0xEA000000＋（（＜目标地址＞－＜向量地址＞－0x00000008）>>2）

例如，如果 Timer 0 中断采用向量中断模式，则跳转到对应中断服务程序的分支指令应该存放在向量地址 0x00000060 处。中断服务程序的起始地址在 0x00010000，下面就是计算出来放在 0x00000060 处的机器代码：

machine code@0x00000060：0xEA000000＋（（0x00010000－
0x00000060－0x00000008）>>2）＝0xEA000000＋0x00003FE6＝0xEA003FE6

通常机器代码都是反汇编后自动产生的，因此不必真正像上面这样去计算，中断源的向量地址如表 6-18 所列。

表 6-18 中断源的向量地址

中断源	向量地址	中断源	向量地址
EINT0	0x00000020	INT_TIMER1	0x00000064
EINT1	0x00000024	INT_TIMER2	0x00000068
EINT2	0x00000028	INT_TIMER3	0x0000006C
EINT3	0x0000002C	INT_TIMER4	0x00000070
EINT4/5/6/7	0x00000030	INT_TIMER5	0x00000074
INT_TICK	0x00000034	INT_URXD0	0x00000080
INT_ZDMA0	0x00000040	INT_URXD1	0x00000084
INT_ZDMA1	0x00000044	INT_IIC	0x00000088
INT_BDMA0	0x00000048	INT_SIO	0x0000008C
INT_BDMA1	0x0000004C	INT_UTXD0	0x00000090
INT_WDT	0x00000050	INT_UTXD1	0x00000094
INT_UERR0/1	0x00000054	INT_RTC	0x000000A0
INT_TIMER0	0x00000060	INT_ADC	0x000000C0

5. 中断控制专用寄存器

(1) 中断控制寄存器

中断控制寄存器(INTCON)如表 6-19 所列,其位描述如表 6-20 所列。

表 6-19 中断控制寄存器

Register	Address	R/W	Description	Reset Value
INTCON	0x01E00000	R/W	Interrupt control Register	0x7

表 6-20 中断控制寄存器位描述

INTCON	Bit	Description	initial state
Reserved	3	0	0
V	2	This bit disables/enables vector mode for IRQ 0 = Vectored interrupt mode 1 = Non-vectored interrupt mode	1
I	1	This bit enables IRQ interrupt request line to CPU 0 = IRQ interrupt enable 1 = Reserved Note: Before using the IRQ interrupt this bit must be cleared.	1
F	0	This bit enables FIQ interrupt request line to CPU 0 = FIQ interrupt enable (Not allowed vectored interrupt mode) 1 = Reserved Note: Before using the FIQ interrupt this bit must be cleared.	1

注:FIQ 模式不支持向量中断模式。

其位功能说明如下:
- 位0:FIQ 中断使能位,写入 0 就使能 FIQ 中断;
- 位1:IRQ 中断使能位,写入 0 就使能 IRQ 中断;
- 位2:选择 IRQ 中断为向量中断模式(V=0)还是普通模式(V=1)。

(2) 中断挂起寄存器

中断挂起寄存器(见表 6-21)INTPND 共有 26 位,每一位对应着一个中断源,当中断请求产生时,相应的位置 1。该寄存器为只读寄存器,所以在中断服务程序中必须加入对 I_ISPC 和 F_ISPC 写 1 的操作来清除挂起条件。如果有几个中断源同时发出中断请求,那么不管它们有没有被屏蔽,它们相应的挂起位都会置 1。只是优先级寄存器会根据它们的优先级高低来响应当前优先级最高的中断。

表 6-21 中断挂起寄存器

Register	Address	R/W	Description	Reset Value
INTPND	0x01E00004	R	Indicates the interrupt request status. 0 = The interrupt has not been requested 1 = The interrupt source has asserted the interrupt request	0x0000000

(3) 中断模式寄存器

中断模式寄存器(见表 6-22)INTMOD 共有 26 位,每一位对应着一个中断源,当中断源的模式位置 1 时,对应的中断会由 ARM7TDMI 内核以 FIQ 模式来处理。相反的,当模式位清 0 时,中断会以 IRQ 模式来处理。

表 6-22 中断模式寄存器

Register	Address	R/W	Description	Reset Value
INTMOD	0x01E00008	R/W	Interrupt mode Register 0 = IRQ mode 1 = FIQ mode	0x0000000

(4) 中断屏蔽寄存器

在中断屏蔽寄存器(见表 6-23)INTMSK 中,除了全屏蔽位 Global Mask 外,其余的 26 位都分别对应一个中断源。当屏蔽位为 1 时,对应的中断被屏蔽;当屏蔽位为 0 时,该中断可以正常使用。如果全屏蔽位 Global Mask 置 1,则所有的中断都不执行。如果使用了向量中断模式,在中断服务程序中改变了中断屏蔽寄存器 INTMSK 的值,这时并不能屏蔽相应的中断过程,因为该中断在中断屏蔽寄存器之前已经被中断挂起寄存器 INTPND 锁定了。要解决这个问题,就必须在改变中断屏蔽寄存器后再清除相应的挂起位(INTPND)。

表 6-23 中断屏蔽寄存器

Register	Address	R/W	Description	Reset Value
INTMSK	0x01E0000C	R/W	Determines which interrupt source is masked. The masked interrupt source will not be serviced. 0 = Interrupt service is available 1 = Interrupt service is masked	0x07FFFFF

(5) IRQ 向量模式相关寄存器

IRQ 向量模式相关寄存器如表 6-24 所列。

表 6-24 IRQ 向量模式相关寄存器

Register	Address	R/W	Description	Reset Value
I_PSLV	0x01E00010	R/W	IRQ priority of slave register	0x1B1B1B1B
I_PMST	0x01E00014	R/W	IRQ priority of master register	0x00001F1B
I_CSLV	0x01E00018	R	Current IRQ priority of slave reqister	0x1B1B1B1B
I_CMST	0x01E0001C	R	Current IRQ priority of master register	0x0000xx1B
I_ISPR	0x01E00020	R	IRQ interrupt service pending register(Only one service bit can be set)	0x00000000
I_ISPC	0x01E00024	W	IRQ interrupt service clear register(Whatever to be set, INTPND will be cleared automatically)	Undef.

S3C44B0X 中的优先级产生模块包含 5 个单元,1 个主单元和 4 个从单元。每个从优先级产生单元管理 6 个中断源。主优先级产生单元管理 4 个从单元和 2 个中断源。

每一个从单元有 4 个可编程优先级中断源(sGn)和 2 个固定优先级中断源(kn)。这 4 个中断源的优先级是由 I_PSLV 寄存器决定的。另外 2 个固定优先级中断源在 6 个中断源中的优先级最低。

主单元可以通过 I_PMST 寄存器来决定 4 个从单元和 2 个中断源的优先级。这 2 个中断源 INT_RTC 和 INT_ADC 在 26 个中断源中的优先级最低。

如果几个中断源同时发出中断请求,这时 I_ISPR 寄存器可以显示当前具有最高优先级的中断源。

(6) IRQ/FIQ 中断挂起清零寄存器

通过对 IRQ/FIQ 中断挂起清零寄存器(见表 6-25)I_ISPC/F_ISPC 相应的位写 1 来清除中断挂起位(INTPND)。

表 6-25 IRQ/FIQ 中断挂起清零寄存器

Register	Address	R/W	Description	Reset Value
I_ISPC	0x01E00024	W	IRQ interrupt service pending clear register	Undef.
F_ISPC	0x01E0003C	W	FIQ interrupt service pending clear register	Undef.

6.3.2 实验设计

中断实验电路如图 6-11 所示。本实验选择的是外部中断 EXINT6 和 EXINT7。中断的产生分别来自按钮 SB2 和 SB3,当按钮按下时,EXINT6 或 EXINT7 和地连接,输入低电平,从而向 CPU 发出中断请求。当 CPU 受理中断后,进入相应的中断服务程序,实现 LED1 或 LED2 的显示功能。从前面介绍的中断源部分我们了解到,EXINT6 和 EXINT7 是共用一个中断控制器,所以在同一时间 CPU 只能受理其中一个中断,也就是说,当按钮 SB2 按下进入中断后，再按 SB3 是没用的，CPU 在处理完 EXINT6 中断前是不会受理来自 EXINT7 的中断，大家可以在实验中留意一下这个情况。

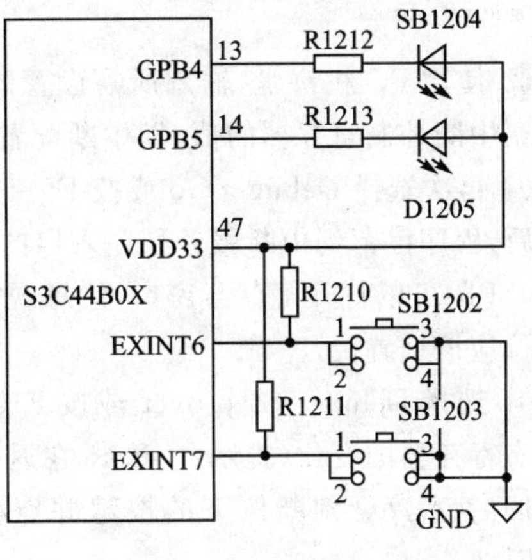

6.3.3 实验操作步骤

1. 准备实验环境

使用 Embest 仿真器连接目标板，使用 Embest EduKit-Ⅲ 实验板附带的串口线连接实验板上的 UART0 和 PC 机的串口。

2. 串口接收设置

在 PC 上运行 Windows 自带的超级终端串口通信程序（波特率 115 200 Baud、1 位停止位、无校验位、无硬件流控制）；或者使用其他串口通信程序。

图 6-11 中断实验电路

3. 操作步骤

① 打开 EmbestIDE 集成开发环境。

② 选择 File→New WorkSpace 菜单项，新建一个工程 led.ews。

③ 选择 File→New 菜单项，新建一个文本文件，编辑源程序并保存。

④ 选中 led.ews 工程文件，右击鼠标，执行 Add Files To Project 快捷命令，将源程序文件添加到工程中。

⑤ 选择 Project→Settings 菜单项，按照存储器实验中的配置方法对工程进行基本配置（配置 Processer、Remote、Linker 选项。

⑥ 选择 Build→Build Int.ews 命令对整个工程进行编译。

⑦ 编译通过后，按照存储器实验中的方法对该工程进行配置（Download 选项）。

⑧ 选择 Debug→Remote Connect 菜单项或按 F8 键，远程连接目标板。

⑨ 选择 Debug→Download 菜单项下载调试代码到目标系统的 RAM 中。

⑩ 选择 View→Debug Windows→Register 菜单项（或按快捷键 Alt+5），打开寄存器观察窗口，在寄存器观察窗口下面选择 Peripheral 选项，将 INTERRUPT 中断寄存器组展开，重点观察 INTPND 和 I_ISPR 寄存器值的变化。

⑪ 在工程管理窗口中双击 int_test.c，打开该文件，分别在 "uart_printf(" Press the buttons \n");" 以及 "if(f_ucIntNesting)" 设置断点后，选择 Debug→Go 菜单项或按 F5 键运行程序，程序正确运行后，会在超级终端上输出如下信息：

```
boot success...
External Interrupt Test
Please Select the trigger:
1 - Falling trigger
2 - Rising trigger
3 - Both Edge trigger
4 - Low level trigger
5 - High level trigger
```

any key to exit...

⑫ 使用 PC 机键盘，输入所需设置的中断触发方式后，程序停留在第一个断点处，此时注意观察中断控制寄存器的值，即中断配置情况。

⑬ 再次选择 Debug→Go 或按 F5 键运行程序，并等待按下按钮产生中断；当按下 SB2 或 SB3 后，程序停留到中断服务程序入口的断点，再次观察中断控制寄存器的值，双击 INTPND 和 I_ISPR 可以打开寄存器窗口，注意观察位 21 的值在程序运行前后的变化（提示：中断申请标志位应该被置位）。

⑭ 选择 Debug→Step over 或按 F10 键执行程序，注意观察在执行完该函数返回前后，程序状态寄存器的变化（提示：CPSR 在返回时恢复中断产生前的值）；继续单步执行程序，从中断返回后，程序会判断按下的按键并点亮相应的 LED：按下 SB2 点亮 LED1，按下 SB3 点亮 LED2。

⑮ 结合实验内容和实验原理部分，掌握 ARM 处理器中断操作过程，如中断使能、设置中断触发方式和中断源识别等，重点理解 ARM 处理器的中断响应及中断处理的过程。

⑯ 观察实验结果。

4. 实验程序清单

Main.c 文件的程序清单如下：

```c
#include "44blib.h"
#include "44b.h"
extern void int_test(void);
void Main(void);
void Main(void)
{
    sys_init();
    leds_off();
    while(1)
    {
        int_test();
    }
}
```

Led.c 文件的程序清单如下：

```c
#include "44b.h"
#include "44blib.h"
int f_nLedState;
void led_test();
void leds_on();
void leds_off();
void led1_on();
void led1_off();
void led2_on();
void led2_off();
void led3_on();
```

```c
void led3_off();
void led4_on();
void led4_off();
void led_display(int nLedStatus);
void led_test()
{
    leds_off();
    delay(3000);
    led1_on();
    delay(3000);
    led1_off();
    delay(3000);
    led3_on();
    delay(3000);
    led1_on();
    delay(3000);
    beep(0);
    led3_off();
    delay(3000);
    led1_off();
}
void leds_on()
{
    led_display(0xF);
}
void leds_off()
{
    led_display(0x0);
}
void led2_on()
{
    f_nLedState = f_nLedState | 0x1;
    led_display(f_nLedState);
}
void led2_off()
{
    f_nLedState = f_nLedState&0xfe;
    led_display(f_nLedState);
}
void led4_on()
{
    f_nLedState = f_nLedState | 0x2;
    led_display(f_nLedState);
}
void led4_off()
```

```c
{
    f_nLedState = f_nLedState&0xFD;
    led_display(f_nLedState);
}
void led1_on()
{
    f_nLedState = f_nLedState | 0x4;
    led_display(f_nLedState);
}
void led1_off()
{
    f_nLedState = f_nLedState&0xFB;
    led_display(f_nLedState);
}
void led3_on()
{
    f_nLedState = f_nLedState | 0x8;
    led_display(f_nLedState);
}
void led3_off()
{
    f_nLedState = f_nLedState&0xF7;
    led_display(f_nLedState);
}
void led_display(int nLedStatus)
{
    f_nLedState = nLedStatus;
    if((nLedStatus&0x01) == 0x01)
        rPDATC &= 0xFEFF;
    else
        rPDATC |= (1<<8);
    if((nLedStatus&0x02) == 0x02)
        rPDATC &= 0xFDFF;
    else
        rPDATC |= (1<<9);
    if((nLedStatus&0x04) == 0x04)
        rPDATF &= 0xEF;
    else
        rPDATF |= (1<<4);
    if((nLedStatus&0x08) == 0x08)
        rPDATF &= 0xF7;
    else
        rPDATF |= (1<<3);
}
```

Int_test.c 文件的程序清单如下：

```c
#include     "44blib.h"
#include     "44b.h"
#include     "def.h"
void init_int(void);
void int_test(void);
void int4567_isr(void);
unsigned char f_ucIntNesting = 0;
unsigned char f_ucWhichInt   = 0;
void init_int(void)
{
    rI_ISPC     = 0x3FFFFFF;
    rEXTINTPND  = 0xF;
    rINTMOD     = 0x0;
    rINTCON     = 0x5;
    rINTMSK     = ~(BIT_GLOBAL|BIT_EINT4567);
    pISR_EINT4567 = (int)int4567_isr;
    rPCONG   = 0xFFFF;
    rPUPG    = 0x0;
    rEXTINT = rEXTINT | 0x22220020;
    rI_ISPC |=   BIT_EINT4567;
    rEXTINTPND = 0xF;
}
void int_test(void)
{
    unsigned int unSaveG,unSavePG;
    init_int();
    rINTMSK = rINTMSK | BIT_EINT4567;
    uart_printf("\n\r External Interrupt Test\n");
    uart_printf(" Please Select the trigger: \n"
                "  1 - Falling trigger\n"
                "  2 - Rising trigger\n"
                "  3 - Both Edge trigger\n"
                "  4 - Low level trigger\n"
                "  5 - High level trigger\n"
                "  any key to exit...\n");
    unSaveG = rPCONG;
    unSavePG = rPUPG;
    rPCONG   = 0xF5FF;
    rPUPG    = 0x0;e
    switch(uart_getch())
    {
        case '1':
            rEXTINT = 0x22222222;
            break;
        case '2':
```

```c
                rEXTINT = 0x44444444;
                break;
            case '3':
                rEXTINT = 0x77777777;
                break;
            case '4':
                rEXTINT = 0x0;
                break;
            case '5':
                uart_printf(" EINT4567 was pulled up. \n");
                f_ucWhichInt = 9;
                break;
            default:
                rPCONG = unSaveG;
                rPUPG = unSavePG;
                return;
        }
        uart_printf(" Press the buttons \n");
        uart_printf(" push buttons may have glitch noise problem \n");
        rINTMSK = ~(BIT_GLOBAL | BIT_EINT4567);
        while(! f_ucWhichInt);
        f_ucIntNesting = 1;
        switch(f_ucWhichInt)
        {
            case 1:
                uart_printf(" EINT4 had been occured... \n");
                break;
            case 2:
                uart_printf(" EINT5 had been occured...\n");
                break;
            case 4:
                uart_printf(" EINT6 had been occured... LED1 (D1204) on\n");
                leds_off();
                led1_on();
                delay(10000);
                led1_off();
                break;
            case 8:
                uart_printf(" EINT7 had been occured... LED2 (D1205) on\n");
                leds_off();
                led4_on();
                delay(10000);
                led4_off();
                break;
            case 9:
```

```
                uart_printf(" The extern interrupt had been occured (1 level mode)\n");
                break;
            default:
                uart_printf(" Error! \n");
                break;
        }
        f_ucWhichInt = 0;
        f_ucIntNesting = 0;
        rPCONG = unSaveG;
        rPUPG   = unSavePG;
    }
    void int4567_isr(void)
    {
        delay(10);
        f_ucWhichInt    = rEXTINTPND;
        uart_printf(" EINT.. \n");
        if(f_ucIntNesting)
        {
            f_ucIntNesting ++ ;
            delay(100);
            uart_printf(" f_ucIntNesting = %d\n",f_ucIntNesting);
        }
        rEXTINTPND = 0xF;
        rI_ISPC   |=  BIT_EINT4567;
    }
```

6.4 串口通信实验

6.4.1 实验原理

1. S3C44B0X 串行通信单元

S3C44B0X 串行通信(UART)单元提供两个独立的异步串行通信口,皆可工作于中断和 DMA 模式。最高波特率达 115.2 kbaud。每一个 UART 单元包含一个 16 字节的 FIFO,用于数据的接收和发送。S3C44B0X UART 包括可编程波特率、红外发送/接收、一两个停止位、5 bit/6 bit/7 bit/8 bit 数据宽度和奇偶校验。

2. 波特率的产生

波特率由一个专用的 UART 波特率分频寄存器(UBRDIVn)控制,计算公式如下:
$$UBRDIVn = (round\_off)(MCLK/(波特率 \times 16)) - 1$$
其中,MCLK 是系统时钟;UBRDIVn 的值必须在 $1 \sim (2^{16}-1)$ 之间。

例如:在系统时钟为 40 MHz,当波特率为 115 200 baud 时,
$$UBRDIVn = (int)(40\,000\,000/(115\,200 \times 16) + 0.5) - 1 =$$
$$(int)(21.7 + 0.5) - 1 = 22 - 1 = 21$$

3. UART 通信操作

发送数据帧是可编程的。一个数据帧包含 1 位起始位,5～8 位数据位,1 位可选的奇偶校验位和 1 或 2 位停止位,停止位通过行控制寄存器 ULCONn 配置。

与发送类似,接收帧也是可编程的。接收帧由 1 位起始位,5～8 位数据位,1 位可选的奇偶校验和 1 或 2 位行控制寄存器 ULCONn 里的停止位组成。接收器还可以检测过速错、奇偶校验错、帧错误和传输中断,每一个错误均可以设置一个错误标志。

➢ 过速错是指已接收到的数据在读取之前被新接收的数据覆盖。
➢ 奇偶校验错是指接收器检测到的校验和与设置的不符。
➢ 帧错误指没有接收的有效的停止位。
➢ 传输中断表示接收数据 RxDn 保持逻辑 0 超过一帧的传输时间。

在 FIFO 模式下,如果 RxFIFO 非空,而在 3 个字的传输时间内没有接收到数据,则产生超时。

4. UART 控制寄存器

① UART 行控制寄存器 ULCONn,该寄存器的第 6 位决定是否使用红外模式,位 5～3 决定校验方式,位 2 决定停止位长度,位 1 和 0 决定每帧的数据位数。

② UART 控制寄存器 UCONn,该寄存器决定 UART 的各种模式。UART FIFO 控制寄存器 UFCONn,UART MODEM 控制寄存器,分别决定 UART FIFO 和 MODEM 的模式。其中 UFCONn 的第 0 位决定是否启用 FIFO,UMCONn 的第 0 位是请求发送位。另外读/写状态寄存器 UTRSTAT 以及错误状态寄存器 UERSTAT,可以反映芯片目前的读/写状态以及错误类型。FIFO 状态寄存器 UFSTAT 和 MODEM 状态寄存器 UMSTAT,通过前者可以读出目前 FIFO 是否满以及其中的字节数;通过后者可以读出目前 MODEM 的 CTS 状态。

③ 发送寄存器 UTXH 和接收寄存器 URXH,这两个寄存器存放着发送和接收的数据,当然只有一个字节 8 位数据。需要注意的是在发生溢出错误的时候,接收的数据必须被读出来,否则会引发下次溢出错误。

④ 波特率分频寄存器 UBRDIV。

5. UART 初始化代码

UART 初始化,字符的收、发,这几个函数可以在安装目录\common\include\下的 44blib.c 文件内找到。

6.4.2 RS232 接口电路

EduKit-Ⅲ 教学电路中,串口电路如图 6-12 所示,开发板上提供两个串口。其中 UART1 为主串口,可与 PC 或 MODEM 进行串行通信。由于 S3C44B0X 未提供 DCD(载波检测)、DTR(数据终端准备好)、DSR(数据准备好)、RIC(振铃指示)等专用 I/O 口,故用 MCU 的通用 I/O 口替代。UART0 只采用 RXD 和 TXD 两根接线,因此只能进行简单的数据传输及接收功能。全接口的 UART1 采用 MAX3243E 作为电平转换器,简单接口的 UART0 则采用 MAX3221E 作为电平转换器。

第 6 章　ARM 微处理器内部组件的应用

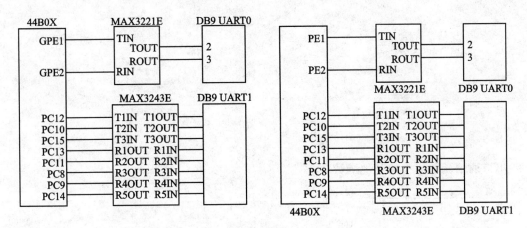

图 6-12　串口电路

6.4.3　实验参考程序

本实验的主要内容是监视串行口 UART0 动作；将从 UART0 接收到的字符串回送显示。主函数代码如下：

```
void Main(void)
{
char cInput;
char szLogo[17] = " >";
char szStr[256];
char * pStr = szStr;
int i;
sys_init()
uart_printf("\n");
uart_printf(szLogo);
while(1)
{
 * pStr = uart_getch();
uart_sendbyte( * pStr);
if ( * pStr == 0x0D)
{
uart_printf("\n");
if (pStr != szStr)
{
pStr = szStr;
while ( * pStr != 0x0D)
{
uart_sendbyte( * pStr);
pStr ++ ;
}
pStr = szStr;
```

```
    }
    uart_printf("\n");
    uart_printf(szLogo);
    }
    else
    pStr ++ ;
    }
}
```

串口通信函数库中的其他函数如下：

```
void uart_getstring(char * pString)
{
    char * pString2 = pString;
    char c;
    while((c = uart_getch()) != '\r')
    {
        if(c == '\b')
        {
            if( (int)pString2 < (int)pString )
            {
                uart_printf("\b \b");
                pString -- ;
            }
        }
        else                                   //store and echo on uart channel
        {
            * pString ++ = c;
            uart_sendbyte(c);
        }
    }
    * pString = '\0';
    uart_sendbyte('\n');
}
void uart_sendstring(char * pString)
{
    while( * pString)
    {
        uart_sendbyte( * pString ++ );
    }
}
```

6.4.4 实验操作步骤

1. 准备实验环境

使用 Embest 仿真器连接目标板，使用 Embest EduKit-Ⅲ实验板附带的串口线，连接实验板上的 UART0 和 PC 的串口。

2. 串口接收设置

在 PC 上运行 Windows 自带的超级终端串口通信程序(波特率 115 200 baud、1 位停止位、无校验位、无硬件流控制);或者使用其他串口通信程序(如:串口精灵等),超级终端配置如图 6-13 所示。

图 6-13　Embest ARM 教学系统超级终端配置

3. 操作步骤

和前面的实验步骤一致,这里不再赘述。

4. 观察实验结果

执行程序,可以看到超级终端上输出等待输入的字符。

boot success...
>

如果输入字符就会马上显示在超级终端上,输入回车符后打印一整串字符:

boot success...
>Hello,World!
Hello,World!
>

6.5　实时时钟实验

6.5.1　实验原理

1. 实时时钟

实时时钟(RTC)器件是一种能提供日历/时钟、数据存储等功能的专用集成电路,常用作各种计算机系统的时钟信号源和参数设置存储电路。RTC 具有计时准确、耗电少和体积小等特点，特别是在各种嵌入式计算机系统中用于记录事件发生的时间和相关信息，如通信工程、电力自动化、工业控制等自动化程度高的领域的无人值守环境。随着集成电路技术的不断发展，RTC 器件的新品也不断推出，这些新品不仅具有准确的 RTC，还有大容量的存储器、温度传感器和 A/D 数据采集通道等，已成为集 RTC、数据采集和存储于一体的综合功能器件，特别适用于以微控制器为核心的嵌入式计算机系统。

RTC 器件与微控制器之间的接口大都采用连线简单的串行接口，诸如 I^2C、SPI、MI-CROWIRE 和 CAN 等串行总线接口。这些串口由两三根线连接，分为同步和异步。

2. S3C44B0X 实时时钟单元

S3C44B0X 实时时钟（RTC）单元是处理器集成的片内外设。由开发板上的后备电池供电，可以在系统电源关闭的情况下运行。RTC 发送 8 位 BCD 码数据到 CPU。传送的数据包括秒、分、小时、星期、日期、月份和年份。RTC 单元时钟源由外部 32.768 kHz 晶振提供，可以实现闹钟（报警）功能。

S3C44B0X 实时时钟（RTC）单元特性有：BCD 数据（秒、分、小时、星期、日期、月份和年份）；闹钟（报警）功能——产生定时中断或激活系统；自动计算闰年；无 2000 年问题；独立的电源输入；支持毫秒级时间片中断，为 RTOS 提供时间基准。

(1) 读/写寄存器

访问 RTC 模块的寄存器，首先要设 RTCCON 的位 0 为 1。CPU 通过读取 RTC 模块中寄存器 BCDSEC、BCDMIN、BCDHOUR、BCDDAY、BCDDATE、BCDMON 和 BCDYEAR 的值，得到当前的相应时间值。然而，由于多个寄存器依次读出，所以有可能产生错误。比如：用户依次读取年(1989)、月(12)、日(31)、时(23)、分(59)、秒(59)。当秒数为 1 到 59 时，没有任何问题，但是，当秒数为 0 时，当前时间和日期就变成了 1990 年 1 月 1 日 0 时 0 分。这种情况下（秒数为 0），用户应该重新读取年份到分钟的值（参考 6.5.3 小节）。

(2) 后备电池

RTC 单元可以使用后备电池通过引脚 RTCVDD 供电。当系统关闭电源以后，CPU 和 RTC 的接口电路被阻断，后备电池只需要驱动晶振和 BCD 计数器，从而达到最小的功耗。

(3) 闹钟功能

RTC 在指定的时间产生报警信号，包括 CPU 工作在正常模式和休眠（power down）模式下。在正常工作模式，报警中断信号（ALMINT）被激活。在休眠模式，报警中断信号和唤醒信号（PMWKUP）同时被激活。RTC 报警寄存器（RTCALM）决定报警功能的使能/屏蔽和完成报警时间检测。

(4) 时间片中断

RTC 时间片中断用于中断请求。寄存器 TICNT 有一个中断使能位和中断计数。该中断计数自动递减，当达到 0 时，则产生中断。中断周期按照下列公式计算。

$$Period = (n+1)/128 \text{ (s)}$$

其中，n 为 RTC 时钟中断计数，可取值为 1～127。

(5) 置零计数功能

RTC 的置零计数功能可以实现 30 s、40 s 和 50 s 步长重新计数，供某些专用系统使用。当使用 50 s 置零设置时，如果当前时间是 11：59：49，则下一秒后时间将变为 12：00：00。

注意：所有的 RTC 寄存器都是字节型的，必须使用字节访问指令（STRB、LDRB）或字符型指针访问。

6.5.2 实验设计

1. 硬件电路设计

实时时钟外围电路如图 6-14 所示。

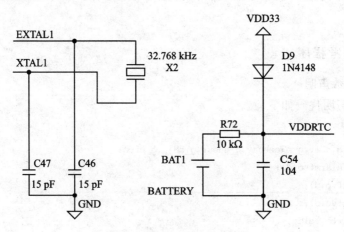

图 6-14 实时时钟外围电路

2. 软件程序设计

(1) 时钟设置

时钟设置程序必须实现时钟工作情况以及数据设置有效性检测功能。

(2) 时钟显示

时钟参数通过实验系统串口 0 输出到超级终端,显示内容包括年、月、日、时、分、秒。参数以 BCD 码形式传送,用户使用串口通信函数(参见串口通信实验)将参数取出显示,程序如下:

```
void rtc_read(void)
{
while(1)
{
if(rBCDYEAR == 0x99)
g_nYear = 0x1999;
else
g_nYear = 0x2000 + rBCDYEAR;
g_nMonth = rBCDMON;
g_nDay = rBCDDAY;
g_nWeekday = rBCDDATE;
g_nHour = rBCDHOUR;
g_nMin = rBCDMIN;
g_nSec = rBCDSEC;
if(g_nSec != 0)
break;
}
}
```

```c
void rtc_display(void)
{
rtc_read();
uart_printf("\n\rCurrentTimeis %02x-%02x-%02x%s",
g_nYear,g_nMonth,g_nDay,f_szdate[g_nWeekday]);
uart_printf(" %02x:%02x:%02x\r\n",g_nHour,g_nMin,g_nSec);
}
```

6.5.3 实验参考程序

1. 环境及函数声明

环境及函数声明代码如下：

```c
int g_nYear;
int g_nMonth,g_nDay,g_nWeekday,g_nHour,g_nMin,g_nSec;
int test_rtc_alarm(void);
void rtc_init(void);
void read_rtc(void);
void display_rtc(void);
void test_rtc_tick(void);
void rtc_int(void);
void rtc_tick(void);
```

2. 时钟设置控制程序

时钟设置控制程序如下：

```c
int rtc_set_date(char *pString)
{
char cYn,cN09 = 1;
char szStr[12];
int i,nTmp;
memcpy((void *)szStr,pString,12);
nTmp = 0;
cN09 = 1;
for(i = 0;((i<12)&(szStr[i] != '\0')); i++)
{
if((szStr[i] == '-')|(szStr[i] == ' '))
nTmp += 1;
}
if(nTmp < 3) //at least 2 '-' and 1 ' '
{
cN09 = 0;
uart_printf(" InValid format!! \n\r");
}
else
{
nTmp = i-1;
```

```c
if((szStr[nTmp] < '1' | szStr[nTmp] > '7'))
cN09 = 0;
for( i = nTmp; i >= 0; i--)
{
if(! ((szStr[i] == '-')|(szStr[i] == ' ')))
if((szStr[i] < '0' | szStr[i] > '9'))
cN09 = 0;
}
}
//write the data into rtc register
if(cN09)
{
rRTCCON = 0x01;
Normal(merge),No reset
i = nTmp;
nTmp = szStr[i]&0x0f;
if(nTmp == 7)
rBCDDATE = 1;
TUE:3 WED:4 THU:5 FRI:6 SAT:7
else
rBCDDATE = nTmp + 1;
nTmp = szStr[i - 2]&0x0f;
if(szStr[--i] != '-')
nTmp |= (szStr[i--]<<4)&0xff;
if(nTmp > 0x31)
cN09 = 0;
rBCDDAY = nTmp;
nTmp = szStr[--i]&0x0f;
if(szStr[--i] != '-')
nTmp |= (szStr[i--]<<4)&0xff;
if(nTmp > 0x12)
cN09 = 0;
rBCDMON = nTmp;;
nTmp = szStr[--i]&0x0f;
if(i)
nTmp |= (szStr[--i]<<4)&0xff;
if(nTmp > 0x99)
cN09 = 0;
rBCDYEAR = nTmp;
rRTCCON = 0x00;
uart_printf(" Current date is: 20%02x-%02x-%02x %s\n"
,rBCDYEAR,rBCDMON,rBCDDAY,f_szdate[rBCDDATE]);
if(! cN09)
uart_printf(" Wrong value! \n");
}else uart_printf(" Wrong value! \n");
```

```c
    return (int)cN09;
}
int rtc_set_time(char * pString)
{
    char cYn,cN09 = 1;
    char szStr[8];
    int i,nTmp;
    memcpy((void *)szStr,pString,8);
    nTmp = 0;
    cN09 = 1;
    for(i = 0;((i < 8)&(szStr[i] != '\0')); i ++ )
    {
        if(szStr[i] == ':')
        nTmp += 1;
    }
    if(nTmp != 2) //at least 3 ':'
    {
        cN09 = 0;
        uart_printf(" InValid format!! \n\r");
    }
    else
    {
        nTmp = i - 1;
        for( i = nTmp; i >= 0; i -- )
        {
            if(szStr[i] != ':')
            if((szStr[i] < '0' | szStr[i] > '9'))
            cN09 = 0;
        }
    }
    if(cN09)
    {
        rRTCCON = 0x01;
        Normal(merge),No reset
        i = nTmp;
        nTmp = szStr[i]&0x0f;
        if(szStr[ -- i] != ':')
        nTmp |= (szStr[i -- ]<<4)&0xff;
        if(nTmp > 0x59)
        cN09 = 0;
        rBCDSEC = nTmp;
        nTmp = szStr[ -- i]&0x0f;
        if(szStr[ -- i] != ':')
        nTmp |= (szStr[i -- ]<<4)&0xff;
        if(nTmp > 0x59)
```

```
cN09 = 0;
rBCDMIN = nTmp;
nTmp = szStr[ -- i]&0x0f;
if(i)
nTmp |= (szStr[ -- i]<<4)&0xff;
if(nTmp > 0x24)
cN09 = 0;
rBCDHOUR = nTmp;
rRTCCON = 0x00;
if(! cN09)
uart_printf(" Wrong value! \n");
}else uart_printf(" Wrong value! \n");
return (int)cN09;
}
```

6.5.4 实验操作步骤

1. 准备实验环境

使用 Embest 仿真器连接目标板,使用 Embest EduKit-Ⅲ实验板附带的串口线,连接实验板上的 UART0 和 PC 的串口。

2. 串口接收设置

在 PC 上运行 Windows 自带的超级终端串口通信程序(波特率 115 200 baud、1 位停止位、无校验位、无硬件流控制);或者使用其他串口通信程序。

3. 操作步骤

与前面实验的操作步骤一致。

4. 观察实验结果

① 在 PC 上观察超级终端程序主窗口,可以看到如下显示内容:

```
boot success...
RTC Test Example
RTC Check(Y/N)?
```

② 用户可以选择是否对 RTC 进行检查,若检查正确,则继续执行程序,检查不正确时也会提示是否重检查。

```
RTC Check(Y/N)? y
 Set Default Time at 2004 - 12 - 31 FRI 23:59:59
 Set Alarm Time at 2005 - 01 - 01 00:00:01
 ... RTC Alarm Interrupt O.K. ...
 Current Time is 2005 - 01 - 01 SAT 00:00:01
 RTC Working now. To set date(Y/N)?
```

③ 用户可以选择是否重新进行时钟设置,当输入不正确时也会提示是否重新设置。

```
RTC Working now. To set date(Y/N)? y Current date is (2005,01,01,SAT).
 input new date (yy - mm - dd w): 5 - 2 - 23 3
```

Current date is: 2005-02-23 WED
RTC Working now. To set time(Y/N)? y Current time is (00:02:57).
To set time(hh:mm:ss): 19:32:05

④ 最终超级终端输出信息如下：

Current Time is 2005-02-23 WED 19:32:05
19:32:07

6.6 看门狗控制实验

6.6.1 实验原理

1. 看门狗概述

看门狗的作用是在微控制器受到干扰进入错误状态后,使系统在一定时间间隔内进行复位。因此看门狗是保证系统长期、可靠和稳定运行的有效措施。目前大部分嵌入式芯片片内都带有看门狗定时器,以此来提高系统运行的可靠性。

2. S3C44B0X 处理器的看门狗

S3C44B0X 的看门狗定时器是当系统被故障(例如噪声和系统错误)干扰时,用于微处理器的复位操作。同时看门狗定时器也可以当作一个通用的 16 位中断定时器来请求中断服务。看门狗定时器会在每 128 MCLK 发出一个复位信号。其主要特性有：是 16 位的看门狗定时器;当定时器溢出时发出中断请求或者系统复位。

看门狗模块包括预装比例因子放大器,一个 4 分频的分频器和一个 16 位的计数器,如图 6-15 所示。看门狗的时钟信号源来自系统时钟(MCLK),为了得到比较宽范围的看门狗时钟信号,MCLK 先经过预装比例因子放大,然后再经过分配器进行分频。其中比例因子和之后的分频值,都可以由看门狗定时器的控制寄存器(WTCON)来决定。比例因子的有效范围值是 0~255。频率预分频可以有四个选择,分别是 16 分频、32 分频、64 分频和 128 分频。

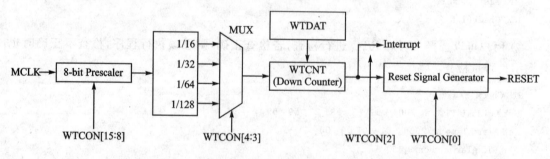

图 6-15 S3C44B0X 处理器的看门狗原理框图

(1) 看门狗定时器时钟周期的计算

看门狗定时器时钟周期的计算公式为

$$nWDTCountTime = 1/(MCLK/(Prescaler\ value + 1)/Division\_factor)$$

式中,nWDTCountTime 为看门狗定时器时钟周期,MCLK 代表系统时钟,Prescaler value 为比例因子取值,Division_factor 为分频值。如果 MCLK = 64 MHz,Prescaler value = MCLK/1 000 000−1,Division_factor=128,则

$$nWDTCountTime = 1/[64\,000\,000\,Hz/(63+1)/128] = 1.28\,\mu s$$

(2) 调试环境下的看门狗

当 S3C44B0X 用嵌入式 ICE 进行调试的时候,看门狗定时器复位功能将不起作用。看门狗定时器能够从 CPU 内核信号中确定当前模式是否是调试模式,如果看门狗定时器确定当前模式为调试模式,尽管看门狗定时器溢出,但看门狗定时器将不再发出复位信号。

(3) S3C44B0X 处理器看门狗的寄存器

S3C44B0X 处理器集成的看门狗单元只使用到 3 个寄存器,即看门狗控制寄存器(WTCON)、看门狗数据寄存器(WTDAT)和看门狗计数寄存器(WTCNT)。

1) 看门狗控制寄存器

使用看门狗控制寄存器(WTCON),可以使能和禁止看门狗定时器,可以从分频器中选择时钟信号源、中断使能和禁止、看门狗定时器复位使能和禁止。看门狗定时器将会在系统上电后,在系统出现故障时给予复位,如果系统不要求复位,看门狗定时器将不工作。

如果用户想把看门狗定时器用作一般的定时器来产生中断,那么必须使中断使能和看门狗定时器复位禁止。看门狗控制寄存器(WTCON)地址复位值见表 6 - 26,其位描述见表 6 - 27。

表 6 - 26 看门狗控制寄存器地址复位值

名字	地址	访问	描述	复位值
WTCON	0x01D30000	读/写	看门狗控制寄存器	0x8021

表 6 - 27 WTCON 位描述

位	功能	描述	复位值
15:8	预装比例因子	预装比例值,有效范围值 0~255	0x80
7:6	保留	保留	00
5	看门狗使能	使能和禁止看门狗定时器。 0—禁止看门狗定时器;1—使能看门狗定时器	0
4:3	时钟选择	这两位决定时钟分频因素。 00—1/16;01—1/32;10—1/64;11—1/128	00
2	中断使能	中断的禁止和使能。 0—禁止中断产生;1—使能中断产生	0
1	保留	保留	0
0	复位使能	禁止和使能看门狗复位信号的输出。 1—看门狗复位信号使能,0—看门狗复位信号禁止	1

2) 看门狗数据寄存器

看门狗数据寄存器(WTDAT)用于指定看门狗输出的时间。在对看门狗进行初始化操作的时候,看门狗数据寄存器中的内容不能自动装载到看门狗计数器寄存器中。尽管如此,第一

个看门狗的输出可以由初始值(0x8000)来决定,之后看门狗数据寄存器的值将自动装载到看门狗计数器寄存器中。看门狗数据寄存器(WTDAT)地址复位值见表6-28。

表6-28 WTDAT位描述

名字	地址	访问	位	描述	复位值
WTDAT	0x01D30004	读/写	15:0	看门狗数据寄存器装载值	0x8000

3) 看门狗计数寄存器

看门狗计数寄存器(WTCNT)包含看门狗定时器在操作时计数器当前的计数值。注意,当看门狗寄存器初始化的时候,看门狗数据寄存器中的值不能自动装载到计数寄存器中,所以,在看门狗定时器使能之前,必须给看门狗计数器写上一个初始值。看门狗计数寄存器(WTCNT)地址复位值见表6-29。

表6-29 WTCNT位描述

名字	地址	访问	位	描述	复位值
WTCNT	0x01D30008	读/写	15:0	看门狗计数寄存器装载值	0x8000

6.6.2 实验设计

1. 软件程序设计

由于看门狗只是对系统的复位或中断进行操作,所以不需要外围的硬件电路。要实现对看门狗的操作只需要对看门狗寄存器组进行操作,即对看门狗控制寄存器(WTCON)、看门狗数据寄存器(WTDAT)及看门狗计数寄存器(WTCNT)的操作。

一般操作流程如下:

① 设置看门狗中断操作,包括全局中断的使能、看门狗中断的使能和看门狗中断向量的定义。如果只是进行复位操作,不进行中断操作,这一步就不用设置。

② 对看门狗控制寄存器(WTCON)进行设置,包括设置比例因子、分频值、中断使能和复位使能等。

③ 对看门狗数据寄存器(WTDAT)和计数寄存器(WTCNT)进行设置。

④ 启动看门狗计数器。

2. 看门狗在 delay 中的应用

在 44blib.c 文件中的 delay 用到了看门狗定时器来调整延时的时间。程序如下:

```
void delay(int nTime)
{
    int nAdjust;
    int i;
    nAdjust = 0;
    if(nTime == 0)
    {
        nTime = 200;
        nAdjust = 1;
```

```
    f_nDelayLoopCount = 400;
    rWTCON = ((MCLK/1000000 - 1)<<8)|(2<<3);
    disable
    rWTDAT = 0xffff;
    rWTCNT = 0xffff;
    rWTCON = ((MCLK/1000000 - 1)<<8)|(2<<3)|(1<<5);
    interrupt disable
}
for(; nTime>0; nTime -- )
{
    for(i = 0; i<f_nDelayLoopCount; i ++ )
    ;
}
if(nAdjust == 1)
{
    rWTCON = ((MCLK/1000000 - 1)<<8)|(2<<3);
    i = 0xffff - rWTCNT;
    f_nDelayLoopCount = 8000000/(i * 64);
}
}
```

在调整的过程中主要把看门狗看作一个定时器,在 time=200、Count_100us=400 的时间内用看门狗定时器进行计数,然后,根据计数值来确定延时 100 μs 时的 Count_100us。根据程序和看门狗时钟周期频率输出的公式可以知道,在 time=200、Count_100us=400 内,看门狗计数器记了 i 个脉冲,而且看门狗时钟频率为 $(1/64)$ MHz,所以可以计算出一个 Count_100us 需要的时间,即"for(i=0;i<Count_100us;i++)"执行一次的时间为

$$T = (64/1\,000\,000) \times i/(200 \times 400)$$

当需要延时 100 μs 时,所需要的 Count_100us 值为

$$delayloopcount = (100 \times 10^{-6})/t$$

6.6.3 实验参考程序

1. 环境及函数声明

环境及函数声明代码如下:

```
void wdtimer_test(void);
void wdt_int(void);//__attribute__ ((interrupt ("IRQ")));
```

2. 初始化程序

初始化程序如下:

```
void Main(void)
{
sys_init();
wdtimer_test();
}
```

3. 看门狗控制程序

看门狗控制程序如下：

```c
void wdtimer_test(void)
{
uart_printf("\n\r WatchDog Timer Test Example\n");
//Enable interrupt
rINTMSK = ~(BIT_GLOBAL | BIT_WDT);
pISR_WDT = (unsigned)wdt_int;
f_nWdtIntnum = 0;
rWTCON = ((MCLK/1000000 - 1)<<8) | (3<<3) | (1<<2);
rWTDAT = 7812;
rWTCNT = 7812;
rWTCON = rWTCON | (1<<5);
while( f_nWdtIntnum != 10);
rWTCON = ((MCLK/1000000 - 1)<<8) | (3<<3) | (1);
uart_printf("\nI will restart after 5 sec!!! \n");
rWTCNT = 7812 * 5; //waiting 5 seconds
rWTCON = rWTCON | (1<<5);
while(1);
rINTMSK = BIT_GLOBAL;
}
void wdt_int(void)
{
rI_ISPC = BIT_WDT;
uart_printf(" %d ", ++ f_nWdtIntnum);
}
```

6.6.4 实验操作步骤

1. 准备实验环境

使用 Embest 仿真器连接目标板，使用 Embest EduKit-Ⅲ实验板附带的串口线，连接实验板上的 UART0 和 PC 的串口。

2. 串口接收设置

在 PC 上运行 Windows 自带的超级终端串口通信程序（波特率 115 200 baud、1 位停止位、无校验位、无硬件流控制）；或者使用其他串口通信程序。

3. 打开实验例程

和前面实验的操作步骤相同。

4. 观察实验结果

在 PC 上观察超级终端程序主窗口，可以看到如下信息：

```
boot success...
WatchDog Timer Test Example
1 2 3 4 5 6 7 8 9 10
I will restart after 5 sec!!!
```

6.7 A/D 转换实验

6.7.1 实验原理

1. A/D 转换器

随着数字技术特别是计算机技术的飞速发展与普及,在现代控制、通信及检测领域中,对信号的处理广泛采用了数字计算机技术。由于系统的实际处理对象往往都是一些模拟量(如温度、压力、位移、图像等),要使计算机或数字仪表能识别和处理这些信号,必须首先将这些模拟信号转换成数字信号,这就必须用到 A/D 转换器(ADC)。

A/D 转换器的类型、工作原理和主要性能指标请参照 7.3 节。

2. A/D 转换的一般步骤

模拟信号进行 A/D 转换时,从启动转换到转换结束输出数字量,需要一定的转换时间,在这个转换时间内,模拟信号要基本保持不变;否则转换精度没有保证,特别当输入信号频率较高时,会造成很大的转换误差。要防止这种误差的产生,必须在 A/D 转换开始时将输入信号的电平保持住,而在 A/D 转换结束后,又能跟踪输入信号的变化。因此,一般的 A/D 转换过程是通过取样、保持、量化和编码这四个步骤完成的。一般取样和保持主要由采样保持器来完成,而量化编码就由 A/D 转换器完成,转换过程如图 6-16 所示。

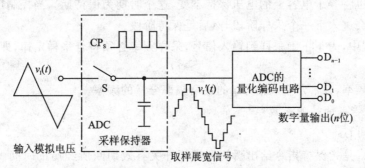

图 6-16 模拟量到数字量的转换过程

3. 采样保持器

(1) 采样保持器原理

采样保持器(如图 6-16 所示)是一种具有信号输入、信号输出并由外部指令控制的模拟门电路。主要由模拟开关 S、电容 C 和缓冲放大器 A 组成,一般结构如图 6-17 所示。

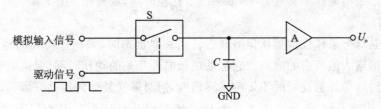

图 6-17 采样保持电路

采样保持器工作时有两种状态,分别是采样状态和保持状态,采样时输出跟随着输入变化,保持时输出不改变。工作过程如图 6-18 所示。

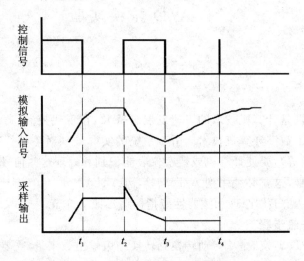

图 6-18 采样保持工作原理示意图

在 t_1 时刻之前,驱动信号为高电平,模拟开关 S 闭合,模拟输入信号给电容充电,电容上的电压跟随着输入电压的变化而变化,输出跟随输入变化,这个时期为采样期。过了 t_1 时刻,控制信号为低电平,模拟开关 S 打开,输入与输出断开,此时电容 C 上面的电压将保持 S 断开瞬间的电压,输出也将等于电容上的电压保持不变,这个时期为保持期。当控制信号的下一个高电平到来时,将会进入下一个采样阶段,然后是保持阶段。

在采样过程中,为了正确采样到输入信号,采样频率必须符合采样定律,即

$$f_s \geqslant 2f_{i\max}$$

式中,f_s 为采样频率,$f_{i\max}$ 为输入信号 i 的最高频率分量的频率。

(2) 采样保持器的性能参数

1) 孔径时间 t_{AP}

孔径时间 t_{AP} 是指保持指令给出瞬间到模拟开关有效切断所经历的时间。由于孔径时间的存在,采样保持的输出值与希望的输出值有一定的误差,这个误差为孔径误差。如果保持指令与 A/D 开始转换指令同时发出,将因为孔径时间的存在,转换值将不是保持值。为了保证转换精度,最好在发出保持指令后延迟一段时间,等输出稳定以后再启动 A/D 转换模块。

2) 孔径不定 Δt_{AP}

孔径不定 Δt_{AP} 是指孔径时间的变化,孔径时间只是采样时间的延迟,如果每次延迟相同,则对总的采样结果精确性不会有影响;如果改变孔径时间,则对精度有影响。

3) 捕捉时间 t_{AC}

捕捉时间是指当采样保持器从保持状态转到采样状态时,采样保持器的输出从保持状态的值变到当前的输入值所需的时间。它包括逻辑输入开关的动作时间、保持电容的充电时间、放大器的设定时间等。捕捉时间不影响采样精度,但对采样频率的提高有影响。

4) 保持电压的下降

当采样/保持器处在保持状态时,由于保持电容器 C 的漏电流使保持电压值下降,下降值随保持时间增大而增加,所以,引入保持电压的下降率,即

$$\Delta U/\Delta T = IC$$

式中，I 为保持电容 C 的漏电流。

这里只介绍了采样保持器的几个重要参数。而采样还有其他的一些参数，例如：馈送、电荷转移偏差和跟踪到保持的偏差等参数。

目前采样保持器大多是集成在一块芯片上，芯片内部不包含保持电容，保持电容是由用户根据需要外接到芯片上。常用的采样保持器有 AD582、LF198 等。

(3) AD 转换与采样保持器的关系

在数据采集系统中，采样保持器用来对 A/D 转换器输入的模拟信号进行采集和保持，以确保 A/D 转换的精度。要保证 A/D 转换的精度，就必须确保 A/D 转换过程中输入的模拟信号的变量不得大于 LSB/2。在数据采集系统中，如果模拟信号不经过采样保持器而直接输入 A/D 转换器，那么，系统允许该模拟信号的变化率就得降低。

一个 n 位的 A/D 转换器能表示的最大数字是 $2n$，设它的满量程电压为 FSR，则它的"量化单位"或最小有效位 $LSB = FSR/2n$。如果在转换时间 t_{CONV} 内，正弦信号电压的最大变化不超过 LSB/2 所代表的电压，则在 $U_m = FSR$ 条件下，数据采集系统可采集的最高信号频率为

$$f_{max} = \frac{1}{2^{n+1}\pi t_{CONV}}$$

加采样/保持器后，就变成在 $\Delta t = t_{AP}$ 内，即在采样/保持器的孔径时间内讨论系统可采集模拟信号的最高频率。仍考虑对正弦信号采样，则在 n 位 A/D 转换器前加上采样/保持器后，系统可采集信号的最高频率为

$$f_{max} = \frac{1}{2^{n+1}\pi t_{AP}}$$

4. S3C44B0X 处理器的 A/D 转换

处理器内部集成了采用近似比较算法（计数式）的 8 路 10 位 ADC，集成零比较器，内部产生比较时钟信号；支持软件使能休眠模式，以减少电源损耗。其主要特性如下。

- 精度(resolution)：10 位。
- 微分线性误差(differential linearity error)：± 1 LSB。
- 积分线性误差(integral linearity error)：± 2 LSB (Max. ± 3 LSB)。
- 最大转换速率(maximum conversion rate)：100 ksps。
- 输入电压(input voltage range)：0～2.5 V。
- 输入带宽(input bandwidth)：0～100 Hz（无采样保持电路 S/H(sample&hold)）。
- 低功耗(low power consumption)。

5. A/D 功能框图

AD 转换框图如图 6-19 所示。

VCOM 是外部比较电压输入，实验系统中只需要接滤波电容到地，即比较范围为 5～0 V。处理器的 AFREFB、AREFT 引脚亦需要接滤波电容到地。

6. 处理器 A/D 转换器的使用

(1) 寄存器组

S3C44B0X 处理器集成的 ADC 只使用到 3 个寄存器，即 ADC 控制寄存器(ADCCON)、ADC 数据寄存器(ADCDAT)和 ADC 预装比例因子寄存器(ADCPSR)。

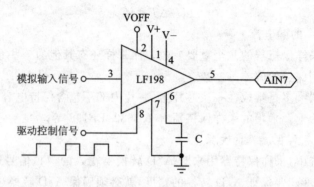

图 6-19 S3C44B0X 处理器的 ADC 框图

1) ADC 控制寄存器 ADCCON

6	5	4:2	1	0
FLAG	SLEEP	IN_SELECT	READ_START	ENABLE_START

FLAG：0——A/D 转换正在进行；1——A/D 转换结束。
SLEEP：0——正常状态；1——Sleep 模式。
IN_SELECT：选择转换通道[4:2]。
　　000＝AIN0　001＝AIN1　010＝AIN2　011＝AIN3
　　100＝AIN4　101＝AIN5　110＝AIN6　111＝AIN7
READ_START：0——禁止 Start-by-read；1——允许 Start-by-read。
ENABLE_START：0——A/D 转换器不工作；1——A/D 转换器开始工作。

2) ADC 预装比例因子寄存器 ADCPSR

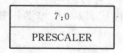

PRESCALER：比例因子。该数据决定转换时间的长短，数据越大转换时间就越长。

3) ADC 数据寄存器 ADCDAT

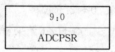

ADCPSR：A/D 转换数据值。

(2) A/D 转换的转换时间计算

例如系统时钟为 66MHz，PRESCALER＝20；所有 10 位转换时间为

$$66 \text{ MHz}/[2 \times (20+1)]/16 = 98.214 \text{ kHz} = 10.5 \text{ μs}$$

式中，16 是指 10 位转换所需最少周期数。

(3) A/D 转换器使用注意事项

A/D 转换器使用注意事项如下：

① ADC 的模拟信号输入通道没有采样保持电路，使用时可以设置较大的 ADCPSR 值，

以减少输入通道因信号输出电阻过大而产生的信号电压。

② ADC 的转换频率在 0～100 Hz。

③ 通道切换时,应保证至少 15 μs 的间隔。

④ ADC 从 SLEEP 模式退出,通道信号应保持 10 ms 以使 ADC 参考电压稳定。

⑤ start-by-read 可使用 DMA 传送转换数据。

6.7.2 实验设计

1. 电路设计

在 S3C44B0X 中 A/D 模块有 8 个模拟输入通道,通道的切换可以由内部的定时器完成。如果要进行 8 个通道连续变化信号的转换,还必须在 8 个通道全部加采样保持器,采样保持的接口电路如图 6-20 所示。模拟输入信号为需要转换的信号,驱动控制信号可以通过编程利用 ARM 处理器的 timer 产生,也可以通过 I/O 口来控制,输出信号直接连接到 A/D 模块中的输入通道。

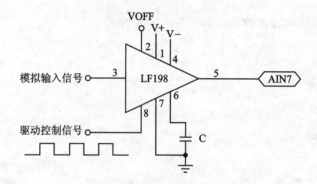

图 6-20 采样保持电路

分压电路比较简单,如图 6-21 所示。为了保证电压转换时是稳定的,可以直接调节可变电阻得到稳定的电压值。

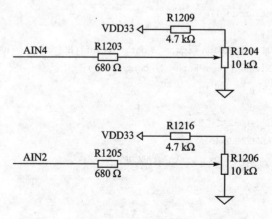

图 6-21 分压电路

2. 软件程序设计

实验主要是对 S3C44B0X 中的 A/D 模块进行操作,所以软件程序也主要是对 A/D 模块中的寄存器进行操作,其中包括对 ADC 控制寄存器(ADCCON)、ADC 数据寄存器(ADC-DAT)和 ADC 预装比例因子寄存器(ADCPSR)的读写操作。同时为了观察转换结果,可以通过串口在超级终端中观察。

6.7.3 实验参考程序

1. 环境及函数声明

环境及函数声明代码如下:

```
void adc_test (void);
```

2. 初始化程序

初始化程序如下:

```
void Main(void)
{
sys_init();
uart_printf("\n S3C44B0x ADC Conversion Test Example\n");
adc_test();
}
```

3. A/D 转换程序

A/D 转换程序如下:

```
void adc_test(void)
{
    int nAdcpsr;
    rCLKCON = 0x7ff8;
    rADCCON = 0x1 | (0<<2);
    delay(100);
    uart_printf( "Input ADCPSR value (1 - 255): " );
    nAdcpsr = uart_getintnum();
    rADCPSR = nAdcpsr;
    uart_printf( "ADC conversion freq. = %dHz\n",(int)(MCLK/(2. * (nAdcpsr + 1.))/16.) );
    uart_printf("\nPlease press 'Enter' to convert\n");
    while( uart_getch() != '\n' )
      {
        rADCCON = 0x1 | (0x2<<2);
        while( ! (rADCCON&0x40) );
        uart_printf( "Ain2 = 0x%03x\n",rADCDAT );
      }
}
```

6.7.4 实验操作步骤

1. 准备实验环境

使用 Embest 仿真器连接目标板,使用 Embest EduKit-Ⅲ实验板附带的串口线,连接实验板上的 UART0 和 PC 的串口。

2. 串口接收设置

在 PC 上运行 Windows 自带的超级终端串口通信程序（波特率 115 200 baud、1 位停止位、无校验位、无硬件流控制）；或者使用其他串口通信程序。

3. 操作步骤

与前面实验的操作步骤相同。

4. 观察实验结果

① 在 PC 上观察超级终端程序主窗口，可以看到如下信息：

```
boot success...
S3C44B0X ADC Conversion Test Example
Input ADCPSR value (1 - 255):
```

② 输入预装比例因子，该数据决定转换时间的长短，数据越大转换时间就越长，输入范围是 0～255，然后按回车键，将可以观察到试验结果，改变可调电阻的值将观察到不同的转换值。比如输入 20，则看见如下信息：

```
Input ADCPSR value (1 - 255): 20
ADC conv. freq. = 95238Hz
Please press 'Enter' to convert
A2 = 0x3ff
```

6.8 数码管显示实验

6.8.1 实验原理

嵌入式计算机系统中，经常使用八段数码管来显示数字或符号，由于它具有显示清晰、亮度高、使用电压低、寿命长的特点，因此使用非常广泛。

（1）结　构

八段数码管由 8 个发光二极管组成，其中 7 个长条形的发光管排列成"日"字形，右下角一个点形的发光管作为显示小数点用，八段数码管能显示所有数字及部分英文字母。

（2）类　型

八段数码管有两种不同的形式：一种是 8 个发光二极管的阳极都连接在一起的，称之为共阳极八段数码管；另一种是 8 个发光二极管的阴极都连接在一起的，称之为共阴极八段数码管。

（3）工作原理

以共阳极八段数码管为例，当控制某段发光二极管的信号为低电平时，对应的发光二极管点亮，当需要显示某字符时，就将该字符对应的所有二极管点亮；共阴极二极管则相反，控制信号为高电平时点亮。

电平信号按照 dp,g,f,…,a 的顺序组合形成的数据字称为该字符对应的段码，常用字符的段码见表 6-30。

表 6-30 常用字符的段码表

字 符	dp	g	f	e	d	c	b	a	段码 共阴极	段码 共阳极
0	0	0	1	1	1	1	1	1	3FH	C0H
1	0	0	0	0	0	1	1	0	06H	F9H
2	0	1	0	1	1	0	1	1	5BH	A4H
3	0	1	0	0	1	1	1	1	4FH	B0H
4	0	1	1	0	0	1	1	0	66H	99H
5	0	1	1	0	1	1	0	1	6DH	92H
6	0	1	1	1	1	1	0	1	7DH	82H
7	0	0	0	0	0	1	1	1	07H	F8H
8	0	1	1	1	1	1	1	1	7FH	80H
9	0	1	1	0	1	1	1	1	6FH	90H
A	0	1	1	1	0	1	1	1	77H	88H
B	0	1	1	1	1	1	0	0	7CH	83H
C	0	0	1	1	1	0	0	1	39H	C6H
D	0	1	0	1	1	1	1	0	5EH	A1H
E	0	1	1	1	1	0	0	1	79H	86H
F	0	1	1	1	0	0	0	1	71H	8EH
—	0	1	0	0	0	0	0	0	40H	BFH
.	1	0	0	0	0	0	0	0	80H	7FH
熄灭	0	0	0	0	0	0	0	0	00H	FFH

(4) 显示方式

八段数码管的显示方式有两种,分别是静态显示和动态显示。

静态显示是指当八段数码管显示一个字符时,该字符对应段的发光二极管控制信号一直保持有效。

动态显示是指当八段数码管显示一个字符时,该字符对应段的发光二极管是轮流点亮的,即控制信号按一定周期有效,在轮流点亮的过程中,点亮时间是极为短暂的(约 1 ms),由于人的视觉暂留现象及发光二极管的余辉效应,数码管的显示依然是非常稳定的。

6.8.2 实验电路

Embest EduKit-Ⅲ教学电路中,使用的是共阳极八段数码管,数码管的控制通过芯片 ZLG7290 控制,各段的控制信号是芯片 ZLG7290 的 SEG[A:G]引脚控制,需要显示的段码通过 I^2C 总线传送到该芯片,如图 6-22、图 6-23、图 6-24 所示。

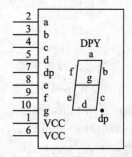

图 6-22 八段数码管连接电路

第 6 章 ARM 微处理器内部组件的应用

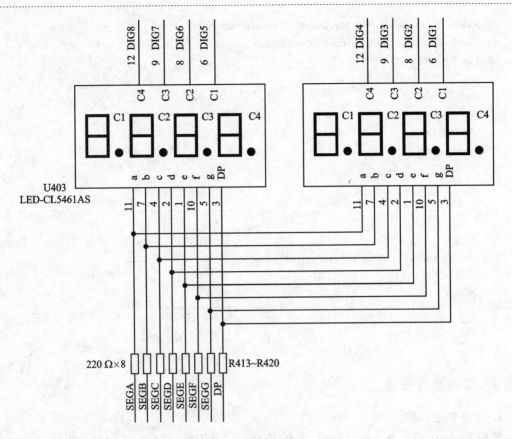

图 6-23 八段数码管连接电路

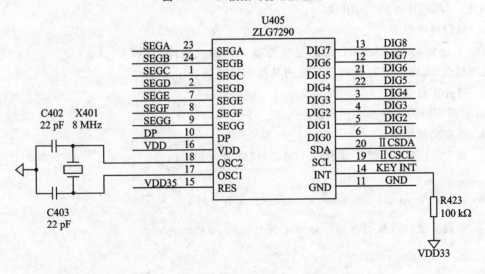

图 6-24 八段数码管控制电路

6.8.3 实验参考程序

实验参考程序如下:

```
void led8_test(void);
```

```c
void led8_disp_mem(int nMemory,int nLen,int nDirection);
void led8_disp(char cWhichS,char cWhichE,char uChar);
void led8_test(void)
{
    int i,j,k;
    iic_init();
    for(;;)
    {
        for(j = 0; j<10; j ++ )
        {
            for(i = 0; i<8; i ++ )
            {
                k = 9 - (i + j) % 10;
                iic_write(0x70,0x10 + i,f_szDigital[k]);
            }
            delay(1000);
        }
    }
}
```

6.8.4 实验操作步骤

1. 准备实验环境

使用 Embest 仿真器连接目标板,使用 Embest EduKit-Ⅲ实验板附带的串口线,连接实验板上的 UART0 和 PC 的串口。

2. 串口接收设置

在 PC 上运行 Windows 自带的超级终端串口通信程序(波特率 115 200 baud、1 位停止位、无校验位、无硬件流控制);或者使用其他串口通信程序。

3. 打开实验例程

与前面实验的操作步骤相同。

4. 观察实验结果

① 在 PC 上观察超级终端程序主窗口,可以看到如下信息:

```
boot success...
8 - segment Digit LED Test Example (Please look at LED)
```

② 实验系统八段数码管循环显示字符 0~9 。

第 7 章

ARM 微处理器的高级接口实验

本章教学重点

着重讲解嵌入式计算机系统的有关液晶显示、键盘控制、触摸屏控制、串行通信、以太网通信、IIS、USB 组件与应用。

7.1 液晶显示实验

7.1.1 实验原理

1. 液晶显示屏

液晶屏(Liquid Crystal Display,LCD)主要用于显示文本及图形信息。液晶显示屏具有轻薄、体积小、耗电量低、无辐射危险、平面直角显示以及影像稳定、不闪烁等特点,因此在许多电子应用系统中,常使用液晶屏作为人机界面。

(1) 主要类型及性能参数

液晶显示屏按显示原理分为 STN 和 TFT 两种。

1) 超扭曲向列(Super Twisted Nematic,STN)液晶屏

STN 与液晶材料、光线的干涉现象有关,因此显示的色调以淡绿色与橘色为主。

STN 液晶显示器中,使用 X、Y 轴交叉的单纯电极驱动方式,即 X、Y 轴由垂直与水平方向的驱动电极构成,水平方向驱动电压控制显示部分为亮或暗,垂直方向的电极则负责驱动液晶分子的显示。

STN 液晶显示屏加上彩色滤光片,并将单色显示矩阵中的每一像素分成三个子像素,分别通过彩色滤光片显示红、绿、蓝三原色,也可以显示出色彩。单色液晶屏及灰度液晶屏都是 STN 液晶屏。

2) 薄膜晶体管(Thin Film Transistor,TFT)彩色液晶屏

随着液晶显示技术的不断发展和进步,TFT 液晶显示屏被广泛用于制作成计算机中的液晶显示设备。TFT 液晶显示屏既可在便携式计算机上应用(现在大多数便携式计算机都使用 TFT 显示屏),也常用于主流台式显示器。

使用液晶显示屏时,主要考虑的参数有外形尺寸、分辨率、点宽、色彩模式等。以下是 Embest EduKit-Ⅲ实验板所选用的液晶屏(LRH9J515XA STN/BW)主要参数,如表 7-1 所列。

表 7-1　LRH9J515XA STN/BW 液晶屏主要技术参数

型 号	LRH9J515XA	外形尺寸	93.8 mm×75.1 mm×5 mm	质 量	45 g
像 素	320×240	画面尺寸	9.6 cm(3.8 in)	色 彩	16 级灰度
电 压	21.5 V(25 ℃)	点 宽	0.24 mm/dot	附 加	带驱动逻辑

可视屏幕的尺寸及参数示意如图 7-1 所示。

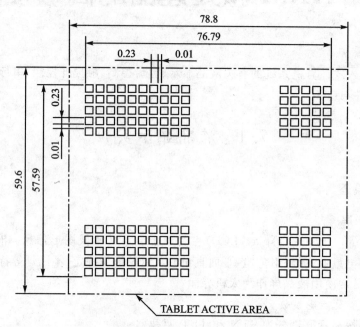

图 7-1　液晶屏参数示意图(图中单位为 mm)

图 7-2　LRH9J515XA STN/BW 液晶屏外形

液晶屏外形如图 7-2 所示。

（2）驱动与显示

液晶屏的显示要求设计专门的驱动与显示控制电路。驱动电路包括提供液晶屏的驱动电源和液晶分子偏置电压，以及液晶显示屏的驱动逻辑；显示控制部分可由专门的硬件电路组成，也可以采用集成电路（IC）模块，比如 EPSON 公司的视频驱动器等；还可以使用处理器外围 LCD 控制模块。实验板的驱动与显示系统包括 S3C44B0X 片内外设 LCD 控制器、液晶显示屏的驱动逻辑以及外围驱动电路。

2. S3C44B0X LCD 控制器

（1）介　绍

S3C44B0X 处理器集成了 LCD 控制器，支持 4 位单扫描、4 位双扫描和 8 位单扫描工作方式。处理器使用内部 RAM 区作为显示缓存，并支持屏幕水平和垂直滚动显示。数据的传送采用 DMA(直接内存访问)方式,以达到最小的延迟。根据实际硬件水平和垂直像素点数、传送数据位数、时间线和帧速率方式等进行编程以支持多种类型的液晶屏。可以支持的液晶类型有:

- 单色液晶。
- 4 级或 16 级灰度屏(基于时间抖动算法或帧速率控制——FRC)。
- 256 色彩色液晶(STN 液晶)。

(2) 显示控制

LCD 控制器主要提供液晶屏显示数据的传送、时钟和各种信号的产生与控制功能。S3C44B0X 处理器的 LCD 控制器主要部分框图如图 7-3 所示。

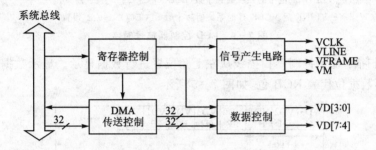

图 7-3 LCD 控制器主要部分框图

1) LCD 控制器接口说明

S3C44B0X LCD 控制器接口说明如表 7-2 所列。

表 7-2 S3C44B0X LCD 控制器接口

接 口	功 能	描 述
VCLK	刷新时钟	为数据传送提供时钟信号(低于 16.5 MHz)
VLINE	水平同步脉冲	提供行信号,即行频率
VFRAME	帧同步信号	帧显示控制信号。显示完整帧后有效
VM	交流控制电压	极性的改变控制液晶分子的显示
VD[3:0]	数据线	数据输入。双扫描时的高 4 位数据输入
VD[7:4]	数据线	数据输入。双扫描时的低 4 位数据输入

2) LCD 控制器信号时序

LCD 控制器信号时序如图 7-4 所示。

3) 扫描模式支持

S3C44B0X 处理器 LCD 控制器扫描工作方式通过 DISMOD(LCDCON1[6:5])设置,如表 7-3 所列。

表 7-3 扫描模式选择

DISMOD	00	01	10	11
模式	4 位双扫描	4 位单扫描	8 位单扫描	无

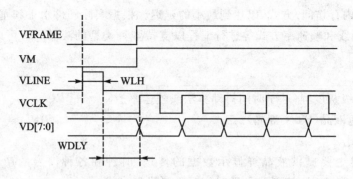

WLH—VLINE 高电平的系统时钟个数（LCDCON1[11:10]设置）；
WDLY—VLINE 后 VCLK 延时系统时钟个数（LCDCON1[9:8]设置）

图 7-4　LCD 控制器信号时序

① 4 位单扫描：显示控制器扫描线从左上角位置进行数据显示。显示数据从 VD[3:0]获得；彩色液晶屏数据位代表 RGB 色，如图 7-5 所示。

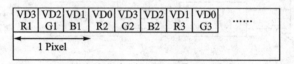

图 7-5　4 位单扫描模式

② 4 位双扫描：显示控制器分别使用两个扫描线进行数据显示。显示数据从 VD[3:0]获得高扫描数据；VD[7:4]获得低扫描数据；彩色液晶屏数据位代表 RGB 色，如图 7-6 所示。

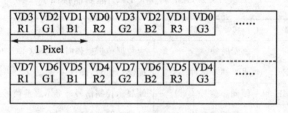

图 7-6　4 位双扫描模式

③ 8 位单扫描：显示控制器扫描线从左上角位置进行数据显示。显示数据从 VD[7:0]获得；彩色液晶屏数据位代表 RGB 色，如图 7-7 所示。

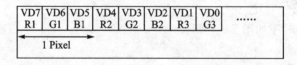

图 7-7　8 位单扫描模式

4）数据的存放与显示

液晶控制器传送的数据表示了一个像素的属性：4 级灰度屏用 2 个数据位；16 级灰度屏时使用 4 个数据位；RGB 彩色液晶屏使用 8 个数据位（R[7:5]、G[4:2]、B[1:0]）。

显示缓存中存放的数据必须符合硬件及软件设置，即要注意字节对齐方式。

在 4 位或 8 位单扫描方式时，数据的存放与显示如图 7-8 所示。

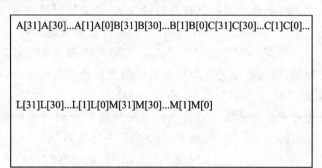

图 7-8 4 位或 8 位单扫描数据显示

在 4 位双扫描方式时,数据的存放与显示如图 7-9 所示。

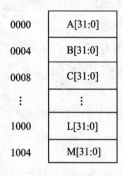

图 7-9 4 位双扫描数据显示

5) LCD 控制器寄存器

S3C44B0X LCD 处理器所包含的可编程控制寄存器共有 18 个,如表 7-4 所列。

表 7-4 LCD 控制器寄存器列表

寄存器名	内存地址	读/写	说　明
LCDCON1	0x01F00000	R/W	LCD 控制寄存器 1:工作信号控制寄存器
LCDCON2	0x01F00004	R/W	LCD 控制寄存器 2:液晶屏水平,垂直尺寸定义
LCDCON3	0x01F00040	R/W	LCD 控制寄存器 3:自测试设定,只用到最低位
LCDSADDR1	0x01F00008	R/W	高位帧缓存地址寄存器 1:液晶类型和扫描模式定义
LCDSADDR2	0x01F0000C	R/W	低位帧缓存地址寄存器 2:设定显示缓存区信息
LCDSADDR3	0x01F00010	R/W	虚屏地址寄存器:设定虚屏偏址和页面宽度
REDLUT	0x01F00014	R/W	红色定义寄存器:定义 8 组红色数据查找表
GREENLUT	0x01F00018	R/W	绿色定义寄存器:定义 8 组绿色数据查找表
BLUELUT	0x01F0001C	R/W	蓝色定义寄存器:定义 4 组蓝色数据查找表
DP1_2	0x01F00020	R/W	1/2 抖动设定:推荐使用 0xA5A5
DP4_7	0x01F00024	R/W	4/7 抖动设定:推荐使用 0xBA5DA65
DP3_5	0x01F00028	R/W	3/5 抖动设定:推荐使用 0xA5A5F
DP2_3	0x01F0002C	R/W	2/3 抖动设定:推荐使用 0xD6B
DP5_7	0x01F00030	R/W	5/7 抖动设定:推荐使用 0xEB7B5ED

续表 7-4

寄存器名	内存地址	读/写	说　明
DP3_4	0x01F00034	R/W	3/4 抖动设定：推荐使用 0x7DBE
DP4_5	0x01F00038	R/W	4/5 抖动设定：推荐使用 0x7EBDF
DP6_7	0x01F0003C	R/W	6/7 抖动设定：推荐使用 0x7FDFBFE
DITHMODE	0x01f00044	R/W	抖动模式寄存器：推荐使用 0x12210 或 0x0

6) LCD 控制器主要参数设定

这里只是简单地介绍控制寄存器的含义，详细使用请参考 S3C44B0X 处理器数据手册。

正确使用 S3C44B0X LCD 控制器，必须设置控制器所有 18 个寄存器。

控制器信号 VFRME、VCLK、VLINE 和 VM 要求配置控制寄存器 LCDCON1/2；液晶屏的显示与控制，以及数据的存取控制要求配置其他相关寄存器，详见以下说明。

① 设置 VM、VFRAME、VLINE

VM 信号通过改变液晶的行列电压的极性来控制像素的显示，VM 速率可以配置 LCDCON1 寄存器的 MMODE 位及 LCDCON2 寄存器的 MVAL[7:0]。

$$VM 速率 = VLINE 速率/(2 \times MVAL)$$

VFRAME 和 VLINE 信号可以根据液晶屏的尺寸及显示模式，配置 LCDCON2 寄存器的 HOZVAL 和 LINEVAL 值，即

$$HOZVAL = (水平尺寸/VD 数据位) - 1$$

式中，水平尺寸＝3×水平像素点数（彩色液晶屏时）；VD 数据位＝4（4 位单/双扫描模式）、8（8 位单扫描模式）。

$$LINEVAL = 垂直尺寸 - 1 (单扫描模式)$$

$$LINEVAL = (垂直尺寸/2) - 1 (双扫描模式)$$

② 设定 VCLK

VCLK 是 LCD 控制器的时钟信号，S3C44B0X 处理器在 66 MHz 时钟频率时最高频率为 16.5 MHz，这可以支持现在所有液晶屏类型。VCLK 的计算需要先计算数据传送速率，并由此设定一个大于数据传送速率的值为 VCLKVAL(LCDCON1[21:12])。

$$数据传送速率 = 水平尺寸 \times 垂直尺寸 \times 帧速率 \times 模式值(MV)$$

其中模式值如表 7-5 所列。

表 7-5 模式值

液晶类型和扫描模式	4 位单扫描	8 位单扫描或 4 位双扫描
单色液晶	1/4	1/8
4 级灰度屏	1/4	1/8
16 级灰度屏	1/4	1/8
彩色液晶	3/4	3/8

帧速率可由以下公式得到：

$$VCLK(Hz)=MCLK/(CLKVAL\times 2)$$

式中,CLKVAL 不小于 2。

$$帧速率(Hz)=\{[(1/VCLK)\times(HOZVAL+1)+(1/MCLK)\times(WLH+WDLY+\\LINEBLANK)]\times(LINEVAL+1)\}^{-1}$$

式中,LINEBLANK 为水平扫描信号 LINE 持续时间设置(MCLK 个数);LINEVAL 为显示屏的垂直尺寸。

VCLK 的计算还可以使用下列公式:
$$VCLK(Hz)=(HOZVAL+1)/\{1/[帧速率\times(LINEVAL+1)]-\\(WLH+WDLY+LINEBLANK)/MCLK\}$$

数据帧显示控制的设定内容如下:
- LCDBASEU 设置显示扫描方式中的开始地址(单扫描方式)或高位缓存地址(双扫描方式)。
- LCDBASEL 设置双扫描方式的低位缓存开始地址,可用以下计算公式:
$$LCDBASEL=LCDBASEU+(PAGEWIDTH+OFFSIZE)\times(LINEVAL+1)$$
- PAGEWDTH 是显示存储区的可见帧宽度(半字数)。
- OFFSIZE 半字数,是显示存储区的前行最后半字和后行第一个半字之间的半字数。
- LCDBANK 是访问显示存储区的地址 A[27:22]值,ENVID=1 时该值不能改变。

7) 液晶屏的支持与设定

对于 4 级灰度屏(2 位数据),LCD 控制器通过设置 BULELUT[15:0]指定使用的灰度级,并且从 0~4 级使用 BULELUT 的 4 个数据位。16 级灰度屏使用 BULELUT 的每一位来表示灰度级别。

7.1.2 实验设计

1. 电路设计

进行液晶屏控制电路设计时必须提供电源驱动、偏压驱动以及 LCD 显示控制器。由于 S3C44B0X 处理器本身自带 LCD 控制器,而且可以驱动实验板所选用的液晶屏,所以控制电路的设计可以省去显示控制电路,只需进行电源驱动和偏压驱动的电路设计即可。

(1) 液晶电路

液晶电路结构框图如图 7-10 所示,引脚说明如表 7-6 所列。

表 7-6 液晶屏引脚

引脚号	说 明	引脚号	说 明	引脚号	说 明
1	V5:偏压 5	6	V0:电源地	11	CP:时钟宽度
2	V2:偏压 2	7	LOAD:逻辑控制(内部)	12	V4:偏压 4
3	VEE:驱动电压	8	VSS:信号地	13	V3:偏压 3
4	VDD:逻辑电压	9	DF:驱动交流信号	14~17	D3~D0:数据
5	FRAME	10	/D-OFF:像素开关	18	NC:未定义

(2) 控制电路

实验板所选用的液晶屏的驱动电源是 21.5 V,因此直接使用实验系统的 3 V 或 5 V 电源

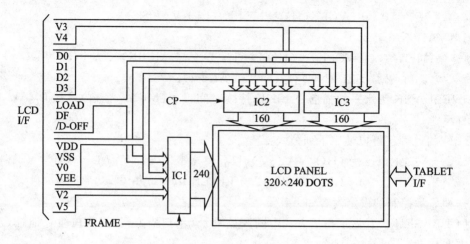

图 7-10　LCD 结构框图

时需要电压升压控制,实验系统采用的是 MAX629 电源管理模块,以提供液晶屏的驱动电源。偏压电源可由系统升压后的电源分压得到。EduKit-Ⅲ实验板的电源驱动和偏压驱动参考电路如图 7-11 所示。

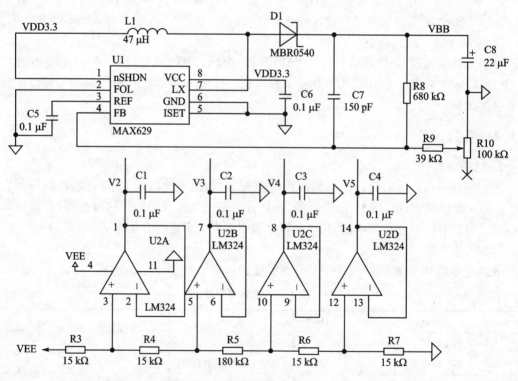

图 7-11　电源驱动与偏压驱动电路

2. 软件程序设计

使用液晶屏显示最基本的是像素控制数据的使用,像素控制数据的存放与传送形式,决定了显示效果。这也是所有显示控制的基本程序设计思想。图形显示可以直接使用像素控制函数实现;把像素控制数据按一定形式存放即可实现字符显示,比如 ASCII 字符、语言文字字符等。

由于实验要求在液晶显示屏上显示包括矩形、字符和位图文件等,所以实验程序设计主要包括三大部分。

(1) 矩形显示

矩形显示可以通过两条水平线和两条垂直线组成,因此在液晶显示屏上显示矩形实际就是画线函数的实现。画线函数则通过反复调用像素控制函数得到水平线或垂直线。

(2) 字符显示

字符的显示包括 ASCII 字符和汉字的显示。字符的显示可以采用多种形式字体,其中常用的字体大小有(W×H 或 H×W):8×8、8×16、12×12、16×16、16×24、24×24 等,用户可以使用不同的字库以显示不同的字体。如实验系统中使用 8×16 字体显示 ASCII 字符,使用 16×16 字体显示汉字。

不管显示 ASCII 字符还是点阵汉字,都是通过查找预先定义好的字符表来实现,这个存储字符的表我们叫做库,相应地有 ASCII 库和汉字库。

```
const INT8U g_ucAscii8x16[] = { //ASCII 字符查找表 }
```

ASCII 字符的存储是把字符显示数据存放在以字符的 ASCII 值为下标的库文件(数组)中,显示时再按照字体的长与宽和库的关系取出作为像素控制数据显示。ASCII 库文件只存放 ANSI ASCII 的共 255 个字符。请参考样例程序。

```
const INT8U g_ucHZK16[] = { //点阵汉字查找表 }
```

点阵汉字库是按照方阵形式进行数据存放,所以汉字库的字体只能是方形的。汉字库的大小与汉字显示的个数及点阵数成正比。请参考样例程序。

(3) 位图文件显示

通过把位图文件转换成一定容量的显示数组,并按照一定的数据结构存放。与字符的显示一样,传送的数据需要设计软件控制程序。

Embest ARM 教学系统位图显示的存放数据结构及控制程序:

```
const INT8U g_ucBitmap[] = {//位图文件数据};
```

7.1.3 实验参考程序

1. 液晶屏初始化

液晶屏初始化程序如下:

```
void lcd_init(void)
{
    rDITHMODE = 0x12210;
    rDP1_2 = 0xa5a5;
    rDP4_7 = 0xba5da65;
    rDP3_5 = 0xa5a5f;
    rDP2_3 = 0xd6b;
    rDP5_7 = 0xeb7b5ed;
    rDP3_4 = 0x7dbe;
```

```
        rDP4_5 = 0x7ebdf;
        rDP6_7 = 0x7fdfbfe;
        rLCDCON1 = (0x0)|(2<<5)|(MVAL_USED<<7)|(0x3<<8)|(0x3<<10)|(CLKVAL_COLOR<<
                12);
        rLCDCON2 = (LINEVAL)|(HOZVAL_COLOR<<10)|(10<<21);
        rLCDCON3 = 0;
        rLCDSADDR1 = (0x3<<27) | ( ((unsigned int)g_unLcdActiveBuffer>>22)<<21 ) | M5D((un-
                signed int)g_unLcdActiveBuffer>>1);
        rLCDSADDR2 = M5D((((unsigned int)g_unLcdActiveBuffer + (SCR_XSIZE * LCD_YSIZE))>>1)) |
                (MVAL<<21);
        rLCDSADDR3 = (LCD_XSIZE/2) | ( ((SCR_XSIZE - LCD_XSIZE)/2)<<9 );
        rREDLUT = 0xfdb96420; //1111 1101 1011 1001 0110 0100 0010 0000
        rGREENLUT = 0xfdb96420; //1111 1101 1011 1001 0110 0100 0010 0000
        rBLUELUT = 0xfb40; //1111 1011 0100 0000
        rLCDCON1 = (0x1)|(2<<5)|(MVAL_USED<<7)|(0x3<<8)|(0x3<<10)|(CLKVAL_COLOR<<
12);
        rPDATE = rPDATE&0x0e;
        lcd_clr();
    }
```

2. 显示像素和位图

显示像素和位图程序如下：

```
#define LCD_PutPixel(x,y,c)\
    g_unLcdActiveBuffer[(y)][(x)/4] = (( g_unLcdActiveBuffer[(y)][(x)/4] & (~(0xff000000>>
                            ((x)%4)*8)) ) | ( (c)<<((4-1-((x)%4))*8) ));
#define LCD_ActivePutPixel(x,y,c)\
    g_unLcdActiveBuffer[(y)][(x)/4] = (( g_unLcdActiveBuffer[(y)][(x)/4] & (~(0xff000000>>
                            ((x)%4)*8)) )\
void bitmap_view320x240x256(UINT8T * pBuffer)
{
    UINT32T i,j;
    UINT32T * pView = (UINT32T *)g_unLcdActiveBuffer;
    for (i = 0; i < SCR_XSIZE * SCR_YSIZE / 4; i++)
    {
        *pView = ((*pBuffer) << 24) + ((*(pBuffer + 1)) << 16) + ((*(pBuffer + 2)) << 8) +
                (*(pBuffer + 3));
        pView ++;
        pBuffer += 4;
    }
}
```

7.1.4 实验操作步骤

1. 准备实验环境

使用 Embest 仿真器连接目标板，使用 Embest EduKit-Ⅲ实验板附带的串口线，连接实验板上的 UART0 和 PC 的串口。

2. 串口接收设置

在 PC 上运行 Windows 自带的超级终端串口通信程序(波特率 115 200 baud、1 位停止位、无校验位、无硬件流控制);或者使用其他串口通信程序。

3. 操作步骤

同第 6 章的实验步骤。

4. 观察实验结果

在 PC 上观察超级终端程序主窗口,可以看到如下信息:

boot success...
LCD display Test Example(please look at LCD screen)

观察 LCD 液晶屏,用户可以看到包含多个矩形框、ASCII 字符、汉字字符和彩色位图显示。

7.2 5×4 键盘控制实验

7.2.1 实验原理

用户设计行列键盘接口,一般常采用三种方法读取键值。一种是中断式,另两种是扫描法和反转法。

(1) 中断式

在键盘按下时产生一个外部中断通知 CPU,并由中断处理程序通过不同的地址读取数据线上的状态,判断哪个按键被按下。本实验采用中断式实现用户键盘接口。

(2) 扫描法

对键盘上的某一行送低电平,其他为高电平,然后读取列值,若列值中有一位是低,则表明该行与低电平对应列的键被按下,否则扫描下一行。

(3) 反转法

先将所有行扫描线输出低电平,读列值,若列值有一位是低,则表明有键按下;接着所有列扫描线输出低电平,再读行值。根据读到的值组合就可以查表得到键码。

7.2.2 实验设计

键盘硬件电路设计

(1) 键盘控制电路

键盘控制电路使用芯片 ZLG7290 控制,如图 7-12 所示。键盘连接电路如图 7-13 所示。

(2) 工作过程

键盘动作由芯片 ZLG7290 检测,键盘按下时,若芯片检测到这一操作,则在 INT 引脚产生中断触发电平,通知处理器,处理器通过 I^2C 总线读取芯片中保存的键值。

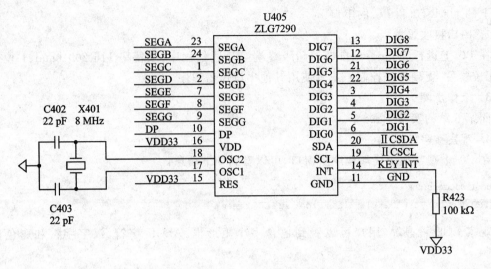

图 7-12　5×4 键盘控制电路

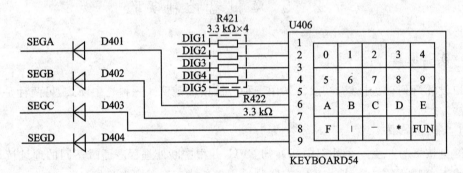

图 7-13　5×4 键盘连接电路

7.2.3　实验参考程序

1. 键盘控制初始化

键盘控制初始化程序如下：

```
void keyboard_test(void)
{
    int i,j,k;
    UINT8T ucChar,t;
    iic_init();
    for(i = 0; i<8; i++)
        iic_write(0x70,0x10 + i,0xFC);
    iic_write(0x70,0x10 + 3,0xBE);
    iic_init();
    pISR_EINT2 = (int)keyboard_int;
    for(;;)
    f_nKeyPress = 0;
    rINTMSK = rINTMSK & (~(BIT_GLOBAL|BIT_EINT2));
```

```
    while(f_nKeyPress == 0);
    iic_read(0x70,0x1,&ucChar);
    ucChar = key_set(ucChar);
    if(ucChar < 10) ucChar += 0x30;
    else if(ucChar < 16) ucChar += 0x37;
    if(ucChar < 255)
    uart_printf("press key %c\n",ucChar);
    if(ucChar == 0xFF)
    {
      uart_printf(" press key FUN (exit now)\n\r");
      return;
    }
  }
  while(1);
}
```

2. 中断服务程序

中断服务程序如下:

```
void keyboard_int(void)
{
UINT8T ucChar;
rINTMSK = rINTMSK | BIT_EINT2;          //disable EINT2 int
rI_ISPC = BIT_EINT2;
f_nKeyPress = 1;
}
```

7.2.4 实验操作步骤

1. 准备实验环境

使用 Embest 仿真器连接目标板,使用 Embest EduKit-Ⅲ实验板附带的串口线,连接实验板上的 UART0 和 PC 的串口。

2. 串口接收设置

在 PC 上运行 Windows 自带的超级终端串口通信程序(波特率 115 200 baud、1 位停止位、无校验位、无硬件流控制);或者使用其他串口通信程序。

3. 打开实验例程

同第 6 章的实验步骤。

4. 观察实验结果

在 PC 上观察超级终端程序主窗口,可以看到如下信息:

```
boot success...
Keyboard Test Example
```

用户可以按下实验系统的 5×5 键盘,在超级终端上观察结果。

7.3 触摸屏控制实验

7.3.1 实验原理

1. 触摸屏

触摸屏(Touch Screen Panel,TSP)按其技术原理可分为五类:矢量压力传感式、电阻式、电容式、红外线式和表面声波式,其中电阻式触摸屏在嵌入式计算机系统中用得较多。

(1) 表面声波触摸屏

表面声波触摸屏的边角有 X、Y 轴声波发射器和接收器,表面有 X、Y 轴横竖交叉的超声波传输。当触摸屏幕时,从触摸点开始的部分被吸收,控制器根据到达 X、Y 轴的声波变化情况和声波传输速度计算出声波变化的起点,即触摸点。使用电容感应触摸屏时,人相当于地,给屏幕表面通上一个很低的电压,当用户触摸屏幕时,手指头吸收走一个很小的电流,这个电流分别从触摸屏四个角或四条边上的电极中流出,并且理论上流经这四个电极的电流与手指到四角的距离成比例,控制器通过对这四个电流比例的计算,得出触摸点的位置。

(2) 红外线触摸屏

红外线触摸屏,是在显示器屏幕的前面安装一个外框,外框里有电路板,在 X、Y 方向排布红外发射管和红外接收管,一一对应形成横竖交叉的红外线矩阵。当有触摸时,手指或其他物体就会挡住经过该处的横竖红外线,由控制器判断出触摸点在屏幕上的位置。

(3) 电阻触摸屏

电阻触摸屏是一个多层的复合膜,由一层玻璃或有机玻璃作为基层,表面涂有一层透明的导电层,上面再盖有一层塑料层,它的内表面也涂有一层透明的导电层,在两层导电层之间有许多细小的透明隔离点把它们隔开绝缘。工业中常用 ITO(Indium Tin Oxide,氧化锡)导电层。当手指触摸屏幕时,平常绝缘的两层导电层在触摸点位置就有了一个接触,控制器检测到这个接通后,其中一面导电层接通 Y 轴方向的 5 V 均匀电压场,另一导电层将接触点的电压引至控制电路进行 A/D 转换,得到电压值后与 5 V 相比即可得触摸点的 Y 轴坐标,同理得出 X 轴的坐标。这是所有电阻技术触摸屏共同的基本原理。电阻式触摸屏根据信号线数又分为四线、五线、六线等类型。信号线数越多,技术越复杂,坐标定位也越精确。

四线电阻触摸屏,采用国际上评价很高的电阻专利技术:包括压模成型的玻璃屏和一层透明的防刮塑料,或经过硬化、清晰或抗眩光处理的尼龙,内层是透明的导体层,表层与底层之间夹着拥有专利技术的分离点(separator dots)。这类触摸屏适合于需要相对固定人员触摸的高精度触摸屏的应用场合,精度超过 4 096×4 096,有良好的清晰度和极微小的视差。主要优点还表现在:不漂移,精度高,响应快,可以用手指或其他物体触摸,防尘、防油污等,主要用于专业工程师或工业现场。

Embest EduKit-Ⅲ采用四线式电阻式触摸屏,如图 7-2 所示的 LRH9J515XA STN/BW 触摸屏,其点数为 320×240。实验系统由触摸屏、触摸屏控制电路和数据采集处理三部分组成。被按下的触摸屏状态如图 7-14 所示。

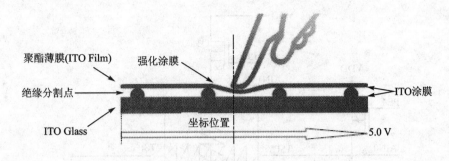

图 7-14　触摸屏被按下时的状态

(4) 等效电路结构

电阻触摸屏采用一块带统一电阻外表面的玻璃板。聚酯表层紧贴在玻璃面上,通过小的透明的绝缘颗粒与玻璃面分开。聚酯层外表面坚硬耐用,内表面有一个传导层。当屏幕被触摸时,传导层与玻璃面表层进行电子接触,产生的电压就是所触摸位置的模拟表示,其结构和等效电路如图 7-15、图 7-16 所示。

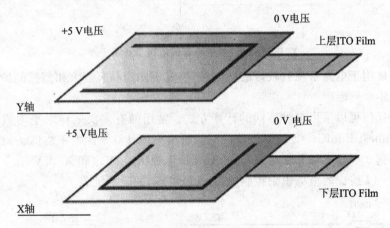

图 7-15　电阻触摸屏结构示意图

(5) 触摸屏原点

电阻式触摸屏是通过电压的变化范围来判定按下触摸屏的位置,所以其原点就是触摸屏 X 电阻面和 Y 电阻面接通产生最小电压处。随着电阻的增大,A/D 转换所产生的数值不断增加,形成坐标范围。

触摸原点的确定有很多种方法,比如常用的对角定位法、四点定位法、实验室法等。

➢ 对角定位法。系统先对触摸屏的对角坐标进行采样,根据数值确定坐标范围,可采样一条对角线或两条对角线的顶点坐标。这种方法简单易用,但是需要多次采样操作并进行比较,以取得定位的准确性。本实验板采用这种定位方法。

➢ 四点定位法。同对角定位法一样,需要进行数据采样,只是需要采样四个顶点坐标以确定有效坐标范围,程序根据四个采样值的大小关系进行坐标定位。这种方法的定位比对角定位法可靠,所以现在被许多带触摸屏的设备终端使用。

➢ 实验室法。触摸屏的坐标原点、坐标范围由生产厂家在出厂前根据硬件定义好。定位方法是按照触摸屏和硬件电路的系统参数,对批量硬件进行最优处理定义取得的。这

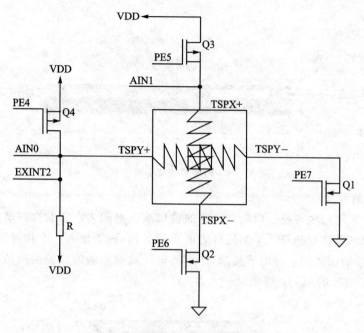

图 7-16 触摸屏等效电路示意图

种方法适用于电路系统有较好的电气特性,且不同产品有较大相似性的场合。

(6) 触摸屏的坐标

触摸屏坐标值可以采用多种不同的计算方式。常用的有多次采样取平均值法、二次平方处理法等。Embest EduKit-Ⅲ教学系统的触摸屏坐标值计算采用取平均值法,首先从触摸屏的 4 个顶角得到 2 个最大值和 2 个最小值,分别标识为 X_{max}、Y_{max} 和 X_{min}、Y_{min}。

参照图 7-17 组成的坐标识别控制电路,X、Y 方向的确定见表 7-7。

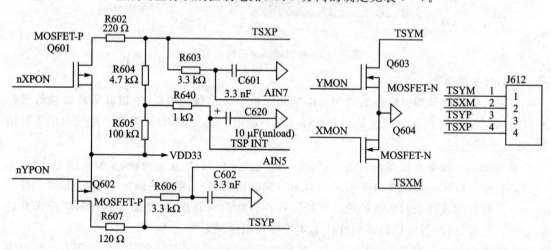

图 7-17 触摸屏坐标转换控制电路

表 7-7 确定 X、Y 方向

方向	A/D 通道	N-MOS	P-MOS
X	AN0	Q1(−)=1；Q2(+)=0	Q3(−)=0；Q4(+)=1
Y	AN1	Q1(+)=0；Q2(−)=1	Q3(+)=1；Q4(−)=0

当触摸屏被按下时,首先导通 MOS 管组 Q2 和 Q4,X+与 X−回路加上+5 V 电源,同时将 MOS 管组 Q1 和 Q3 关闭,断开 Y+和 Y−;再启动处理器的 A/D 转换通道 0,电路电阻与触摸屏按下产生的电阻输出分量电压,并由 A/D 转换器将电压值数字化,计算出 X 轴的坐标。

接着先导通 MOS 管组 Q1 和 Q3,Y+与 Y−回路加上+5 V 电源,同时将 MOS 管组 Q2 和 Q4 关闭,断开 X+和 X−;再启动处理器的 A/D 转换通道 1,电路电阻与触摸屏按下产生的电阻输出分量电压,并由 A/D 转换器将电压值数字化,计算出 Y 轴的坐标。

确定 X、Y 方向后坐标值的计算可通过以下方式求得(请参照程序设计):

$$X=(X_{max}-X_a)\times 240/(X_{max}-X_{min}) \qquad X_a=(X_1+X_2+\cdots+X_n)/n$$
$$Y=(Y_{max}-Y_a)\times 320/(Y_{max}-Y_{min}) \qquad Y_a=[Y_1+Y_2+\cdots+Y_n]/n$$

通过计算,Embest ARM 教学系统的触摸屏的坐标情况($n=5$)如图 7-18 所示。

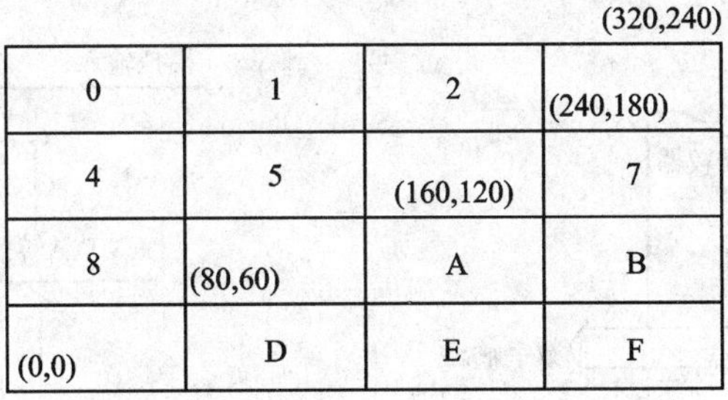

			(320,240)
0	1	2	(240,180)
4	5	(160,120)	7
8	(80,60)	A	B
(0,0)	D	E	F

图 7-18 触摸屏的坐标范围(坐标定位后)

2. A/D 转换器

(1) A/D 转换器的类型

A/D 转换器(ADC)种类繁多,分类方法也很多。其中常见的包括以下分类:

- 按照工作原理可分为:计数式 A/D 转换器、逐次逼近型、双积分型和并行 A/D 转换几类。
- 按转换方法可分为:直接 A/D 转换器和间接 A/D 转换器。所谓直接转换是指将模拟量转换成数字量;而间接转换则是指将模拟量转换成中间量,再将中间量转换成数字量。
- 按分辨率可分为:二进制的 4 位、6 位、8 位、10 位、12 位、14 位、16 位和 BCD 码的 3 位半、4 位半、5 位半等。
- 按转换速度可分为:低速(转换时间≥1 s)、中速(转换时间≤1 ms)、高速(转换时间≥1 μs)和超高速(转换时间≤1 ns)。
- 按输出方式可分为:并行、串行、串并行等。

(2) A/D 转换器的工作原理

A/D 转换的方法很多,下面介绍常用的 A/D 转换原理。

1) 计数式

计数式 A/D 转换如图 7-19 所示,这种 A/D 转换原理最简单直观,它由 D/A 转换器、计数器和比较器组成。计数器由零开始计数,将其计数值送往 D/A 转换器进行转换,将生成的模拟信号与输入模拟信号在比较器内进行比较,若前者小于后者,则计数值加 1,重复 D/A 转换及比较过程。因为计数值是递增的,所以 D/A 输出的模拟信号是一个逐步增加的量,当这个信号值与输出模拟量比较相等时(在允许的误差范围内),比较器产生停止计数信号,计数器立即停止计数。此时 D/A 转换器输出的模拟量就为模拟输入值,计数器的值就是转换成的相应的数字量值。这种 A/D 转换器结构简单、原理清楚,但是转换速度与精度之间存在严重矛盾,即若要提高转换速度,则转换器输出与输入的误差就越大,反之亦然,所以在实际中很少使用。

2) 逐次逼近式

逐次逼近 A/D 转换如图 7-20 所示,它是由一个比较器、D/A 转换器、寄存器及控制逻辑电路组成。和计数式相同,逐次逼近式也要进行比较,以得到转换数字值。但在逐次逼近式中,是用一个寄存器控制 D/A 转换器。逐次逼近式是从高位到低位依次开始逐位试探比较。S3C44B0X 处理器集成了这种 A/D 转换器。

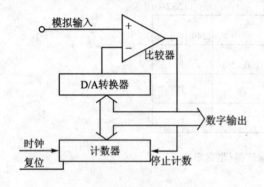
图 7-19 计数式 A/D 转换

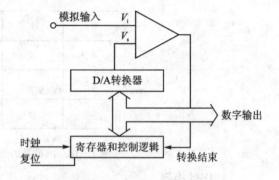
图 7-20 逐次逼近 A/D 转换

逐次逼近式转换过程如下:初始时寄存器各位清 0,转换时,先将最高位置 1,送入 D/A 转换器,经 D/A 转换后生成的模拟量送入比较器中与输入模拟量进行比较,若 $V_s < V_i$,则该位的 1 被保留,否则被清除。然后次高位置 1,将寄存器中新的数字量送入 D/A 转换器,输出的 V_s 再与 V_i 比较,若 $V_s < V_i$,则保留该位的 1,否则清除。重复上述过程,直至最低位。最后寄存器中的内容即为输入模拟值转换成的数字量。

对于 n 位逐次逼近式 A/D 转换器,要比较 n 次才能完成一次转换。因此,逐次逼近式 A/D 转换器的转换时间取决于位数和时钟周期。转换精度取决于 D/A 转换器和比较器的精度,一般可达 0.01%,转换结果也可串行输出。逐次逼近式 A/D 转换器可应用于许多场合,是应用最为广泛的一种 A/D 转换器。

(3) A/D 转换器主要性能指标

1) 分辨率

分辨率是指 A/D 转换器能分辨的最小模拟输入量。通常用能转换成的数字量的位数来表示,如 8 位、10 位、12 位、16 位等。位数越高,分辨率越高。如分辨率为 10 位,则表示 A/D 转换器能分辨满量程的 1/1 024 的模拟增量,此增量亦可称为 1 LSB 或最低有效位的电压当量。

2) 转换时间

转换时间是 A/D 转换完成一次转换所需的时间,即从启动信号开始到转换结束并得到稳定数字输出量为止的时间。一般来说,转换时间越短则转换速度就越快。不同的 A/D 转换器转换时间差别较大,通常为微秒数量级。

3) 量　程

量程是指所能转换的输入电压范围。

4) 绝对精度

A/D 转换器的绝对精度是指在输出端产生给定数字代码的情况下,实际需要的模拟输入值与理论上要求的模拟输入值之差。

5) 相对精度

相对精度是指 A/D 转换器的满刻度值校准以后,任意数字输出所对应的实际模拟输入值(中间值)与理论值(中间值)之差。线性 A/D 转换器的相对精度就是它的线性度。精度代表电气或工艺精度,其绝对值应小于分辨率,因此常用 1 LSB 的分数形式来表示。

7.3.2　实验设计

1. 电路设计

Embest EduKit-Ⅲ 实验板所选用的触摸屏(LRH9J515XA STN/BW)的主要参数如表 7-8 所列,触摸屏的尺寸如图 7-21 所示,触摸屏坐标转换控制电路如图 7-17 所示。

表 7-8　LRH9J515XA STN/BW 触摸屏主要技术参数

型　号	LRH9J515XA	外形尺寸	93.8 mm×75.1 mm×5 mm	质　量	45 g
像　素	320×240	画面尺寸	9.6 cm(3.8 in)	色　彩	16 级灰度
电　压	21.5 V(25 ℃)	点　宽	0.24 mm/dot	电阻/Ω	X:590,Y:440

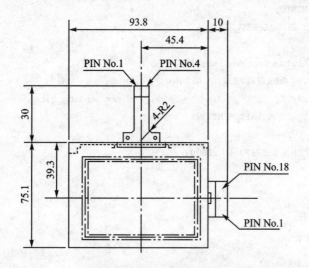

图 7-21　触摸屏的尺寸示意图(图中单位为 mm)

当手指触摸屏幕时,平常绝缘的两层导电层在触摸点位置就有了一个接触,控制器检测到这个接通后,产生中断通知 CPU 进行 A/D 转换;中断处理程序通过导通不同 MOS 管组,使接触部分与控制器电路构成电阻电路,并产生一个电压降作为坐标值输出。

2. 软件程序设计

触摸屏的控制程序软件包括串口数据传送、触摸屏定位、中断处理程序等。根据实验原理的触摸屏定位方法,实验系统采用对角线定位方法。中断处理程序中包括 A/D 转换、坐标存储。

(1) 初始化程序

由于实验中使用到 S3C44B0X 处理器的 LCD 控制器、串行口控制器,所以初始化部分包括对 LCD 控制器和串行口的初始化。处理器 A/D 转换器可以在工作时初始化。

(2) 触摸屏初始化

触摸屏初始化程序如下:

```
void touchscreen_init(void)
{
    #ifndef S3CEV40
    rPCONC = (rPCONC & 0xffffff00) | 0x55;
    rPUPC = (rPUPE & 0xfff0);                  //Pull up
    rPDATC = (rPDATC & 0xfff0 ) | 0xe;         //should be enabled
    #else
    rPCONE = (rPCONE & 0x300ff) | 0x5500;
    rPUPE = (rPUPE & 0xF);
    rPDATE = 0xb8;
    #endif
    delay(100);
    #ifndef S3CEV40
    rPUPG = (rPUPG & 0xFE) | 0x1;
    pISR_EINT0 = (int)touchscreen_int;
    rEXTINT = (rEXTINT & 0x7FFFFFF0) | 0x2;
    rI_ISPC |= BIT_EINT0;
    rINTMSK = ~(BIT_GLOBAL|BIT_EINT0);
    #else
    pISR_EINT2 = (int)touchscreen_int;
    rEXTINT = (rEXTINT & 0x7FFFF0FF) | 0x200;
    rI_ISPC |= BIT_EINT2;                      //clear pending_bit
    rINTMSK = ~(BIT_GLOBAL|BIT_EINT2);
    #endif
    rCLKCON = (rCLKCON & 0x6FFF) | 0x1000;
    rADCPSR = 24;
}
```

(3) 中断服务程序

中断服务程序如下:

```
void touchscreen_int(void)
```

```c
{
    UINT32T unPointX[5],unPointY[6];
    UINT32T unPosX,unPosY;
    rINTMSK |= BIT_EINT0;
    int i;
    delay(500);
    #ifndef S3CEV40
    rPDATC = (rPDATC & 0xfff0 ) | 0x9;
    rADCCON = 0x0014;
    #else
    rPDATE = 0x68;
    rADCCON = 0x1<<2;
    #endif
    delay(100);
    for(i = 0; i<5; i++ )
    {
        rADCCON |= 0x1;
        conversion
        while(rADCCON & 0x1 == 1);
        while((rADCCON & 0x40) == 0);
        unPointX[i] = (0x3ff&rADCDAT);
    }
    unPosX = (unPointX[0] + unPointX[1] + unPointX[2] + unPointX[3] + unPointX[4])/5;
    f_unPosX = unPosX;
    #ifndef S3CEV40
    rPDATC = (rPDATC & 0xfff0 ) | 0x6;
    rADCCON = 0x001C;
    #else
    rPDATE = 0x98;
    rADCCON = 0x0<<2;
    #endif
    delay(100);
    for(i = 0; i<5; i++ )
    {
        rADCCON |= 0x1;
        while(rADCCON & 0x1 == 1);
        while((rADCCON & 0x40) == 0);
        unPointY[i] = (0x3ff&rADCDAT);
    }
    unPosY = (unPointY[0] + unPointY[1] + unPointY[2] + unPointY[3] + unPointY[4])/5;
    f_unPosY = unPosY;
    #ifndef S3CEV40
    rPDATC = (rPDATC & 0xfff0 ) | 0xe;
    #else
    rPDATE = 0xb8;
```

```c
    #endif
    delay(1000);
    f_unTouched = 1;
    delay(1000);
    rI_ISPC |= BIT_EINT0;
    rINTMSK = ~(BIT_GLOBAL|BIT_EINT0);
    #ifndef S3CEV40
    rI_ISPC |= BIT_EINT0;
    #else
    rI_ISPC |= BIT_EINT2;
    #endif
}
rPDATC = (rPDATC & 0xfff0 ) | 0x6;
rADCCON = 0x001C;
delay(100);
for(i = 0; i<5; i++)
{
    rADCCON |= 0x1;
    while(rADCCON & 0x1 == 1);
    while((rADCCON & 0x40) == 0);
    unPointY[i] = (0x3ff&rADCDAT);
}
unPosY = (unPointY[0] + unPointY[1] + unPointY[2] + unPointY[3] + unPointY[4])/5;
f_unPosY = unPosY;
uart_printf("X = % 04d Y = % 04d\n",unPosX,unPosY);
rPDATC = (rPDATC & 0xfff0 ) | 0xe;
delay(1000);
f_unTouched = 1;
rI_ISPC |= BIT_EINT0;
}
```

7.3.3 实验操作步骤

1. 准备实验环境

使用 Embest 仿真器连接目标板，使用 Embest EduKit-Ⅲ实验板附带的串口线，连接实验板上的 UART0 和 PC 的串口。

2. 串口接收设置

在 PC 上运行 Windows 自带的超级终端串口通信程序（波特率 115 200 baud、1 位停止位、无校验位、无硬件流控制）；或者使用其他串口通信程序。

3. 操作步骤

同第 6 章实验步骤。

4. 观察实验结果

在 PC 上观察超级终端程序主窗口，可以看到如下信息：

```
boot success...
Touch screen Test Example
Please touch LCD's left up corner: left = 0554, up = 0370
Please touch LCD's right bottom corner: right = 0325, bottom = 0129
X = 0081, Y = 0132
X = 0108, Y = 0120
```

确定坐标范围后,用户可以在触摸屏的有效范围内按下触摸屏,超级终端将会输出触摸屏的坐标值。

7.4 串行通信实验

7.4.1 实验原理

1. I^2C 接口以及 E^2PROM

I^2C 总线为同步串行数据传输总线,其标准总线传输速率为 100 kbit/s,增强总线可达 400 kbit/s。总线驱动能力为 400 pF。

I^2C 总线可构成多主和主从系统。在多主系统结构中,系统通过硬件或软件仲裁获得总线控制使用权。应用系统中 I^2C 总线多采用主从结构,即总线上只有一个主控节点,总线上的其他设备都作为从设备。I^2C 总线上的设备寻址由器件地址接线决定,并且通过访问地址最低位来控制读/写方向。

目前,通用存储器芯片多为 E^2PROM,其常用的协议主要有两线串行连接协议(I^2C)和三线串行连接协议。带 I^2C 总线接口的 E^2PROM 有许多型号,其中 AT24CXX 系列使用十分普遍。产品包括 AT2401/02/04/08/16 等,其容量(字节数×页)分别为 128×8/256×8/512×8/1 024×8/2 048×8,适用于 2～5 V 的低电压的操作,具有低功耗和高可靠性等优点。

AT24 系列存储器芯片采用 CMOS 工艺制造,内置有高压泵,可在单电压供电条件下工作。其标准封装为 8 脚 DIP 封装形式,如图 7-22 所示。

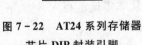

图 7-22 AT24 系列存储器芯片 DIP 封装引脚

各引脚的功能说明如下:

> SCL(串行时钟):遵循 ISO/IEC7816 同步协议;漏极开路,需接上拉电阻。在该引脚的上升沿,系统将数据输入到每个 E^2PROM 器件,在下降沿输出。

> SDA(串行数据线):漏极开路,需接上拉电阻,双向串行数据线,可与其他开路器件"线或"。

> A0、A1、A2(器件/页面寻址地址输入端):在 AT24C01/02 中,引脚被硬连接;其他 AT24Cxx 均可接寻址地址线。

> WP(读/写保护):接低电平时可对整片空间进行读/写;高电平时不能读/写受保护区。

> VCC/GND:一般输入+5 V 的工作电压。

2. I²C 总线的读/写控制逻辑

- 开始条件(START_C)。在开始条件下,当 SCL 为高电平时,SDA 由高转为低。
- 停止条件(STOP_C)。在停止条件下,当 SCL 为高电平时,SDA 由低转为高。
- 确认信号(ACK)。在接收方应答下,每收到一个字节后便将 SDA 电平拉低。
- 数据传送(Read/Write)。I²C 总线启动或应答后,SCL 高电平期间数据串行传送;低电平期间为数据准备,并允许 SDA 线上数据电平变换。总线以字节为单位传送数据,且高有效位(MSB)在前。I²C 数据传送时序如图 7-23 所示。

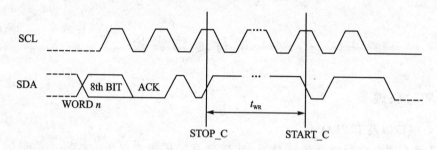

图 7-23 I²C 总线信号的时序

3. E² PROM 读/写操作

(1) AT24C04 结构与应用简述

AT24C04 由输入缓冲器和 E² PROM 阵列组成。由于 E² PROM 的半导体工艺特性写入时间为 5~10 ms,如果从外部直接写入 E² PROM,每写一个字节都要等候 5~10 ms,成批数据写入时则要等候更长的时间。具有 SRAM 输入缓冲器的 E² PROM 器件,其写入操作变成对 SRAM 缓冲器的装载,装载完后启动一个自动写入逻辑,将缓冲器中的全部数据一次写入 E² PROM 阵列中。对缓冲器的输入称为页写,缓冲器的容量称为页写字节数。AT24C04 的页写字节数为 8,占用最低 3 位地址。写入不超过页写字节数时,对 E² PROM 器件的写入操作与对 SRAM 的写入操作相同;若超过页写字节数,则应等候 5~10 ms 后再启动一次写操作。

由于 E² PROM 器件缓冲区容量较小(只占据最低 3 位),且不具备溢出进位检测功能,所以,从非零地址写入 8 个字节数或从零地址写入超过 8 个字节数会形成地址翻卷,导致写入出错。

(2) 设备地址(DADDR)

AT24C04 的器件地址是 1010。

(3) AT24Cxx 的数据操作格式

在 I²C 总线中对 AT24C04 内部存储单元读/写,除了要给出器件的设备地址(DADDR)外,还须指定读/写的页面地址(PADDR)。两者组成操作地址(OPADDR)如下:

```
1010  A2  A1  -  R/W    (-为无效)
```

Embest ARM 教学系统中引脚 A2A1A0 为 000,因此系统可寻址 AT24C04 全部页面,共 4 KB。按照 AT24C04 器件手册读/写地址(ADDR=1010 A2 A1-R/W)中的数据操作格式如下:

1) 写入操作格式

写任意地址 ADDR_W,如图 7-24 所示。

START_C OPADDR_W ACK ADDR_W ACK data ACK STOP_C

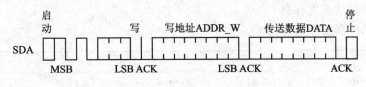

图 7-24 任意写一个字节

从地址 ADDR_W 起连续写入 n 个字节(同一页面),如图 7-25 所示。
START_C OPADDR_W ACK ADDR_W ACK data1 ACK data2 ACK … data n ACK STOP_C

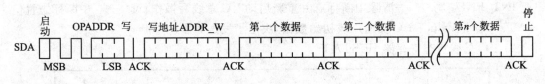

图 7-25 写 n 个字节

2) 读出操作格式

读任意地址 ADDR_R,如图 7-26 所示。
START_C OPADDR_W ACK ADDR_R ACK OPADDR_R ACK data STOP_C

图 7-26 任意读一个字节

从地址 ADDR_R 起连续读出 n 个字节(同一页面),如图 7-27 所示。
START_C OPADDR_R ACK data1 ACK data2 ACK … data$n$ ACK STOP_C

图 7-27 读 n 个字节

在读任意地址操作中,除了发送读地址外,还要发送页面地址(PADDR),因此在连续读出 n 个字节操作前要进行一个字节 PADDR 写入操作,然后重新启动读操作。注意,读操作完成后没有 ACK。

4. S3C44B0X 处理器 I^2C 接口

(1) S3C44B0X I^2C 接口

S3C44B0X 处理器为用户进行应用设计提供了支持多主总线的 I^2C 接口。处理器提供符合 I^2C 协议设备连接的双向数据线 IICSDA 和 IICSCL,在 IICSCL 高电平期间,IICSDA 的下降沿启动,上升沿停止。S3C44B0X 处理器可以支持主发送、主接收、从发送、从接收四种工作模式。在主发送模式下,处理器通过 I²C 接口与外部串行器件进行数据传送,需要使用到 I²C 总线控制寄存器和状态寄存器。

1) I²C 总线控制寄存器 IICCON

7	6	5	4	3:0
ACK Enable	Tx CLK select	Tx/Rx Interrupt	INT_PND	Tx Clock Value

ACK Enable:0——禁止产生 ACK 信号;1——允许产生 ACK 信号。
Tx CLK select:0——IICCLK=f_{MCLK}/16;1——IICCLK=f_{MCLK}/512。
Tx/Rx Interrupt:0——禁止 Tx/Rx 中断;1——允许 Tx/Rx 中断。
INT_PND:写 0——清除中断标志并重新启动 I²C 总线写操作;读 1——中断标志置位。
Tx Clock Value:I²C 发送加载初始数据,决定了发送频率。

2) I²C 总线状态寄存器 IICSTAT

[7:6]	5	4	3	2	1	0
Mode_S	Cond_S	SOE	ASF	ASS	AZS	LRB

Mode_S:00——从接收;10——主接收;01——从发送;11——主发送。
Cond_S:写 0——产生 STOP_C 信号;读 0——I²C 总线空闲;写 1——产生 START_C 信号;读 1——I²C 总线忙。
SOE:0——禁止 Tx/Rx 信号传输;1——允许 Tx/Rx 信号传输。
ASF:0——I²C 总线仲裁成功;1——仲裁不成功,I²C 总线不能工作。
ASS:作为从设备时,0——检测到 START_C 或 STOP_C 信号;1——接收到地址。
AZS:作为从设备时,0——收到 START_C 或 STOP_C 信号;1——I²C 总线上的地址为 0。
LRB:接收到的最低数据位。0——收到 ACK 信号;1——没有接收到 ACK 信号。

3) I²C 总线地址寄存器 IICADD

SlvADDR:[7:1]是从设备的设备地址和页面地址;0 位是读/写控制(0:写;1:读)。当 SOE=0 时可对 SlvADDR 进行读/写。

4) I²C 总线发送接收移位寄存器 IICDS

ShitDATA:[7:0]存放 I²C 总线要移位传输或接收的数据。当 SOE=1 时,可对 ShitDATA 进行读/写。

(2) 使用 S3C44B0X I²C 总线读/写方法

单字节写操作(R/W=0)　　Addr:设备、页面及访问地址

| START_C | Addr(7bit)W | ACK | DATA(1Byte) | ACK | STOP_C |

同一页面的多字节写操作(R/W＝0)　　OPADDR：设备及页面地址(高 7 位)

| START_C | OPADDR(7 bit) W | ACK | Addr | DATA(*n* Byte) | ACK | STOP_C |

单字节读串行存储器件(R/W＝1)　　Addr：设备、页面及访问地址

| START_C | Addr(7bit)R | ACK | DATA(1Byte) | ACK | STOP_C |

同一页面的多字节读操作(R/W＝1)　　Addr：设备、页面及访问地址

| START_C | P&R | ACK | Addr | ACK | P&R | ACK | DATA(*n*Byte) | ACK | STOP_C |

P&R＝OPADDR_R＝1010xxx(字节高 7 位)R 重新启动读操作。

7.4.2　实验设计

1. 程序设计

程序设计流程图如图 7-28 所示。

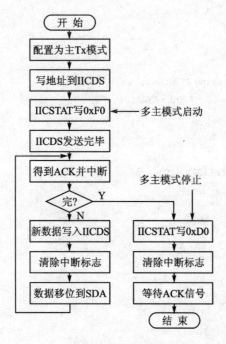

图 7-28　I^2C 程序设计流程图(S3C44B0X)

2. 电路设计

EduKit-Ⅲ实验平台中，使用 S3C44B0X 处理器内置的 I^2C 控制器作为 I^2C 通信主设备，AT24C04 E^2PROM 为从设备。电路设计如图 7-29 所示。

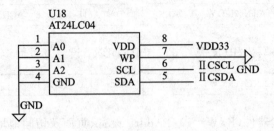

图 7-29 AT24C04 E²PROM 控制电路

7.4.3 实验参考程序

1. 初始化及测试主程序

初始化及测试主程序如下：

```
int f_nGetACK;
void iic_int(void);
void iic_test(void);
void write_24c040(UINT32T unSlaveAddr,UINT32T unAddr,UINT8T ucData);
void read_24c040(UINT32T unSlaveAddr,UINT32T unAddr,UINT8T * pData);
void iic_test(void)
{
   UINT8T szData[16];
   unsigned int i,j;
   uart_printf("IIC Test using AT24C04...\n");
   uart_printf("Write char 0 - f into AT24C04\n");
   f_nGetACK = 0;
   rINTMOD = 0x0;
   rINTCON = 0x1;
   rINTMSK &= ~(BIT_GLOBAL|BIT_IIC);
   pISR_IIC = (unsigned)iic_int;
   rIICADD = 0x10;
   rIICCON = 0xaf;
   ACK//64 MHz/16/(15 + 1) = 257 kHz
   rIICSTAT = 0x10;
   for(i = 0; i<16; i++)
   write_24c040(0xa0,i,i);
   for(i = 0; i<16; i++)
   szData[i] = 0;
   for(i = 0; i<16; i++)
   read_24c040(0xa0,i,&(szData[i]));
   uart_printf("Read 16 bytes from AT24C04\n");
   for(i = 0; i<16; i++)
   {
      uart_printf(" %2x ",szData[i]);
   }
```

```
uart_printf("\n");
}
```

2. 中断服务程序

中断服务程序如下：

```
void iic_int(void)
{
    delay(50);
    rI_ISPC = BIT_IIC;
    f_nGetACK = 1;
}
```

3. I²C 写 AT24C04 程序

I²C 写 AT24C04 程序如下：

```
void write_24c040(UINT32T unSlaveAddr,UINT32T unAddr,UINT8T ucData)
{
    f_nGetACK = 0;
    rIICDS = unSlaveAddr;
    rIICSTAT = 0xf0;
    while(f_nGetACK == 0);
    f_nGetACK = 0;
    rIICDS = unAddr;
    rIICCON = 0xaf;
    while(f_nGetACK == 0);
    f_nGetACK = 0;
    rIICDS = ucData;
    rIICCON = 0xaf;
    while(f_nGetACK == 0);
    f_nGetACK = 0;
    rIICSTAT = 0xd0;
    rIICCON = 0xaf;
    delay(5);
}
```

4. I²C 读 AT24C04 程序

I²C 读 AT24C04 程序如下：

```
void read_24c040(UINT32T unSlaveAddr,UINT32T unAddr,UINT8T * pData)
{
    char cRecvByte;
    f_nGetACK = 0;
    rIICDS = unSlaveAddr;
    rIICSTAT = 0xf0;
    while(f_nGetACK == 0);
    f_nGetACK = 0;
    rIICDS = unAddr;
```

```
    rIICCON = 0xaf;
    while(f_nGetACK == 0);
    f_nGetACK = 0;
    rIICDS = unSlaveAddr;
    rIICSTAT = 0xb0;
    rIICCON = 0xaf;
    while(f_nGetACK == 0);
    f_nGetACK = 0;
    cRecvByte = rIICDS;
    rIICCON = 0x2f;
    delay(1);
    cRecvByte = rIICDS;
    rIICSTAT = 0x90;
    rIICCON = 0xaf;
    delay(5);
    * pData = cRecvByte;
}
```

7.4.4 实验操作步骤

1. 准备实验环境

使用 Embest 仿真器连接目标板,使用 Embest EduKit-Ⅲ 实验板附带的串口线,连接实验板上的 UART0 和 PC 的串口。

2. 串口接收设置

在 PC 上运行 Windows 自带的超级终端串口通信程序(波特率 115 200 baud、1 位停止位、无校验位、无硬件流控制);或者使用其他串口通信程序。

3. 操作步骤

同前面实验的操作步骤。

4. 观察实验结果

在 PC 上观察超级终端程序主窗口,可以看到如下信息:

```
boot success...
IIC operate Test Example
IIC Test using AT24C04...
Write char 0 - f into AT24C04
Read 16 bytes from AT24C04
0 1 2 3 4 5 6 7 8 9 a b c d e f
```

7.5 以太网通信实验

7.5.1 实验原理

1. 以太网通信原理

以太网是由 Xeros 公司开发的一种基带局域网碰撞检测(CSMA/CD)机制,使用同轴电缆作为传输介质,数据传输速率达到 10 Mbit/s;使用双绞线作为传输介质,数据传输速率达到 100 Mbit/s/1 000 Mbit/s。现在普遍遵从 IEEE 802.3 规范。

(1) 结 构

以太网结构示意图如图 7-30 所示。

(2) 类 型

以太网/IEEE 802.3 采用同轴电缆作为网络传输媒体,传输速率达到 10 Mbit/s;100 Mbit/s 以太网又称为快速以太网,采用双绞线作为网络传输媒体,传输速率达到 100 Mbit/s;1 000 Mbit/s 以太网又称为千兆以太网,采用光缆或双绞线作为网络传输媒体。

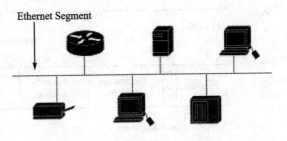

图 7-30 以太网结构示意图

(3) 工作原理

以太网的传输方法,也就是以太网的介质访问控制(MAC)技术称为载波监听多路存取和冲突检测(CSMA/CD),下面我们分步来说明其原理。

① 载波监听:当你所在的网站(计算机)要向另一个网站发送信息时,先监听网络信道上有无信息正在传输,信道是否空闲。

② 信道忙碌:如果发现网络信道正忙,则等待,直到发现网络信道空闲为止。

③ 信道空闲:如果发现网络信道空闲,则向网上发送信息。由于整个网络信道为共享总线结构,网上所有网站都能够收到你所发出的信息,所以网站向网络信道发送信息也称为"广播"。但只有你想要发送数据的网站识别和接收这些信息。

④ 冲突检测:网站发送信息的同时,还要监听网络信道,检测是否有另一个网站同时在发送信息。如果有,则两个网站发送的信息会产生碰撞,即产生冲突,从而使数据信息包被破坏。

⑤ 遇忙停发:如果发送信息的网站检测到网上的冲突,则立即停止该网络信息的发送,并向网上发送一个"冲突"信号,让其他网站也发现该冲突,从而摈弃可能一直在接收受损的信息包。

⑥ 多路存取:如果发送信息的网站因"碰撞冲突"而停止发送,就需等待一段时间,再回到第一步,重新开始载波监听和发送,直到数据成功发送为止。

所有共享型以太网上的网站,都是经过上述 6 步步骤,进行数据传输的。由于 CSMA/CD 介质访问控制法规定在同一时间里,只能有一个网站发送信息,其他网站只能收听和等待,否则就会产生"碰撞",所以当共享型网络用户增加时,每个网站在发送信息时产生"碰撞"的概率增大,当网络用户增加到一定数目后,网站发送信息产生的"碰撞"会越来越多,想发送信息的网站不断地进行:监听—发送—碰撞—停止发送—等待—再监听—再发送……

(4) 以太网/IEEE 802.3 帧的结构

图 7-31 所示为以太网/IEEE 802.3 帧的基本组成。其基本结构如下:

➢ 前导码:由 0、1 间隔代码组成,可以通知目标站做好接收准备。IEEE 802.3 帧的前导码占用 7 字节,紧随其后的是长度为 1 字节的帧首定界符(SOF)。以太网帧把 SOF 包含在了前导码当中,因此,前导码的长度扩大为 8 字节。

➢ 帧首定界符(SOF):IEEE 802.3 帧中的定界字节,以两个连续的代码 1 结尾,表示一帧

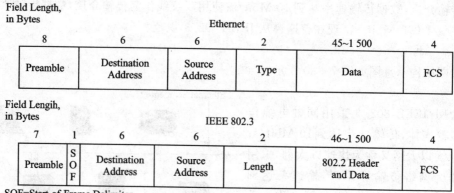

图 7-31 以太网/IEEE 802.3 帧的基本组成

的实际开始。

- 目标和源地址：表示发送和接收帧的工作站的地址，各占据 6 字节。其中，目标地址可以是单址，也可以是多点传送或广播地址。
- 类型（以太网）：占用 2 字节，指定接收数据的高层协议。
- 长度（IEEE 802.3）：表示紧随其后的以字节为单位的数据段的长度。
- 数据（以太网）：在经过物理层和逻辑链路层的处理之后，包含在帧中的数据将被传递给在类型段中指定的高层协议。虽然以太网版本 2 中并没有明确作出补齐规定，但是以太网帧中数据段的长度最小应当不低于 46 字节。
- 数据（IEEE 802.3）：IEEE 802.3 帧在数据段中对接收数据的上层协议进行规定。如果数据段长度过小，使帧的总长度无法达到 64 字节的最小值，那么相应软件将会自动填充数据段，以确保整个帧的长度不低于 64 字节。
- 帧校验序列（FSC）：该序列包含长度为 4 字节的循环冗余校验值（CRC），由发送设备计算产生，在接收方被重新计算以确定帧在传送过程中是否被损坏。

(5) 以太网驱动程序开发方法

以太网驱动程序针对实验板上的以太网络接口芯片 CS8900A 编程，正确初始化芯片，并提供数据输入输出和控制接口给高层网络协议使用。

CS8900A 是由美国 CIRRUS LOGIC 公司生产的以太网控制器，由于其优良的性能、低功耗及低廉的价格，使其在市场上 10 Mbit/s 嵌入式网络应用中占有相当的比例。

CS8900A 主要性能有：

- 符号 Ethernet Ⅱ 与 IEEE 802.3(10Base5、10Base2、10BaseT)标准。
- 全双工，收发可同时达到 10 Mbit/s 的速率。
- 内置 SRAM，用于收发缓冲，降低对主处理器的速度要求。
- 支持 16 位数据总线，4 个中断申请线以及 3 个 DMA 请求线。
- 8 个 I/O 基地址，16 位内部寄存器，I/O Base 或 Memory Map 方式访问。
- 支持 UTP、AUI、BNC 自动检测，还支持对 10BaseT 拓扑结构的自动极性修正。
- LED 指示网络激活和连接状态。
- 100 脚的 LQFP 封装，缩小了 PCB 尺寸。

cs8900a.c 文件是 CS8900A 的驱动程序，函数功能如下：

① CS_Init()——CS8900A 初始化。初始化步骤为：
- 检测 CS8900A 芯片是否存在，然后软件复位 CS8900A；
- 如果使用 Memory Map 方式访问 CS8900A 芯片内部寄存器，便设置 CS8900A 内部寄存器基地址（默认为 I/O 方式访问）；
- 设置 CS8900A 的 MAC 地址；
- 关闭事件中断（本例子使用查询方式，如果使用中断方式，则添加中断服务程序再打开 CS8900A 中断允许位）；
- 配置 CS8900A 10BT，然后允许 CS8900A 接收和发送，接收发送 64～1 518 字节的网络帧及网络广播帧。

② CS_Close()——关闭 CS8900A 芯片数据收发功能及关闭中断请求。

③ CS_Reset()——复位 CS8900A 芯片。

④ CS_Identification()——获得 CS8900A 芯片 ID 和修订版本号。

⑤ CS_TransmitPacket()——数据包输出。将要发送的网络数据包从网口发送出去。发送数据包时，先把发送命令写到发送命令寄存器，把发送长度写到发送长度寄存器，然后等待 CS8900A 内部总线状态寄存器发送就绪位置位，便将数据包的数据顺序写到数据端口寄存器（16 位宽，一次 2 字节）。

⑥ CS_ReceivePacket()——数据包接收。查询数据接收事件寄存器，若有数据帧接收就绪，读取接收状态寄存器（与接收事件寄存器内容一致，忽略之）及接收长度寄存器，得到数据帧的长度，然后从数据端口寄存器顺序读取数据（16 位宽，一次 2 字节）。

2. IP 网络协议原理

TCP/IP 协议是一组包括 TCP(Transmission Control Protocol)协议、IP(Internet Protocol)协议、UDP(User Datagram Protocol)协议、ICMP(Internet Control Message Protocol)协议和其他一些协议的协议组。

TCP/IP 的历史可以追溯至 20 世纪 70 年代中期，最早由斯坦福大学的两名研究人员于 1973 年提出，当时 ARPA(Advanced Research Project Agency，高级研究计划局)为了实现异种网之间的互联与互通，大力资助网间网技术的研究开发，于 1977 年到 1979 年间推出较完整的与目前形式一样的 TCP/IP 体系结构和协议规范。1980 年前后，DARPA 开始将 ARPANET 上的所有机器转向 TCP/IP 协议，并以 ARPANET 为主干建立 Internet。在 1985 年，美国国家科学基金会(NSF，National Scientific Foundation)开始涉足 TCP/IP 的研究和开发，并逐渐成为极为重要的角色。国家科学基金会资助建立了全球性的 Internet 网并采用 TCP/IP 为其传输协议。

(1) 结　构

TCP/IP 协议采用分层结构，共分为 4 层，每一层独立完成指定功能，如图 7-32 所示。

- 网络接口层：负责接收和发送物理帧，它定义了将数据组成正确帧的规程和在网络中传输帧的规程，帧是指一串数据，它是数据在网络中传输的单位。网络接口层将帧放在网上，或从网上把帧取下来。

| 应用层（第四层） |
| 传输层（第三层） |
| 互联层（第二层） |
| 网络接口层（第一层） |

图 7-32　TCP/IP 协议层次

- 互联层：负责相邻节点之间的通信，本层定义了互联网中传输的"信息包"格式，以及从一个节点通过一个或多个路由器运行必要的路由算法到最终目标的"信息包"转发机制。主要协议有 IP、ARP、ICMP、IGMP 等。
- 传输层：负责起点到终点的通信，为两个用户进程之间建立、管理和拆除有效的端到端连接。主要协议有 TCP、UDP 等。
- 应用层：它定义了应用程序使用互联网的规程。应用程序通过这一层访问网络，主要遵从 BSD 网络应用接口规范。主要协议有 SMTP、FTP、TELNET、HTTP 等。

(2) 主要协议介绍

1) IP

网际协议 IP 是 TCP/IP 的心脏，也是网络层中最重要的协议。

IP 层接收由更低层（网络接口层例如以太网设备驱动程序）发来的数据包，并把该数据包发送到更高层——TCP 或 UDP 层；相反，IP 层也把从 TCP 或 UDP 层接收来的数据包传送到更低层。IP 数据包是不可靠的，因为 IP 并没有做任何事情来确认数据包是按顺序发送的或者没有被破坏。IP 数据包中含有发送它的主机的地址（源地址）和接收它的主机的地址（目的地址）。

IP 是一个无联接的协议，主要就是负责在主机间寻址并为数据包设定路由，在交换数据前它并不建立会话，因为它不保证正确传递；另一方面，数据在被收到时，IP 不需要收到确认，所以它是不可靠的。如果 IP 目标地址为本地地址，则 IP 将数据包直接传给那个主机；如果目标地址为远程地址，则 IP 在本地的路由表中查找远程主机的路由（看起来好像我们平时拨 114 一样）。如果找到一个路由，则 IP 用它传送数据包；如果没找到，就会将数据包发送到源主机的缺省网关，也称之为路由器。

当前 IP 协议有 IPv4 和 IPv6 两个版本，IPv4 正被广泛使用，IPv6 是下一代高速互联网的基础协议。图 7-33 是 IPv4 的数据包格式。

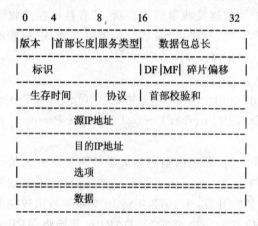

图 7-33 IPv4 数据包格式

IP 协议头的结构定义如下：

```
struct ip_header
{
UINT ip_v: 4;                        /*协议版本*/
UINT ip_hl: 4;                       /*协议头长度*/
UINT8 ip_tos;                        /*服务类型*/
UINT16 ip_len;                       /*数据包长度*/
UINT16 ip_id;                        /*协议标识*/
UINT16 ip_off;                       /*分段偏移域*/
UINT8 ip_ttl;                        /*生存时间*/
UINT8 ip_p;                          /*IP 数据包的高层协议*/
```

```
    UINT16 ip_sum;                      /*校验和*/
    struct in_addr ip_src,ip_dst;       /*源 IP 地址和目的 IP 地址*/
};
```

有关程序说明如下：
- ip_v：IP 协议的版本号，IPv4 为 4，IPv6 为 6。
- ip_hl：IP 包首部长度，这个值以 4 字节为单位。IP 协议首部的固定长度为 20 字节，如果 IP 包没有选项，那么这个值为 5。
- ip_tos：服务类型，说明提供的优先权。
- ip_len：说明 IP 数据的长度，以字节为单位。
- ip_id：标识这个 IP 数据包。
- ip_off：碎片偏移，它和上面 ID 一起用来重组碎片。
- ip_ttl：生存时间，每经过一个路由时减 1，直到为 0 时被抛弃。
- ip_p：协议，表示创建这个 IP 数据包的高层协议，如 TCP、UDP 协议。
- ip_sum：首部校验和，提供对首部数据的校验。
- ip_src,ip_dst：发送者和接收者的 IP 地址。

关于 IP 协议的详细情况，请参考 RFC791 文档。

IP 地址实际上是采用 IP 网间网层通过上层软件完成"统一"网络物理地址的方法，这种方法使用统一的地址格式，在统一管理下分配给主机。Internet 网上不同的主机有不同的 IP 地址，在 IPv4 协议中，每个主机的 IP 地址都是由 32 位，即 4 字节组成的。为了便于用户阅读和理解，通常采用"点分十进制表示方法"表示，每个字节为一部分，中间用点号分隔开来。如 211.154.134.93 就是嵌入开发网 WEB 服务器的 IP 地址。每个 IP 地址又可分为两部分。网络号表示网络规模的大小，主机号表示网络中主机的地址编号。按照网络规模的大小，IP 地址可以分为 A、B、C、D、E 五类，其中 A、B、C 类是三种主要的类型地址，D 类专供多目传送用的多目地址，E 类用于扩展备用地址。

2) TCP

如果 IP 数据包中有已经封好的 TCP 数据包，那么 IP 将把它们向"上"传送到 TCP 层。TCP 将包排序并进行错误检查，同时实现虚电路间的连接。TCP 数据包中包括序号和确认，所以未按照顺序收到的包可以被排序，而损坏的包可以被重传。

TCP 将它的信息送到更高层的应用程序，例如 Telnet 的服务程序和客户程序。应用程序轮流将信息送回 TCP 层，TCP 层便将它们向下传送到 IP 层、设备驱动程序和物理介质，最后到接收方。图 7-34 是 TCP 协议的数据包头格式。

TCP 对话通过三次握手来初始化。三次握手的目的是使数据段的发送和接收同步；告诉其他主机其一次可接收的数据量，并建立虚连接。

我们来看看这三次握手的简单过程：

① 初始化主机通过一个同步标志置位的数据段发出会话请求。

② 接收主机通过发回具有以下项目的数据段表示回复：同步标志置位、即将发送的数据段的起始字节的顺序号、应答并带有将收到的下一个数据段的字节顺序号。

③ 请求主机再回送一个数据段，并带有确认顺序号和确认号。

图 7-34 TCP 协议的数据包头格式

3) UDP

UDP 与 TCP 位于同一层,但对于数据包的顺序错误或重发不处理。因此,UDP 不被应用于那些使用虚电路的面向连接的服务,UDP 主要用于那些面向查询-应答的服务,例如 NFS。相对于 FTP 或 Telnet,这些服务需要交换的信息量较小。使用 UDP 的服务包括 NTP(网络时间协议)和 DNS(DNS 也使用 TCP)。

UDP 协议的数据包头格式如图 7-35 所示。

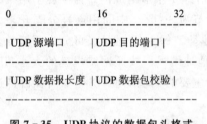

图 7-35 UDP 协议的数据包头格式

UDP 协议适用于无须应答并且通常一次只传送少量数据的应用软件。

4) ICMP

ICMP 与 IP 位于同一层,它被用来传送 IP 的控制信息。它主要是用来提供有关通向目的地址的路径信息。ICMP 的 Redirect 信息通知主机通向其他系统的更准确的路径,而 Unreachable 信息则指出路径有问题。另外,如果路径不可用了,ICMP 可以使 TCP 联接"体面地"终止。PING 是最常用的基于 ICMP 的服务。

5) ARP

要在网络上通信,主机就必须知道对方主机的硬件地址(我们经常遇到网卡的物理地址)。地址解析就是将主机 IP 地址映射为硬件地址的过程。地址解析协议 ARP 用于获得在同一物理网络中的主机的硬件地址。

解释本地网络 IP 地址过程如下:

① 当一台主机要与别的主机通信时,初始化 ARP 请求。当该 IP 断定 IP 地址是本地时,源主机在 ARP 缓存中查找目标主机的硬件地址。

② 如果找不到映射,则 ARP 建立一个请求,源主机 IP 地址和硬件地址会被包括在请求中,该请求通过广播,使所有本地主机均能接收并处理。

③ 本地网上的每个主机都收到广播并寻找相符的 IP 地址。

④ 当目标主机断定请求中的 IP 地址与自己的相符时,直接发送一个 ARP 答复,将自己的硬件地址传给源主机。以源主机的 IP 地址和硬件地址更新它的 ARP 缓存。源主机收到回

答后便建立起了通信。

6) TFTP 协议

TFTP 是一个传输文件的简单协议,一种简化的 TCP/IP 文件传输协议,它基于 UDP 协议而实现,支持用户从远程主机接收或向远程主机发送文件。此协议设计的时候是进行小文件传输的。因此它不具备通常的 FTP 的许多功能,它只能从文件服务器上获得或写入文件,不能列出目录,不进行认证,它传输 8 位数据。

因为 TFTP 使用 UDP,而 UDP 使用 IP,IP 还可以使用其他本地通信方法,因此,一个 TFTP 包中会有以下几段:本地媒介头、IP 头、数据报头、TFTP 头和 TFTP 数据。TFTP 在 IP 头中不指定任何数据,但是它使用 UDP 中的源和目标端口以及包长度域。由 TFTP 使用的包标记(TID)在这里被用做端口,所以 TID 必须介于 0 到 65 535 之间。

初始连接时需要发出 WRQ(请求写入远程系统)或 RRQ(请求读取远程系统),收到一个确定应答,一个确定的可以写出的包或应该读取的第一块数据。通常确认包包括要确认的包的包号,每个数据包都与一个块号相对应,块号从 1 开始而且是连续的。因此,对于写入请求的确定是一个比较特殊的情况,它的包号是 0。如果收到的包是一个错误的包,则这个请求被拒绝。创建连接时,通信双方随机选择一个 TID,因为是随机选择的,因此两次选择同一个 ID 的可能性就很小了。每个包包括两个 TID,发送者 ID 和接收者 ID。在第一次请求的时候它会将请求发到 TID 69,也就是服务器的 69 端口上。应答时,服务器使用一个选择好的 TID 作为源 TID,并用上一个包中的 TID 作为目的 ID 进行发送。这两个被选择的 ID 在随后的通信中会被一直使用。

此时连接建立,第一个数据包以序列号 1 从主机开始发出。以后两台主机要保证以开始时确定的 TID 进行通信。如果源 ID 与原来确定的 ID 不一样,这个包会被认为发送到了错误的地址而被抛弃。

(3) 网络应用程序开发方法

进行网络应用程序开发有两种方法:一是采用 BSD Socket 标准接口,程序移植能力强;二是采用专用接口直接调用对应的传输层接口,效率较高。

1) BSD Socket 接口编程方法

Socket(套接字)是通过标准的文件描述符和其他程序通信的一个方法。每一个套接字都用一个半相关描述"{协议,本地地址、本地端口}"来表示;一个完整的套接字则用一个相关描述"{协议,本地地址、本地端口、远程地址、远程端口}",每一个套接字都有一个本地的由操作系统分配的唯一的套接字号。

Socket 接口有三种类型:

① 流式 Socket(SOCK_STREAM)。流式套接字提供可靠的、面向连接的通信流;它使用 TCP 协议,从而保证了数据传输的正确性和顺序性。

② 数据报 Socket(SOCK_DGRAM)。数据报套接字定义了一种无连接的服务,数据通过相互独立的报文进行传输,是无序的,并且不保证可靠、无差错。它使用数据报协议 UDP。

③ 原始 Socket。原始套接字允许对底层协议如 IP 或 ICMP 直接访问,它功能强大但使用较为不便,主要用于一些协议的开发。

Socket 编程原如理图 7-36 所示。

常用的 Socket 接口函数有:

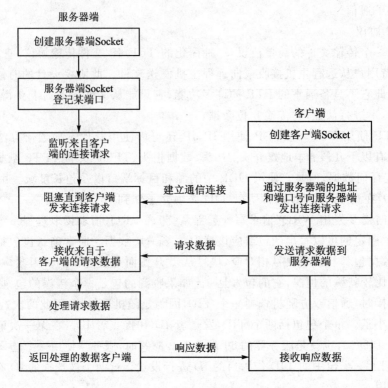

图 7-36 Socket 编程原理图

- socket()：创建套接字。
- bind()：指定本地地址。
- connect()：连接目标套接字。
- accept()：等待套接字连接。
- listen()：监听连接。
- send()：发送数据。
- recv()：接收数据。
- select()：输入/输出多路复用。
- closesocket()：关闭套接字。

2) 传输层专有接口编程方法

网络协议都可以直接提供专有函数接口给上层或者跨层调用,用户可以调用每个协议代码中特有的接口实现快速数据传递。

实验板的网络协议包提供的就是 TFTP 协议的专用接口,应用程序可以通过它接收用户从主机上使用 TFTP 传递过来的数据。主要接口函数有：

- TFTPRecv(int * len)：接收用户数据。网络协议包自动完成连接过程,并从网络获取用户传递过来的数据包,每次接收最大长度由 len 指定,返回前改写成实际接收到的数据长度,函数返回数据首地址指针,若返回值为 NULL,则表示接收故障。
- MakeAnswer()：返回应答信号。每当用户处理完一个数据包后,需要调用此函数给对方一个确认信号,使得数据传输得以继续。

7.5.2 实验参考程序

实验参考程序如下:

```c
void tftp_test()
{
    char * pData;
    unsigned long write_addr;
    char input_string[64];
    char tmp_ip[4] = {0,0,0,0};
    int tmp,len,i,j,num = 0;
    int b10 = 0; int b100 = 0; int flag = 0;
    NicInit();
    NetInit();
    uart_printf("\n S/s -- DHCP IP addr\n");
    uart_printf(" D/d -- Default IP addr(192.192.192.200)\n");
    uart_printf(" Y/y -- Input New IP addr\n");
    uart_printf(" Press a key to continue ... %c \n",i = uart_getch());
    switch(i)
    {
      case 'Y':
      case 'y':
        uart_printf(" Please input IP address(xxx.xxx.xxx.xxx) then press ENTER: ");
        uart_getstring(&input_string);
        for( i = 0;((i <16)&(input_string[i] != '\0')); i ++ )
        if(input_string[i] == '.') num += 1;
        if(num != 3) flag = 1;
        else
        {
          num = i - 1; j = 0;
          for( i = num; i >= 0; i -- )
          {
            if(input_string[i] != '.')
            {
              if((input_string[i] < '0' | input_string[i] > '9')) flag = 1;
              else
              {
                tmp = (input_string[i] - 0x30);
                if (b100) { tmp *= 100; b10 = 0; }
                if (b10) { tmp *= 10; b100 = 1;}
                b10 = 1;
                if(tmp < 256) tmp_ip[j] += tmp; else local_ip = 0x4dc0c0c0;
              }
            }else { j ++ ; b10 = 0; b100 = 0;}
          }
```

```c
        }
        if(!flag)
        local_ip = ((tmp_ip[0]<<24)) + ((tmp_ip[1]<<16)) + ((tmp_ip[2]<<8)) + tmp_ip[3];
        else
        {
            uart_printf("\nIP address error (xxx.xxx.xxx.xxx)! \n");
            return;
        }
        break;
    case 'S':
    case 's':
        DhcpQuery();
        break;
    case 'D':
    case 'd':
    default:
        local_ip = 0xc8c0c0c0;
        break;
    }
    uart_printf("\n Set local ip %d. %d. %d. %d\n",
    local_ip&0x000000FF,(local_ip&0x0000FF00)>>8,
    (local_ip&0x00FF0000)>>16,(local_ip&0xFF000000)>>24);
    uart_printf("\nPress any key to exit ...\n");
    for( ; ; )
    {
      if( uart_getkey() )
      return;
      pData = (char * )TftpRecv(&len);
      if( (pData == 0) || (len <= 0) )
      continue;
      write_addr = (pData[0]) + (pData[1]<<8) + (pData[2]<<16) + (pData[3]<<24);
      pData = pData + sizeof(long);
      len -= 4;
      if(( * pData == 'E')&&( * (pData + 1) == 'N')&&( * (pData + 2) == 'D'))
      {
        MakeAnswer();
        return;
      }
      else if(( * pData == 'R')&&( * (pData + 1) == 'U')&&( * (pData + 2) == 'N'))
      {
        MakeAnswer();
        extern void ( * run) (void);
        run = (void * )write_addr;
        ( * run)();
      }
```

```c
    if(write_addr >= 0x0c000000 && write_addr < 0x0c800000)
    {
       memcpy((void *)write_addr,pData,len);
    }
    else if(FlashID(write_addr))
{
    int write_ptr,offset_ptr,write_len,sector_size;
    char * data_ptr;
    data_ptr = pData;
    write_ptr = write_addr;
    while(write_ptr < write_addr + len)
    {
       sector_size = FlashSectorBackup(write_ptr,sector_buf);
       offset_ptr = (write_ptr & ~(0 - sector_size));
       write_len = sector_size - offset_ptr;
       if(write_len > len - (write_ptr - write_addr))
       write_len = len - (write_ptr - write_addr);
       memcpy(&sector_buf[offset_ptr],data_ptr,write_len);
       FlashEraseSector(write_ptr);
       FlashProgram(write_ptr & (0 - sector_size),sector_buf,sector_size);
       data_ptr += write_len;
       write_ptr += write_len;
    }
  }
  else
  {
    continue;
  }
  if(memcmp((void *)write_addr,pData,len) == 0)
  {
    MakeAnswer();
  }
 }
}
}
```

7.5.3 实验操作步骤

1. 准备实验环境

使用 Embest 仿真器连接目标板,接好串口,将网口通过网线接到和 PC 同一局域网的 HUB 上,或者使用交叉网线将 PC 与目标板直连。

2. 配置 IP 地址

① 将 PC IP 地址设置为 192.192.192.x(x 取值为 30~200),重新启动 PC 使得 IP 地址有效。

② 运行 PC 的 DOS 窗口或者"开始"系统按钮上的"运行"菜单,输入命令 command,可看

到如下信息：

```
C:\DOCUME~1\SS>cd \
C:\>arp -s 192.192.192.200 00-06-98-01-7e-8f
C:\>arp -a
Interface: 192.192.192.36 --- 0x2
Internet Address   Physical Address   Type
192.192.192.200    00-06-98-01-7e-8f  static
```

为 PC 添加一个到目标板的地址解析。

3. 操作步骤

① 同前面实验的操作步骤。

② 在 PC 上观察超级终端程序主窗口，可以看到如下信息：

```
boot success...
Ethernet TFTP client Test Example
Reset CS8900A successful,Rev F.
S/s -- DHCP IP addr
D/d -- Default IP addr(192.192.192.200)
Y/y -- Input New IP addr
Press a key to continue ...
```

③ 在超级终端输入 d，选择默认 IP，显示信息如下：

```
Press a key to continue ... d
Set local ip 192.192.192.200
Press any key to exit ...
```

④ 在 PC 上运行 TFTPDown.exe 程序（在 CD1 根目录 Tools 下），目标板地址输入 192.192.192.200，Flash Start Address 输入 0x0C000000，然后选取想要下载的文件（BIN 文件、ELF 文件等各种文件均可，大小要小于 1 MB），单击 Download，程序开始通过 TFTP 协议下载文件到目标板 Flash 中，成功或者出错都有提示对话框。

4. 观察实验结果

使用 Embest IDE 停止目标板运行，打开 Memory 窗口，输入 0x30000，然后检查 Flash 中的数据是否和下载的文件数据一致。

7.6 音频接口 IIS

7.6.1 实验原理

1. 数字音频基础

(1) 采样频率和采样精度

在数字音频系统中，通过将声波波形转换成一连串的二进制数据再现原始声音，这个过程中使用的设备是模拟/数字转换器(Analog to Digital Converter, ADC)，ADC 以每秒上万次的速率对声波进行采样，每次采样都记录下了原始声波在某一时刻的状态，称之为样本。

每秒采样的数目称为采样频率,单位为 Hz(赫兹)。采样频率越高所能描述的声波频率就越高。系统对于每个样本均会分配一定存储位(bit 数)来表达声波的声波振幅状态,称之为采样精度。采样频率和精度共同保证了声音还原的质量。

人耳的听觉范围通常是 20 Hz~20 kHz,根据奈奎斯特(NYQUIST)采样定理,用两倍于一个正弦波的频率进行采样能够真实地还原该波形,因此当采样频率高于 40 kHz 时可以保证不产生失真。CD 音频的采样规格为 16 bit、44 kHz,就是根据以上原理制定的。

(2) 音频编码

脉冲编码调制 PCM(Pulse Code Modulation)编码的方法是对语音信号进行采样,然后对每个样值进行量化编码,在"采样频率和采样精度"中对语音量化和编码就是一个 PCM 编码过程。ITU-T 的 64 kbit/s 语音编码标准 G.711 采用 PCM 编码方式,采样速率为 8 kHz,每个样值用 8 bit 非线性的 μ 律或 A 律进行编码,总速率为 64 kbit/s。

CD 音频即是使用 PCM 编码格式,采样频率 44 kHz,采样值使用 16 bit 编码。

使用 PCM 编码的文件在 Windows 系统中保存的文件格式一般为大家熟悉的 wav 格式,实验中用到的就是一个采样 44.100 kHz,16 位立体声文件 t.wav。

在 PCM 基础上发展起来的还有自适应差分脉冲编码调制 ADPCM(Adaptive Differential Pulse Code Modulation)。ADPCM 编码的方法是对输入样值进行自适应预测,然后对预测误差进行量化编码。CCITT 的 32 kbit/s 语音编码标准 G.721 采用 ADPCM 编码方式,每个语音采样值相当于使用 4 bit 进行编码。

其他编码方式还有线性预测编码 LPC(Linear Predictive Coding)及低时延码激励线性预测编码 LD-CELP(Low Delay-Code Excited Linear Prediction)等。

目前流行的一些音频编码格式还有 MP3(MPEG Audio Layer-3)、WMA(Windows Media Audio)和 RA(Real Audio),它们有一个共同特点就是压缩比高,主要针对网络传输,支持边读边放。

2. IIS 音频接口

IIS(Inter-IC Sound)是一种串行总线设计技术,是 Sony、Philips 等电子巨头共同推出的接口标准,主要针对数字音频处理技术和设备,如便携 CD 机、数字音频处理器等。IIS 将音频数据和时钟信号分离,避免由时钟带来的抖动问题,因此系统中不再需要消除抖动的器件。

IIS 总线仅处理音频数据,其他信号如控制信号等单独传送,基于减少引脚数目和布线简单的目的,IIS 总线只由 3 根串行线组成:时分复用的数据通道线、字选择线和时钟线。

使用 IIS 技术设计的系统的连接配置如图 7-37 所示。

IIS 总线接口的基本时序如图 7-38 所示。

WS 信号线指示左通道或右通道的数据将被传输,SD 信号线按高有效位 MSB 到低有效位 LSB 的顺序传送字长的音频数据,MSB 总在 WS 切换后的第一个时钟发送,如果数据长度不匹配,接收器和发送器将自动截取或填充。关于 IIS 总线的其他细节可参见《IIS bus specification》。

在实验中,IIS 总线接口由处理器 S3C44B0X 的 IIS 模块和音频芯片 UDA1341 硬件实现,我们需要关注的是正确的配置 IIS 模块和 UDA1341 芯片,音频数据的传输反而比较简单。

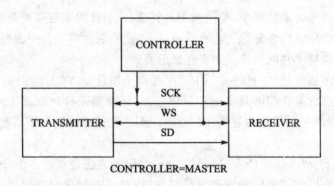

图 7-37 IIS 系统连接简单配置图

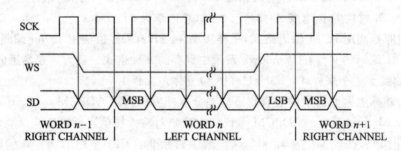

图 7-38 IIS 接口基本时序图

3. 电路设计原理

S3C44B0X 外围模块 IIS 说明。

(1) 信号线

处理器中与 IIS 相关的信号线有 5 根：

- 串行数据输入 IISDI。对应 IIS 总线接口中的 SD 信号，方向为输入。
- 串行数据输出 IISDO。对应 IIS 总线接口中的 SD 信号，方向为输出。
- 左右通道选择 IISLRCK。对应 IIS 总线接口中的 WS 信号，即采样时钟。
- 串行位时钟 IISCLK。对应 IIS 总线接口中的 SCK 信号。
- 音频系统主时钟 CODECLK。一般为采样频率的 256 倍或 384 倍，符号为 $256f_s$ 或 $384f_s$，其中 f_s 为采样频率。CODECLK 通过处理器主时钟分频获得，可以通过在程序中设定分频寄存器获取，分频因子可以设为 1～16。CODECLK 与采样频率的对应关系如表 7-9 所列，实验中需要正确的选择 IISLRCK 和 CODECLK。

表 7-9 CODECLK 与采样频率的对应表

IISLRCK(f_s)/kHz		8.000	11.025	16.000	22.050	32.000	44.100	48.000	64.000	88.200	96.000
CODECLK /MHz	$256f_s$	2.048 0	2.822 4	4.096 0	5.644 8	8.192 0	11.289 6	12.288 0	16.384 0	22.579 2	24.576 0
	$384f_s$	3.072 0	4.233 6	6.144 0	8.467 2	12.288 0	16.934 4	18.432 0	24.576 0	33.868 8	36.864 0

需要注意的是，处理器主时钟可以通过配置锁相环寄存器进行调整，结合 CODECLK 的分频寄存器设置，可以获得所需要的 CODECLK。

(2) 寄存器

处理器中与 IIS 相关的寄存器有 3 个：

- IIS 控制寄存器 IISCON。通过该寄存器可以获取数据高速缓存 FIFO 的准备好状态，启动或停止发送和接收时的 DMA 请求，使能 IISLRCK、分频功能和 IIS 接口。
- IIS 模式寄存器 IISMOD。该寄存器选择主/从、发送/接收模式，设置有效电平、通道数据位，选择 CODECLK 和 IISLRCK 频率。
- IIS 分频寄存器 IISPSR。

（3）数据传送

数据传送可以选择普通模式或者 DMA 模式。普通模式下，处理器根据 FIFO 的准备状态传送数据到 FIFO，处理器自动完成数据从 FIFO 到 IIS 总线的发送，FIFO 的准备状态通过 IIS 的 FIFO 控制寄存器 IISFCON 获取，数据直接写入 FIFO 寄存器 IISFIF。DMA 模式下，对 FIFO 的访问和控制完全由 DMA 控制器完成，DMA 控制器自动根据 FIFO 的状态发送或接收数据。

实验电路中使用的音频芯片是 Philips 公司的 UDA1341TS 音频数字信号编译码器，UDA1341TS 可将立体声模拟信号转化为数字信号，同样也能把数字信号转换成模拟信号，并可用 PGA（可编程增益控制），AGC（自动增益控制）对模拟信号进行处理；对于数字信号，该芯片提供了 DSP（数字音频处理）功能。实际使用中，UDA1341TS 广泛应用于 MD、CD、Notebook、PC 和数码摄像机等。

UDA1341TS 提供 2 组音频输入信号线、1 组音频信号输出线、1 组 IIS 总线接口信号、1 组 L3 总线。

IIS 总线接口信号线包括位时钟输入 BCK、字选择输入 WS、数据输入 DATAI、数据输出 DATAO 和音频系统时钟 SYSCLK 信号线。

UDA1341TS 的 L3 总线，包括微处理器接口数据 L3DATA、微处理器接口模式 L3MODE、微处理器接口时钟 L3CLOCK 三根信号线，当该芯片工作于微控制器输入模式时，微处理器通过 L3 总线对 UDA1341TS 中的数字音频处理参数和系统控制参数进行配置。处理器 S3C44B0X 中没有 L3 总线专用接口，电路中使用 I/O 口连接 L3 总线。L3 总线的接口时序和控制方式参见 UDA1341TS 手册。

7.6.2 电路连接

IIS 接口电路如图 7-39 所示。

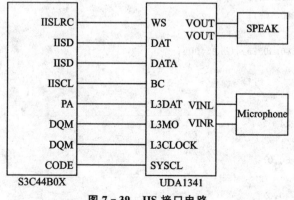

图 7-39 IIS 接口电路

7.6.3 实验参考程序

1. 环境及函数声明

环境及函数声明代码如下:

```c
void Playwave();
void Test_Iis(void);
void IISInit(void);
void IISClose(void);
void _WrL3Addr(U8 data);
void _WrL3Data(U8 data,int halt);
void Init1341();
void BDMA0_Done(void) __attribute__ ((interrupt ("IRQ")));
```

2. 初始化程序

初始化程序如下:

```c
void iis_init(void)
{
    rPCONE = (rPCONE&0xFFFF) | (2<<16);
    #ifdef S3CEV40
    rPCONC = (rPCONC&0xFFFFFF00) | (0xFF);
    rPCONF = (rPCONF&0x3FF);
    #else
    rPCONC = (rPCONC&0xFFFFFF00);
    rPCONF = (rPCONF&0x3FF) | (0x249000);
    #endif
    f_nDMADone = 0;
    init_1341(PLAY);
}

void init_1341(char cMode)
{
    #ifdef S3CEV40
    rPCONA = (rPCONA&0x1FF);
    rPCONB = (rPCONB&0x7CF);
    #else
    rPCONE = (rPCONE&0x303FF)|(0x25400);
    #endif
    L3M_HIGH();
    L3C_HIGH();
    write_l3addr(0x14 + 2);
    #ifdef FS441KHZ
    write_l3data(0x60,0);
    #else
    write_l3data(0x40,0);
    #endif
```

```c
    write_l3addr(0x14 + 2);
    #ifdef FS441KHZ
    write_l3data(0x20,0);
    #else
    write_l3data(0x00,0);
    #endif
    write_l3addr(0x14 + 2);
    write_l3data(0x81,0);
    write_l3addr(0x14 + 0);
    write_l3data(0x0A,0);
    if(cMode)
    {
        write_l3addr(0x14 + 2);
        write_l3data(0xa2,0);
        write_l3addr(0x14 + 0);
        write_l3data(0xc2,0);
        write_l3data(0x4d,0);
    }
}
```

3. IIS 控制程序

IIS 控制程序如下：

```c
void iis_test(void)
{
    UINT8T ucInput;
    iis_init();
    uart_printf("Menu(press digital to select): \n");
    uart_printf("1: play wave file \n");
    uart_printf("2: record and play\n");
    do{
        ucInput = uart_getch();
    }while((ucInput != 0x31) && (ucInput != 0x32));
    if(ucInput == 0x31)
    iis_play_wave(1);
    if(ucInput == 0x32)
    iis_record();
    iis_close();
}
void iis_play_wave(int nTimes)
{
    unsigned char * pWavFile;
    int nSoundLen;
    int i;
    rINTMOD = 0x0;
    rINTCON = 0x1;
```

```c
    pWavFile = (unsigned char *)g_ucWave;
    init_1341(PLAY);
    pISR_BDMA0 = (unsigned)bdma0_done;
    rINTMSK = ~(BIT_GLOBAL|BIT_BDMA0);
    for(i = nTimes; i!= 0; i-- )
    {
      f_nDMADone = 0;
      nSoundLen = 155956;
      rBDISRC0 = (1<<30) + (1<<28) + ((int)(pWavFile));
      rBDIDES0 = (1<<30) + (3<<28) + ((int)rIISFIF);
      rBDICNT0 = (1<<30) + (1<<26) + (3<<22) + (0<<21) + (1<<20) + nSoundLen;
      rBDCON0 = 0x0<<2;
      rIISCON = 0x22;
      enable
      rIISMOD = 0xC9;
      ch. ,codeclk = 256fs,lrck = 32fs
      rIISPSR = 0x22;
      rIISFCON = 0xF00;
      rIISCON |= 0x1;
      while( f_nDMADone == 0);
      rIISCON = 0x0;
      uart_printf(" Play end!!! \n");
    }
}
void iis_record(void)
{
    unsigned char *  pRecBuf;
    int nSoundLen;
    int i;
    rINTMOD = 0x0;
    rINTCON = 0x1;
    uart_printf("Start recording....\n");
    pRecBuf = (unsigned char *)0x0C400000;
    for(i = (UINT32T)pRecBuf; i<((UINT32T)pRecBuf + REC_LEN + 0x20000); i+= 4)
    {
      *((volatile unsigned int *)i) = 0x0;
    }
    init_1341(RECORD);
    f_nDMADone = 0;
    pISR_BDMA0 = (unsigned)bdma0_done;
    rINTMSK = ~(BIT_GLOBAL|BIT_BDMA0);
    rBDISRC0 = (1<<30) + (3<<28) + ((int)rIISFIF);
    rBDIDES0 = (2<<30) + (1<<28) + ((int)pRecBuf);
    rBDICNT0 = (1<<30) + (1<<26) + (3<<22) + (1<<21) + (1<<20) + REC_LEN;
    rBDCON0 = 0x0<<2;
```

```
        rIISCON = 0x1A;
        enable
        rIISMOD = 0x49;
        ch.,codeclk = 256fs,lrck = 32fs
        rIISPSR = 0x22;
        rIISFCON = 0x500;
        piling....
        rIISCON |= 0x1;
        while(f_nDMADone == 0);
        rINTMSK |= BIT_BDMA0;
        delay(10);
        rIISCON = 0x0;
        rBDICNT0 = 0x0;
        uart_printf("End of record!!! \n");
        uart_printf("Press any key to play record data!!! \n");
        while(! uart_getch());
        init_1341(PLAY);
        pISR_BDMA0 = (unsigned)bdma0_done;
        rINTMSK = ~(BIT_GLOBAL|BIT_BDMA0);
        f_nDMADone = 0;
        nSoundLen = REC_LEN;
        rBDISRC0 = (1<<30) + (1<<28) + ((int)(pRecBuf));
        rBDIDES0 = (1<<30) + (3<<28) + ((int)rIISFIF);
        rBDICNT0 = (1<<30) + (1<<26) + (3<<22) + (0<<21) + (1<<20) + nSoundLen;
        rBDCON0 = 0x0<<2;
        rIISCON = 0x22;
        enable
        rIISMOD = 0xC9;
        ch.,codeclk = 256fs,lrck = 32fs
        rIISPSR = 0x22;
        rIISFCON = 0xF00;
        rIISCON |= 0x1;
        while(f_nDMADone == 0);
        rIISCON = 0x0;
        uart_printf(" Play end!!! \n");
    }
```

7.6.4 实验操作步骤

1. 准备实验环境

使用 Embest 仿真器连接目标板,使用 Embest EduKit-Ⅲ 实验板附带的串口线,连接实验板上的 UART0 和 PC 的串口。

2. 串口接收设置

在 PC 上运行 Windows 自带的超级终端串口通信程序(波特率 115 200 baud、1 位停止位、无校验位、无硬件流控制);或者使用其他串口通信程序。

3. 操作步骤

同前面实验的操作步骤。

4. 观察实验结果

① 在 PC 上观察超级终端程序主窗口,可以看到如下信息:

```
boot success...
IIS test example
Menu(press digital to select):
1: play wave file
2: record and play
```

② 选择程序操作方式,选择"1",将会听到音乐,音乐播放完后会显示下列信息。

```
Play end!!!
```

③ 选择"2",将会进行录音,录音完成后,按任意键进行录音回放,播放完后,显示播放结束显示信息如下:

```
Start recording....
End of record!!!
Press any key to play record data!!!
Play end!!!
```

7.7 USB 接口实验

7.7.1 实验原理

1. USB 基础

(1) 定义

通用串行总线协议 USB(Universal Serial Bus)是由 Intel、Compaq、Microsoft 等公司联合提出的一种串行总线标准,主要用于 PC 与外围设备的互联。1994 年 11 月发布第一个草案,1996 年 2 月发布第一个规范版本 1.0,2000 年 4 月发布高速模式版本 2.0,对应的设备传输速率也从 1.5 Mbit/s 的低速和 12 Mbit/s 的全速提高到如今的 480 Mbit/s 的高速。

(2) 主要特点

USB 的主要特点有:

- 支持即插即用。允许外设在主机和其他外设工作时进行连接、配置、使用及移除。
- 传输速度快。USB 支持 3 种设备传输速率:低速设备 1.5 Mbit/s、中速设备 12 Mbit/s 和高速设备 480 Mbit/s。
- 连接方便。USB 可以通过串行连接或者使用集线器 HUB 连接 127 个 USB 设备,从而以一个串行通道取代 PC 上其他 I/O 端口如串行口、并行口等,使 PC 与外设之间的连接更容易。
- 独立供电。USB 接口提供了内置电源。
- 低成本。USB 使用一个 4 针插头作为标准插头,通过这个标准插头,采用菊花链形式可以把多达 127 个的 USB 外设连接起来,所有的外设通过协议来共享 USB 的带宽。

(3) 组　成

USB 规范中将 USB 分为 5 个部分:控制器、控制器驱动程序、USB 芯片驱动程序、USB 设备以及针对不同 USB 设备的客户驱动程序。

- 控制器(host controller):主要负责执行由控制器驱动程序发出的命令,如位于 PC 主板的 USB 控制芯片。
- 控制器驱动程序(host controller driver):在控制器与 USB 设备之间建立通信信道,一般由操作系统或控制器厂商提供。
- USB 芯片驱动程序(USB driver):提供对 USB 芯片的支持,设备上的固件(Firmware)。
- USB 设备(USB device):包括与 PC 相连的 USB 外围设备。
- 设备驱动程序(client driver software):驱动 USB 设备的程序,一般由 USB 设备制造商提供。

(4) 传输方式

针对设备对系统资源需求的不同,在 USB 规范中规定了 4 种不同的数据传输方式:

- 同步传输 (isochronous):该方式用来连接需要连续传输数据,且对数据的正确性要求不高而对时间极为敏感的外部设备,如传声器、喇叭以及电话等。同步传输方式以固定的传输速率,连续不断地在主机与 USB 设备之间传输数据,在传送数据发生错误时,USB 并不处理这些错误,而是继续传送新的数据。同步传输方式的发送方和接收方都必须保证传输速率的匹配,不然会造成数据的丢失。
- 中断传输 (interrupt):该方式用来连接传送数据量较小,但需要及时处理,以达到实时效果的设备,此方式主要用在偶然需要少量数据通信,但服务时间受限制的键盘、鼠标以及操纵杆等设备上。
- 控制传输(control):该方式用来处理主机到 USB 设备的数据传输,包括设备控制指令、设备状态查询及确认命令,当 USB 设备收到这些数据和命令后,将依据先进先出的原则处理到达的数据。主要用于主机把命令传给设备及设备把状态返回给主机。任何一个 USB 设备都必须支持一个与控制类型相对应的端点 0。
- 批量传输(bulk):该方式不能保证传输的速率,但可保证数据的可靠性,当出现错误时,会要求发送方重发。通常打印机、扫描仪和数码相机以这种方式与主机连接。

(5) 关键定义

1)USB 主机

USB 主机(host)控制总线上所有的 USB 设备和所有集线器的数据通信过程,一个 USB 系统中只有一个 USB 主机,USB 主机检测 USB 设备的连接和断开,管理主机和设备之间的标准控制管道,管理主机和设备之间的数据流,收集设备的状态和统计总线的活动,控制和管理主机控制器与设备之间的电气接口,每一毫秒产生一帧数据,同时对总线上的错误进行管理和恢复正常。

2) USB 设备

通过总线与 USB 主机相连的称为 USB 设备(device)。USB 设备接收 USB 总线上的所有数据包,根据数据包的地址域来判断是否接收;接收后通过响应 USB 主机的数据包与 USB

主机进行数据传输。

3）端　点

端点（endpoint）是位于 USB 设备中与 USB 主机进行通信的基本单元。每个设备允许有多个端点，主机只能通过端点与设备进行通信，各个端点由设备地址和端点号确定在 USB 系统中唯一的地址。每个端点都包含一些属性：传输方式、总线访问频率、带宽、端点号、数据包的最大容量等。除控制端点 0 外的其他端点必须在设备配置后才能生效，控制端点 0 通常用于设备初始化参数。USB 芯片中，每个端点实际上就是一个一定大小的数据缓冲区。

4）管　道

管道（pipe）是 USB 设备和 USB 主机之间数据通信的逻辑通道，一个 USB 管道对应一个设备端点，各端点通过自己的管道与主机通信。所有设备都支持对应端点 0 的控制管道，通过控制管道主机可以获取 USB 设备的信息，包括：设备类型、电源管理、配置、端点描述等。

2. USB 设备开发

USB 设备开发包括硬件电路设计和软件设计两部分内容，其中软件部分又包括 USB 芯片驱动程序和应用程序两部分。

USB 设备在硬件上通过 USB 芯片实现，USB 芯片负责：

> 管理和实现 USB 物理层差分信号。
> 通过配置和管理寄存器初始化设备。
> 提供连接的端点。
> 电源管理。
> 通过寄存器管理端点。

USB 芯片驱动程序基于以上硬件资源实现 USB 的功能。

USB 芯片提供多个标准的端点，每个端点都支持单一的总线传输方式。端点 0 支持控制传输，其他端点支持同步传输、批量传输或中断传输中的任意一种。管理和使用这些端点，实际上就是通过操作相应的控制寄存器、状态寄存器、中断寄存器和数据寄存器来实现。其中，控制寄存器用于设置端点的工作模式、启用端点的功能等；状态寄存器用于查询端点的当前状态；中断寄存器则用于设置端点的中断触发和响应功能；数据寄存器则是设备与主机交换数据用的缓冲区。

7.7.2　电路设计原理

Embest EduKit-Ⅲ USB 接口模块采用美国国家半导体公司的 USBN9603 USB 控制器，该控制器是全速 USB 节点器件，完全兼容 USB 1.0、USB 1.1 通信规范。

1. USBN9603/4-28M 芯片引脚

USBN9603/4-28M 芯片引脚如图 7-40 所示。

2. USBN9603 与 MCU 的接口模式

USBN9603 与 MCU 的接口模式分为两种：

> 8 位并行总线模式（parallel interface）。使用并行总线方式时又可选择复用（multiplexed）或非复用（non-multiplexed）模式，其中地址/数据线的复用方式电路设计稍显复杂。
> 微总线模式（microwire interface）。

以上模式的选择由引脚 MODE0、MODE1 决定。

在使用复用的 8 位并行总线模式下，USBN9603 支持与 MCU 之间的增强型 DMA 方式传输，使用 DMA 方式传输使 MCU 和 USBN9603 之间交换数据的速度成倍提高，最终可以显著提高 PC 与 USB 的通信速度。

USBN9603 在 Embest EduKit-Ⅲ 评估板与 CPU 连接如图 7-41 所示。

EduKit-Ⅲ 的电路设计中采用的是非复用的 8 位并行总线模式，该模式中没有使用 DMA 方式，因此 DACK 接高电平。CPU 通过译码器生成的片选信号 CS1 对 USB 控制器进行选通，USBN9603 通过 EXINT1 对 CPU 发出中断请求。

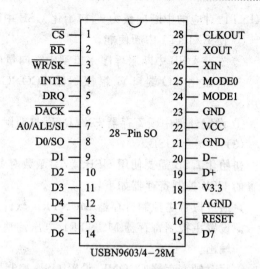

图 7-40　USBN9603/4-28M 芯片引脚

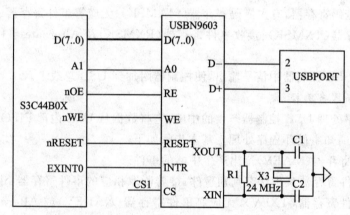

图 7-41　SBN9603 与 CPU 连接

3. 设备驱动程序设计

(1) USB 读/写

Embest EduKit-Ⅲ 的 USB 控制器 USBN9603 用户寄存器有 2 个，分别为只写的内部地址寄存器与可读/写的数据寄存器，内部地址寄存器的地址为 0x02000002，数据寄存器地址为 0x02000000。

对 USB 控制器进行读操作（包括读 USB 内部寄存器及数据）时，第一步是设置 USB 6 bit 宽的内部地址寄存器，指明将要从 USB 某个内部地址读 1 字节，第二步是从数据寄存器读出 8 bit 宽的数据。

对 USB 进行写操作类似读操作，第一步同样是设置 USB 的内部地址寄存器，指明将要写 1 字节数据到 USB 内部某个地址中去。

(2) USB 中断

Embest EduKit-Ⅲ 的 USB 控制器中断请求引脚连接 S3C44B0X 外部中断引脚

EXINT1,对应的中断向量为 1,初始化 USB 中断的步骤是:
① 使 EXINT1 中断使能。
② 安装 USB 中断服程序入口到中断向量中去。
③ 初始化 I/O 端口 G 组控制器 PCONG、PUPG,指明 EXINT1 是作为中断输入引脚使用。
④ 设置外部中断寄存器 EXTINT,指明触发中断方式。

(3) 初始化 USB

初始化 USB 需要使用 USB 读/写函数对 USB 控制器内部的控制寄存器进行设置。需要设置的 USB 控制寄存器如下:

> 通过设置主控制寄存器 MCNTRL 软件复位位(SRST)复位 USB 控制器。
> 设置主控制寄存器 MCNTRL 电压调整位(VGE)及中断输出(INTOC)位,以禁止中断输出。
> 写时钟寄存器 CCONF,设置 USB 控制器工作频率。
> 初始化功能地址寄存器 FAR(Function Address Register)及 EPC0 寄存器(Endpoint 0 Control Register),端点号 0 为双向端点,作控制使用。
> 设置中断掩码寄存器,有主掩码寄存器(MAMSK)、无应答事件寄存器(NAKMSK)、发送事件寄存器(TXMSK)、接收事件寄存器(RXMSK)及 Alternate 事件寄存器(ALT-MSK)。
> 最后允许 USB 控制器中信号输出,使控制器附加到 USB 总线上。

(4) USB 中断服务例程

中断服务程序处理 USB 控制器产生的中断,它将数据从 USB 内部 FIFO 读出,并建立正确的事件标志,以通知主循环程序处理。基本步骤如下:
① 从主事件寄存器(MAEV)读出产生中断的事件。
② 根据主事件寄存器某位状态判别事件,接着读取相应的事件寄存器:接收事件寄存器(RXEV)、发送事件寄存器(TXEV)、无应答事件寄存器(NAKEV)或 Alternate 事件寄存器(ALTEV)。
③ 进一步判别事件寄存器的某位状态,根据具体事件,分别做相应的操作。

> 通道 0(端点 0)用于控制传输,在驱动程序中调用 rxevent0()、txevent0()处理端点 0 的事件。
> 通道 1 中由 txevent1()处理端点 1(单向发送)的事件,rxevent1()处理端点 2(单向接收)的事件。
> 通道 2 中由 txevent2()处理端点 3(单向发送)的事件,rxevent2()处理端点 4(单向接收)的事件。
> 通道 3 中由 txevent3()处理端点 5 的事件,rxevent3()处理端点 6 的事件。

7.7.3 实验参考程序

实验参考程序如下:

```
void write_usb(unsigned char addr,unsigned char dat)
{
```

```c
    (*(volatile unsigned char *)0x02000002) = addr;
    (*(volatile unsigned char *)0x02000000) = dat;
}
unsigned char read_usb(unsigned char addr)
{
    (*(volatile unsigned char *)0x02000002) = addr;
    return (*(volatile unsigned char *)0x02000000);
}
void Isr_Init(void)
{
    rINTMOD &= ~BIT_EINT1;                              //EINT1 interrupt
    rINTMSK &= ~BIT_GLOBAL;                             //GLOBAL valid
    pISR_EINT1 = (int)__Eint1Isr;
    rPCONG = rPCONG | (3 << 2);
    rPUPG = rPUPG & 0xFD;
    rEXTINT = 0x00;
    rINTMSK = rINTMSK|BIT_EINT1;
}
void Init_9603(void)
{
    status_GETDESC = 0;
    usb_cfg = 0;
    write_usb(MCNTRL,SRST);
    while(read_usb(MCNTRL) & SRST);
    write_usb(MCNTRL,VGE + INT_H_P);
    write_usb(CCONF,CODIS + 0x0c);
    write_usb(FAR,AD_EN + 0);
    write_usb(EPC0,0x00);
    write_usb(NAKMSK,NAK_OO);
    write_usb(TXMSK,TXFIFO0 + TXFIFO1 + TXFIFO2 + TXFIFO3);
    write_usb(RXMSK,RXFIFO0 + RXFIFO1 + RXFIFO2 + RXFIFO3);
    write_usb(ALTMSK,SD3 + RESET_A);
    write_usb(MAMSK,INTR_E + RX_EV + NAK + TX_EV + ALT);
    FLUSHTX0;
    write_usb(RXC0,RX_EN);
    write_usb(NFSR,OPR_ST);
    write_usb(MCNTRL,VGE + INT_L_P + NAT);
    delay(100);
}
void Eint0Isr(void)
{
    rINTMSK = rINTMSK|BIT_EINT0;
    rI_ISPC = BIT_EINT0;
    evnt = read_usb(MAEV);
    if(evnt&RX_EV)
```

```c
    {
        evnt = read_usb(RXEV);
        if (evnt&RXFIFO0)
        rxevent_0();
        else if(evnt&RXFIFO1)
        rxevent_1();
        else if(evnt&RXFIFO2)
        rxevent_2();
        else if(evnt&RXFIFO3)
        rxevent_3();
    }
    else if(evnt&TX_EV)
    {
        evnt = read_usb(TXEV);
        if (evnt&TXFIFO0)
        txevent_0();
        else if(evnt&TXFIFO1)
        txevent_1();
        else if(evnt&TXFIFO2)
        txevent_2();
        else if(evnt&TXFIFO3)
        txevent_3();
    }
    else if(evnt&ALT) usb_alt();
    else if(evnt&NAK)
    {
        evnt = read_usb(NAKEV);
        if (evnt&NAK_O0) nak0();
        else if (evnt&NAK_O1) onak1();
        else if (evnt&NAK_O2) onak2();
        else if (evnt&NAK_I3) inak3();
    }
    rINTMSK = rINTMSK&(~BIT_EINT0);
}
void txevent_3(void)
{
    txstat = read_usb(TXS3);
    if (txstat & ACK_STAT)
    {
        FLUSHTX3;
    }
    else
    {
        if(dtapid_TGL3PID)
        write_usb(TXC3,TX_TOGL + TX_LAST + TX_EN + RFF);
```

```c
        else write_usb(TXC3,TX_LAST + TX_EN + RFF);
        dtapid_TGL3PID = ! dtapid_TGL3PID;
    }
}
void rxevent_3(void)
{
    U8 i,bytes_count;
    rxstat = read_usb(RXS3);
    if(rxstat&SETUP_R)
    {
    }
    else if(rxstat&RX_ERR)
    {
        FLUSHRX3;
        write_usb(RXC3,RX_EN);
    }
    else
    {
        do{
            bytes_count = read_usb(RXS3)&0x0f;
            (*(volatile unsigned char *)0x02000002) = RXD3;
            for(i = 0; i< bytes_count; i ++ )
            {
                COMbuf[2][COMfront[2] ++ ] = (*(volatile unsigned char *)0x02000000);
                if(COMfront[2] > 64)
                {
                    COMfront[2] = 0;
                    if(COMfront[2] == COMtail[2])
                    {
                        COMtail[2] ++ ;
                        if(COMtail[2] > 64)
                            COMtail[2] = 0;
                    }
                }
            }
        }while(bytes_count == 0x0f);
        FLUSHRX3;
        write_usb(RXC3,RX_EN);
    }
}
```

参 考 文 献

[1] 田泽. 嵌入式系统开发与应用教程. 北京：北京航空航天大学出版社，2005.
[2] 田泽. ARM7 嵌入式开发实验与实践. 北京：北京航空航天大学出版社，2006.
[3] 陈赜. ARM9 嵌入式技术及 LINUX 高级实践教程. 北京：北京航空航天大学出版社，2005.
[4] 杜春雷. ARM 体系结构与编程. 北京：清华大学出版社，2005.
[5] 马忠梅，马广云，徐英慧，等. ARM 嵌入式处理器结构与应用基础. 北京：北京航空航天大学出版社，2002.
[6] ARM 公司. ARM Architecture Reference Manual. 2000.
[7] SAMSUNG 公司. s3c44b0x_datasheet. 2003.